納豆の科学

― 最新情報による総合的考察 ―

木内　幹
永井　利郎
木村　啓太郎

編著

建帛社
KENPAKUSHA

Advanced Science on Natto
–Japanese Soybean Fermented Foods–

Edited by

Kan Kiuchi

Toshirou Nagai

Keitarou Kimura

©Kan Kiuchi et al. 2008, Printed in Japan

Published by

KENPAKUSHA Co., Ltd.

2-15 Sengoku 4-chome Bunkyo-ku Tokyo Japan

序　　文

　わが国の糸引納豆（以後，納豆）の起源は歴史的には約1000年前に遡るといわれている。納豆は古来稲ワラなどに付着した細菌の増殖を利用して発酵製造されてきたが，大正から昭和にかけて沢村真，半沢洵らによって納豆菌の純粋分離が行われ，培養菌による納豆の製造や経木等を用いた衛生的な容器の開発が行われて納豆生産の近代化が始まった。戦後はスーパーマーケットの発展とも相まって大規模な工場生産が促進され現在に至っている。各種の利用技術，遺伝子組換え技術等が導入されて，納豆の利用拡大，納豆菌の働き等の研究が行われてきた。一方，納豆は昔から種々の効用が謳われてきた。1980年頃から食品の機能性の研究が盛んになるにつれて生理機能（三次機能）の研究が盛んになり，現在では世間から健康食品と見なされ注目されている。

　過去30年間に全国の納豆の売上高はほぼ10倍に増加し，納豆に対する世間の関心も高くなっている。それは，納豆メーカーの製造・販売努力と研究者各位の日夜たゆまぬ真摯な努力の賜物で，納豆の食品機能性が認められるようになったことが大きいと思う。しかし，最近のマスコミ報道の中には，事実を歪曲あるいは捏造したりするものも見られ，社会的な問題になっている。それは納豆についての多くの事実が，世間の人々に知られていないために誤解されやすいからではないかと感じている。

　そこで，納豆の研究に携わる者として，納豆関係者をはじめ世間一般の人々に対して納豆についての真実を正しく伝え，参考になる書物の必要性を痛感し，出版を企画した。

　また，さらに納豆研究の未来へのビジョンを与えてくれる研究・技術の解説も加えた。これら研究・技術の基本的な情報は研究者ばかりでなく生産に携わっている方々にも必要と感じたからである。執筆された方々は苦労されたことと思うが，それだけの価値はあるものと自負している。

　以上のような目的から本書は，一般の人にも理解できるようにと平易を心がけて著したものである。読者の対象は，納豆の専門家，納豆メーカーの従業員，マスコミの食品を担当する人々，大豆の生産・販売・輸入等に携わる人々，食

品メーカー・スーパー・コンビニ・生協・食料品専門店の人々，医師，製薬企業，管理栄養士，栄養士，大学・高校・専門学校・料理学校の教員，微生物や遺伝子組換え等の研究者，町おこし・村おこし等の小規模ながら納豆の製造を試みている人々，趣味で納豆を作っていたりこれから作ってみたいと願っている人々，そして納豆に興味を持っている消費者を想定している。本書が納豆の正しい理解のために役立つことを願って止まない。

　末筆ながら，ご多忙にもかかわらず執筆にご協力いただいた執筆者の皆様と出版をお引き受けくださった株式会社建帛社社長・筑紫恒男氏に心から深甚なる謝意を表します。

2008年1月

編著者
木内　　幹
永井　利郎
木村啓太郎

〔編著者〕

木内　幹（きうち　かん）	共立女子大学
永井利郎（ながい　としろう）	農業生物資源研究所
木村啓太郎（きむら　けいたろう）	食品総合研究所

〔著者〕（五十音順）

石川　豊（いしかわ　ゆたか）	食品総合研究所
李　哲鎬（い　ちょるほ）	大韓民国　高麗大学校
一色賢司（いっしき　けんじ）	北海道大学大学院
伊藤　寛（いとう　ひろし）	元東京農業大学
稲津康弘（いなつ　やすひろ）	食品総合研究所
植木達朗（うえき　たつろう）	福岡県醤油醸造協同組合
岡田憲幸（おかだ　のりゆき）	食品総合研究所
奥澤洋平（おくざわ　ようへい）	埼玉県産業技術総合センター
菅野彰重（かんの　あきしげ）	東京バイオテクノロジー専門学校
菊地恭二（きくち　きょうじ）	栃木県産業技術センター
喜多村啓介（きたむら　けいすけ）	北海道大学大学院
橘田和美（きった　かずみ）	食品総合研究所
古口久美子（こぐち　くみこ）	栃木県産業技術センター
小堀真珠子（こほり　ますこ）	食品総合研究所
嶋影　逸（しまかげ　あつし）	株式会社ヤマダフーズ
白井展也（しらい　のぶや）	食品総合研究所
白石　淳（しらいし　あつし）	福岡女子大学
白田和人（しらた　かずと）	農業生物資源研究所
杉山純一（すぎやま　じゅんいち）	食品総合研究所
鈴木平光（すずき　ひらみつ）	女子栄養大学
須見洋行（すみ　ひろゆき）	倉敷芸術科学大学
早田邦康（そうだ　くにやす）	自治医科大学
平　春枝（たいら　はるえ）	元日本女子大学
竹村　浩（たけむら　ひろし）	株式会社ミツカン

田中 直義（たなか ただよし）	共立女子短期大学
津志田 藤二郎（つしだ とうじろう）	食品総合研究所
中村 好宏（なかむら たかひろ）	防衛医科大学校
新國 佐幸（にっくに さゆき）	畜産草地研究所
長谷川 裕正（はせがわ ひろまさ）	茨城県工業技術センター
早川 文代（はやかわ ふみよ）	食品総合研究所
原 敏夫（はら としお）	九州大学大学院
古井 聡（ふるい さとし）	食品総合研究所
細井 知弘（ほそい ともひろ）	東京都立食品技術センター
堀井 正治（ほりい まさはる）	ノートルダム清心女子大学大学院
松永 勝政（まつなが かつまさ）	株式会社オフィスK
松永 進（まつなが すすむ）	全国納豆共同組合連合会
三星 沙織（みつほし さおり）	共立女子大学
宮尾 茂雄（みやお しげお）	東京都立食品技術センター
宮ノ下 明大（みやのした あきひろ）	食品総合研究所
宮間 浩一（みやま こういち）	栃木県産業技術センター
村松 芳多子（むらまつ かなこ）	県立新潟女子短期大学
山西 倫太郎（やまにし りんたろう）	徳島大学大学院
渡辺 杉夫（わたなべ すぎお）	鈴与工業株式会社

目　　次

第1章　納豆原料

1. 大　豆 …………………………………………………………… 1
2. 納豆用大豆の育種 ……………………………………………… 7
3. 納豆菌 …………………………………………………………… 16
4. スターター調製法1 …………………………………………… 18
5. スターター調製法2 …………………………………………… 20
6. 調味液 …………………………………………………………… 22
7. からし―マスタード …………………………………………… 24
8. 容　器 …………………………………………………………… 26

第2章　納豆の製造・流通・保蔵

1. 製　造 …………………………………………………………… 31
2. 流　通 …………………………………………………………… 39
3. 保　蔵 …………………………………………………………… 41

第3章　粘質物分析法

1. 粘質物の定量法 ………………………………………………… 43
2. γ-ポリグルタミン酸電気泳動法 …………………………… 46
3. γ-ポリグルタミン酸ゲル濾過法 …………………………… 48
4. DL-グルタミン酸定量法 ……………………………………… 50

第4章　納豆の食品機能性に関する研究

1. ナットウキナーゼ……………………………………………………53
2. エラスターゼ…………………………………………………………58
3. イソフラボン…………………………………………………………60
4. ポリアミンによるアンチエイジング………………………………66
5. 納豆菌・納豆成分による腸内菌叢と腸管免疫系に対する作用………72
6. アレルゲン……………………………………………………………77
7. ワーファリンと納豆…………………………………………………82

第5章　遺伝子・DNAに関する研究

1. 遺伝子組換え…………………………………………………………85
2. 遺伝子組換え体の表示制度と検知技術……………………………89
3. γ-ポリグルタミン酸分解酵素欠損株の作出…………………………98
4. 挿入配列……………………………………………………………101
5. 形質導入法…………………………………………………………103

第6章　臭いに関する研究

1. 低臭納豆菌の作出とその納豆製造（低級分岐脂肪酸の抑制）………107
2. 糸引き納豆における納豆臭のガスクロマトグラフィー……………111

第7章　動物実験法

1. マウス・ラットの実験法……………………………………………117
2. 動物培養細胞の実験法………………………………………………125
3. ヒト試験法…………………………………………………………131

第8章　アンケート調査・官能評価法

1．アンケート調査 …………………………………………135
2．アンケート調査実施例1 ………………………………139
3．アンケート調査実施例2 ………………………………142
4．官能評価法 ………………………………………………145
5．官能評価実施例 …………………………………………150
6．統計解析手法 ……………………………………………152

第9章　品　質　管　理

1．食品のトレーサビリティ ………………………………159
2．分別生産流通管理（IPハンドリング）………………167
3．一般的衛生管理 …………………………………………172
4．HACCP……………………………………………………179
5．品質保証 …………………………………………………183
6．微生物汚染対策（サルモネラ，リステリア）………186
7．ファージ・その他微生物汚染対策 ……………………191
8．昆虫対策 …………………………………………………194
9．全国納豆鑑評会 …………………………………………199

第10章　世界の納豆類

1．概説・日本と世界の納豆 ………………………………203
2．キネマ ……………………………………………………208
3．トゥアナオ ………………………………………………212
4．豆　豉 ……………………………………………………216
5．ペーポ ……………………………………………………218
6．シエン ……………………………………………………221
7．清国醤 ……………………………………………………224

8．糸引き納豆 ……………………………………………………227
　9．挽き割り納豆 …………………………………………………230
　10．加工納豆 ………………………………………………………232
　11．テンペ …………………………………………………………234
　12．寺納豆・塩辛納豆（浜納豆，大徳寺納豆）………………237

第11章　納豆を利用した新商品開発

　1．納豆化粧品 ……………………………………………………239
　2．ナットウキナーゼ製剤 ………………………………………244
　3．凍結乾燥納豆の利用技術開発 ………………………………246
　4．γ-ポリグルタミン酸合成ポリマー ………………………248
　5．軟らかい納豆の開発 …………………………………………253
　6．ビタミンK強化納豆の開発 …………………………………256
　7．色が白く品質変化の少ない納豆の開発 ……………………260
　8．γ-ポリグルタミン酸製造方法 …………………………263

第12章　大豆・納豆菌の分別と保存

　1．納豆菌ファージのタイピング ………………………………267
　2．ファージのポリグルタミン酸分解酵素 ……………………268
　3．納豆菌コレクション …………………………………………270
　4．大豆コレクション ……………………………………………275

索　引 ………………………………………………………………280

第1章　納豆原料

1　大　　豆

(1) 納豆用原料大豆の需給

　わが国における食品加工用大豆の2005年の需要量は約104万tであり，自給率は21%に過ぎず，大部分をアメリカ・ブラジル・カナダ・中国からの輸入大豆に頼っている[1]。各加工製品への使用量の割合は豆腐・油揚げ用が47%と最も多いが，納豆用も12.5%を占め，年々増加している[1]。健康指向により納豆の消費が拡大したためである。2003年の納豆用原料大豆は約13万tで，大部分は輸入大豆が使われている。使用割合はアメリカ・カナダ産極小粒・中粒大豆が77%と多く，中国産が15%で，国産大豆の使用量は 約8%（1万t）に過ぎない（食品産業新聞社，大豆油糧日報，2003）。納豆用では極小粒・小粒大豆への要望が強く，輸入・国産共契約栽培の品種指定大豆が増加する一方，篩別小粒大豆の使用も多い。なお，食品加工用大豆は非遺伝子組換え（non-GMO, GMO：genetically modified organism，第5章参照），分別管理（IPハンドリング，第9章2節参照）のほか，有機栽培，無農薬栽培などの高付加価値大豆の輸入も増加しており，業界からのこれらの要望を満たすために製油用大豆に比べて価格が高い。

1）輸入大豆の生産・流通と品質の特徴

　アメリカ産大豆[2,3]は，広大な地域で生産するため天候などによるリスクが分散され，安定した供給が可能である。また日本への輸送は赤道を越えないため，品質劣化の影響がない。食品用の大豆には，IOM大豆（インディアナ州・オハイオ州・ミシガン州の5大湖周辺地域で生産される大豆で，栽培環境条件が似ているため品質が揃い，まとまって流通している），契約栽培の品種指定大豆などがあり，いずれもnon-GMO大豆で，IPハンドリングにより流通する純度95%の大豆が輸

入されて使われている。しかしながら，2007年のGMO大豆の作付比率は，アメリカ全土で91%（前年比＋2%）に達した（2007年6月アメリカ農務省）。通常IP契約の大豆の品質契約は，U.S.No.1（アメリカ産大豆の検査規格）[2,3]かそれ以上と指定されている。さらにIP契約ではエンドユーザーに必要なその他の品質基準：物理的な特徴（納豆原料であれば百粒重，大豆の外観など），化学的特徴（成分組成など）などの記述の追加が一般的である。アメリカでは納豆など日本の伝統食品原料用大豆が盛んに開発され，1990年には納豆用として極小粒品種SS201・SS202・Minnatto・IL1・IL2が登録されている。最近ではVance・Camp・Canatto・Nattosan・Nattawa・Prato・Chico・Mercury・Pearl・そのほか，民間企業開発，カナダ開発の品種も加えて多くの品種が登録・栽培されている[3]。また，納豆用にはこれらの品種とともに，食品用大豆を選別した小粒部分も多く使用されている。

カナダ[4]ではオンタリオでの生産が多く，納豆用小粒大豆とともに選別の小粒大豆も使われている。これらはいずれもnon-GMOで，IPハンドリングにより流通する純度95%の大豆が輸入されている。カナダでは納豆用小粒大豆の開発が進められ，1981〜1989年にはNattawa・Canatto・Nattosan・TNSが，最近の1995〜1998年の品種としてはAC Colibri・Micron・AC Pinson・T2653・Faucon・Heron・Electron・DH3604が登録されている[4]。

中国[2]では1980年代に，吉林省，黒竜江省，山東省で小粒型品種（原語：小粒黄品種）が育成され，納豆用としての評価は高い。極小粒種の主要栽培地は山西省・陝西省，小粒種では西北地方・北方地方である。栽培大豆は小粒と中粒種が主体で，極小粒種の栽培は少ない。東北小粒（直径6mm以下）が納豆用として，また，大粒・中粒大豆，篩別の小粒大豆も使われている。しかしながら，現在では中国の国内事情により大豆の輸出は量・質ともに不安定な状況にあり，これがアメリカ・カナダ産大豆に傾く要因となっている。

2) 国産大豆の生産・流通と品質の特徴

これまで，納豆用国産大豆は価格・安定供給に問題はあるが，品質・加工適性に優れた地場産の大豆が使われていた。それらは各地域の極小粒・小粒の在来種であり，岩手では一関在来・遠野在来，茨城では地塚・小娘・生娘などで，そのほか，各地で生産される赤莢・谷地など中粒以上の大豆も使われた。しか

しながら，これらの大豆は納豆への適性は高いが，工場規模での原料としては定品質・安定供給・安定価格の面で適合しない。そのため，わが国においても1970年以降，極小粒・小粒品種の育成や普及が本格的に始まった。2005年[1]における極小粒・小粒で産地品種銘柄または奨励品種で栽培面積の多い納豆用品種は，納豆小粒（全国作付シェアー：2.1%，推定生産量：4千t，栽培地域：関東），スズマル（同：1.3%，同：北海道），コスズ（同：0.4%，同：東北・北陸），スズヒメ（同：0.02%，同：北海道）などである。そのほか，近年育成品種の鈴の音（東北）・すずこまち（長野）・ユキシズカ（十勝）・すずおとめ（三重・九州）・すずかおり（山形）なども作られている。国産大豆には検査規格[1]があり，2005年生産大豆の検査等級比率は，普通大豆：1等22.6%，2等25.5%，3等28.7%，特定加工用合格21.8%である[1]。納豆用には普通大豆の1，2等が使われるほか，特定加工用大豆の色彩選別，ロール選別により分別された小粒大豆も使われている。納豆取扱品目では丸大豆納豆が95.8%と多く，挽き割り納豆は少ない。納豆の売上比率では小粒・極小粒納豆が高いが，原料価格は割高となる。

（2）納豆用原料大豆の加工上の品質

1）納豆用小粒大豆の成分・加工適性と製品の品質との関連

わが国の納豆用品種は，育成の段階から品質・加工適性・工場製造試験・製品の評価等詳細な検討が行われている。1980～1986年にはスズヒメ・スズマル・コスズ・納豆小粒など各農試栽培の計23試料及び流通納豆用小粒大豆（国産・アメリカ産・中国産・カナダ産）の7試料の成分・加工適性，うち15試料の工場製造試験（表1-1）[5]，2004年には極小粒～大粒国産大豆95試料の遊離糖・タンパク質・脂質・百粒重が検討されている（表1-2）[6]。変動係数は，数値が試料（原料）によりどの程度異なるか，すなわち，品種や生産環境条件の影響の大きさを示し，加工上とくに留意すべき項目である。成分ではタンパク質・脂質は小さく[5,6]，ショ糖・ラフィノース・スタキオースは大きい[6]。加工上とくに大きい項目は，百粒重・浸漬液中溶出固形物・蒸煮大豆のかたさ・同皮うき・納豆のかたさ・同窒素分解率・同アンモニア態窒素など[5]である。これらのことから，原料大豆の選択には納豆の外観上の品質に影響する粒色・目の色は勿論のこと，百粒重・皮うきの状態・蒸煮大豆のかたさ，同かたさと関連深

表1-1 納豆用小粒大豆の成分・加工適性と製品の品質などの試料間変動

検討項目		試料数	最低値～最高値	平均値	変動係数(%)
大豆関係					
水分	(%)	26	7.95 ～ 14.30	12.16	11.4
タンパク質***	(%)*	29	36.29 ～ 46.98	42.55	5.8
脂質	(%)*	26	16.86 ～ 21.46	19.48	7.1
全糖	(%)*	25	25.3 ～ 32.5	28.9	6.2
百粒重	(g)*	30	6.9 ～ 19.9	11.5	32.2
浸漬大豆重量増加比	(倍)*	30	2.24 ～ 2.68	2.51	3.6
発芽率		30	45 ～ 100	95	10.5
浸漬液中溶出固形物	(%)*	30	0.41 ～ 2.24	0.81	46.9
蒸煮大豆重量増加比	(倍)*	30	2.17 ～ 2.61	2.41	4.1
〃 水分	(%)	30	57.0 ～ 62.6	59.8	2.3
〃 かたさ	(g)	30	195 ～ 848	364	44.0
〃 健全粒	(%)	30	82 ～ 100	97	5.2
〃 皮うき	(%)	30	0 ～ 18	3	166.7
〃 色調 Y	(%)	30	37.9 ～ 42.4	40.0	3.0
x		30	0.352～ 0.383	0.373	1.9
y		30	0.359～ 0.381	0.372	1.3
納豆関係（工場製造試験）					
浸漬大豆重量増加比	(倍)*	9	2.08 ～ 2.31	2.20	3.2
蒸煮大豆水分	(%)	12	57.2 ～ 62.2	59.2	2.5
〃 重量増加比	(倍)*	6	1.99 ～ 2.18	2.05	3.9
〃 かたさ	(g)	12	255 ～ 419	329	14.6
納豆水分	(%)	9	58.2 ～ 64.6	60.9	3.9
〃 かたさ	(g)	12	348 ～ 730	428	23.6
〃 窒素溶解率	(%)	15	58.0 ～ 97.2	74.2	12.9
〃 窒素分解率	(%)	14	6.4 ～ 15.7	9.8	24.5
〃 アンモニア態窒素	(%)**	15	0.13 ～ 0.60	0.30	42.1
〃 pH		12	7.10 ～ 8.19	7.60	3.9

＊原料大豆乾物当り　＊＊納豆乾物当り　＊＊＊N×6.25

出典　平 春枝，鈴木典男，塚本知玄ほか：国産大豆の品質（第15報）納豆用小粒大豆の加工適性と納豆の品質．食総研報 1987；No.51；48-58.

い納豆のかたさ・旨み・香り・アンモニア態窒素（図1-1）など[5]，原料大豆の特徴から蒸煮条件を設定することが重要である．なおこれらの項目の一部は，アメリカ[3]・カナダ[4]の育種にも使われている．

表1-2　国産大豆の遊離糖・タンパク質・脂質含量と百粒重の範囲・平均値・変動係数

検討項目	試料数	最低値～最高値	平均値	変動係数(%)
遊離糖a)				
遊離型全糖	95	8.3（ニシムスメ）～ 14.3（コケシジロ）	11.3	11.1
ショ糖	95	2.67（ホウレイ）　～ 9.28（小倉大豆）	5.52	22.0
ラフィノース	95	0.23（十育71号）　～ 1.89（スズヒメ）	0.94	25.2
スタキオース	95	1.22（ライデン）　～ 4.48（十育73号）	2.98	23.2
タンパク質a), c)	70	37.77（スズユタカ）～ 46.84（コスズ）	42.45	4.4
脂　　質a)	70	16.86（十育129号）～ 22.10（ワセスズナリ）	19.29	7.1
百　粒　重b)	69	7.3（コスズ）　　～ 42.0（ツルムスメ）	24.3	30.7

a) 大豆乾物当り%, b) 大豆乾物当りg, c) N×6.25

出典　平 春枝, 松川 勲, 藤崎麻里子ほか：国産大豆における遊離糖, タンパク質, 脂質含量の品種的特徴と遺伝要因. 食科工誌 2004；51；413-423.

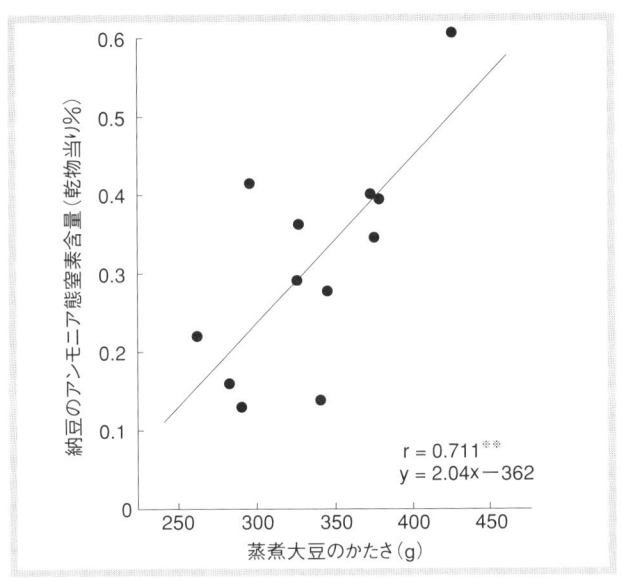

図1-1　蒸煮大豆のかたさと納豆のアンモニア態窒素含量の相関
出典　平 春枝, 鈴木典男, 塚本知玄ほか：国産大豆の品質（第15報）納豆用小粒大豆の加工適性と納豆の品質. 食総研報 1987；No.51；48-58.

2）大豆の成分・加工適性に影響する品種・栽培条件の影響

大豆の成分・加工適性への品種と栽培条件の影響の程度を両者の寄与率として示し、その比較から、変動要因が解析されている（表1-3)[2]。

品種からの影響を受ける成分・加工適性は、品種固有のものであり、栽培環

表1-3 大豆の成分・加工適性に影響を及ぼす品種・栽培条件の要因

品　　種			栽　培　条　件		
原料大豆関係		蒸煮大豆関係 (味噌・納豆・ 煮豆関係)	原料大豆関係		
（成　分）	（加工全般）		（成　　分）		
タンパク質 11S 7S アミノ酸 脂　質 リノール酸 ラフィノース スタキオース カロテノイド 食物繊維	百　粒　重 浸漬大豆 重量増加比 発芽率 浸漬液中 溶出固形物	重量増加比 水　分 か た さ 健　全　粒 皮　う　き 色調 Y (%) x y	栽　培　地 炭水化物 全　　糖 遊離型全糖 ピニトール ショ　糖 灰　　分 リ　　ン カルシウム	栽培年次 脂　質 オレイン酸 リノレン酸 カルシウム 全　糖 遊離型全糖 ショ　糖	転　換　畑 水　分 ガラクトピニトールA マ ン ガ ン 播　種　期 タンパク質 脂　　質 カロテノイド

施肥量・栽植密度・中耕培土・追肥・深耕などの成分への影響は小さい。
出典　平　春枝：豆類・大豆．食品保蔵・流通技術ハンドブック（三浦　洋，木村　進監修，日本食品保蔵科学会編），建帛社，2006，p178-188．

境条件により大きく変化しない。しかしながら，同一品種においても篩別大豆では粒大により成分組成に著しい差があり，小粒は大粒に比べてタンパク質・脂質・オレイン酸・ショ糖が低く，炭水化物・ラフィノース・スタキオース・リノレン酸に高い傾向がある。この傾向は無限伸育型品種の小粒部分で著しく，後期に開花結実した子実粒の登熟日数と気温の低下が原因であり，無限伸育型品種を主とするアメリカ・中国・そのほか輸入大豆で顕著に認められる[2]。

　栽培条件として栽培地・栽培年次・播種期の影響は，光合成生産物である糖質・脂質関連の成分に主として表われる。この原因は，栽培環境条件の変化に伴う開花期・登熟日数・気温の変化による[2]。そのほか，転換畑栽培など土壌条件による水分・無機成分・百粒重の変化などもある[2]。

　このように，納豆用大豆に限らず大豆の成分・加工適性には変動に特徴がある。すなわち，変動の大きい項目が関わる加工では，利用に際してその特徴をよく把握する必要がある。主要因が品種あるいは栽培条件によるものか判別し，効率よく原料大豆を使用することが大切である。

（平　春枝）

●文献●
1) 農林水産省生産局農産振興課：大豆に関する資料．農林水産省，2006．
2) 平 春枝：豆類・大豆．食品保蔵・流通技術ハンドブック（三浦 洋，木村 進監修，日本食品保蔵科学会編），建帛社，2006，p178-188．
3) アメリカ大豆協会：米国内における大豆の分別生産流通管理（IP）システムの技術的側面．アメリカ大豆協会，2004，p1-33．
4) Cober E., Reid J.F., Pietrzak L. et al : The Natto Story. Ag-Infotec 2001 ; 2 ; 1-4.
5) 平 春枝，鈴木典男，塚本知玄ほか：国産大豆の品質（第15報）納豆用小粒大豆の加工適性と納豆の品質．食総研報 1987；No.51；48-58．
6) 平 春枝，松川 勲，藤崎麻里子ほか：国産大豆における遊離糖，タンパク質，脂質含量の品種的特徴と遺伝要因．食科工誌 2004；51；413-423．

2　納豆用大豆の育種

（1）納豆用大豆に求められる特性

　納豆は蒸煮大豆を短時間に発酵熟成させた比較的加工度の低い製品であり，原料大豆の品質が製品の品質に及ぼす影響が大きい。納豆加工適性について取りまとめられた報告[1-3]によると，①極小粒か小粒で浸漬時に溶出固形分が少ないこと，②脂肪が少なく全糖含量が高く蒸煮大豆が軟らかいこと，③白目で種皮色が淡黄で明るいことなどが納豆用として好まれる品質となっている。①及び②については，納豆菌が均一かつスムーズに増殖することに関係しており，発酵熟成によりタンパク質が適度に分解し，旨味成分の生成が進むと考えられている。

　糖質については，遊離型全糖組成のうち，ショ糖はあまり高くなく，ラフィノースやスタキオースが高いことが望ましいとされている。ショ糖含量が高いと発酵が早く進み過ぎるが，ラフィノースやスタキオースが高い場合には発酵が緩やかに持続でき，納豆製造に好ましいと考えられる[1, 3]。粒の大きさについては，小粒種がご飯に混ぜて食べやすいことは確かであるが，納豆用の極小粒・小粒大豆が多量に輸入される以前は，地域によっては中粒が好まれていたこともあり，中粒大豆でも納豆用として問題ないと見なされている。実際に，最近の調査によると，6割程度の人が小粒を好むが，九州や中四国では「大粒」を好む人が2割程度見られる結果が得られている（全国納豆協同組合連合会のデータ）。

（2）納豆用大豆の生産と利用

1961年の輸入自由化以前は，納豆用原料のほとんどは小粒または中粒の国内産大豆であった。茨城県の「地塚」・「生娘」，東北の「一関在来」・「遠野在来」，他地域の「赤莢」・「谷地」など納豆用の在来品種は昔からあり，主に関東以北で利用されていた。また，生産量の多い普通品種を万石通しで選別し，小粒に篩別された種子が利用されていた。輸入自由化以降1985年頃までは中国産大豆の比率が高かったが，現在では納豆用に育種されたアメリカ及びカナダの北米産の極小粒大豆が使用量全体の8割近くを占めている（表1-4）。2007年度の国産大豆見込み使用量は1万1千t，使用量全体の8％となっている。しかし，国産は味・香りの点で輸入原料より優れているとの評価があり，国産の納豆用品種への期待は現在でも高い。

納豆用大豆の使用量は，1989年度10.4万tに対して1998年度12.8万tで，この9年間に数％の伸びを見せたが，ここ数年は横ばいとなっている（農林水産省推計）。一方，納豆の消費金額は，1980年代後半から1990年代に納豆ブームが起こり，製造イノベーションと大型店舗の台頭によって大きな伸びを示した。その後，マスコミによる納豆の健康機能性の報道もあって2000年まで上昇が続いた[2]（全国納豆協同組合連合会のデータ）。市場規模は1996年で1,600億円，2002年には2,000億円を越えたが，ここ数年は横ばいか微減傾向にある。今後は，これまで以上に納豆製品の品質，消費者への魅力を強化していく必要があろう。このためには，納豆の加工適性により適し，かつ健康機能性を増強できる原料大豆品種の開発が求められる。

表1-4 納豆用原料大豆の国別使用量　　　単位：千t（％）

産地	2000年 使用量（割合）	2003年 使用量（割合）	2004年 使用量（割合）	2005年 使用量（割合）	2006年 使用量（割合）
米　国	93.8（76.8）	102.4（74.7）	96（69.07）	91（69.5）	95（73.0）
中　国	19.5（16.0）	19.5（14.2）	26（18.7）	25（19.1）	20（15.4）
カナダ	3.9（3.2）	3.7（2.7）	5（3.4）	5（3.8）	5（3.8）
日　本	4.8（4.0）	11.4（8.3）	12.1（8.7）	10（7.6）	10（7.7）
計	122.0（100）	137（100）	139.1（100）	131（100）	130（100）

資料：全国納豆協同組合連合会データ

（3）納豆用品種の育成

前述のように納豆用の在来品種は国内各地にあったが，公立機関が納豆用の品種育成に取り組み始めたのは比較的新しい。小粒納豆の特産県である茨城県では，1976年に育成された「納豆小粒」を準奨励品種として採用した。「納豆小粒」は，久慈郡金砂郷村周辺で栽培されていた在来品種である茨城県産小粒大豆から，茨城県農業試験場で選抜固定された極小粒品種である[4]。本品種は，1981年に奨励品種になって以来本県の主力品種となり，2005年は茨城県内の大豆作付面積の50%を占める2,608ha，全国の普及面積は2,848ha，作付面積で第14位の納豆用として最も生産量が多い品種となっている。

従来，納豆用原料大豆はほとんど国産であったが，1961年の輸入自由化により，安価な外国産の比率が大きくなった。しかし，1975年に納豆業界から納豆加工適性の高い国内の品種開発を求める要請があり，これを受けて国の育種事

表1-5 育成された納豆用品種

品種名	育成地（年度）	交配親	百粒重*(g)	粒形	種皮色	子実成分*(乾物%) 粗蛋白質	粗脂肪	病虫害抵抗性 SMV	わい化病	SCN	栽培適地
スズヒメ	道立十勝農試(1980)	P184751×コガネジロ	14.9	扁球	黄	40.8	19.5	弱		極強	道北部
コスズ	東北農試(1987)	納豆小粒にγ線照射	9.9	球	黄白	43.9	17.4	中		弱	東北・北関東
スズマル	道立中央農試(1988)	十育153号×納豆小粒	14.9	球	黄	41.9	17.5	中		弱	道央・道南部
鈴の音	東北農試(1995)	刈系244号×コスズ	8.4	球	黄	43.1	19.7	中		弱	東北中央部・北部
すずこまち	長野県中信農試(2001)	納豆小粒×タチユタカ	15.4	扁球	黄	39.4	17.0	強		弱	関東・東山
すずおとめ	九州沖縄農セ(2002)	納豆小粒×九系50	9.8	球	黄白	42.6	19.6	強		弱(ネコブセンチュウ)	九州
ユキシズカ	道立十勝農試(2002)	吉林15号×スズヒメ	13.2	球	黄	40.2	19.2	中		強	北海道
すずかおり	東北農研セ(2004)	刈交778F5×コスズ	9.6	球	黄白	43.1	18.8	強		弱	東北中南部
すずろまん	長野県中信農試(2006)	納豆小粒×東山系U455	10.2	球	黄	41.4	20.1	強		弱	北陸・関東・東山

＊育成地におけるデータ
注）SMV：ダイズモザイクウイルス，SCN：ダイズシストセンチュウ

業の一環として納豆用大豆品種の育成が本格的に始まった。1980年度育成の「スズヒメ」から2006年度育成の「すずろまん」まで,26年間に計9品種が納豆用の小粒品種として育成されている(表1-5)。これらの育成の経緯と品種の特徴を地域別に紹介する。

1)寒地における品種育成

北海道立十勝農業試験場では納豆業界からの要請を受けて,1975年に納豆用白目小粒品種の育成を目標に,既存の小粒育成系統の再選抜を開始し,1980年に納豆加工適性に優れる道東向けの「スズヒメ」を育成した[5]。また,北海道立中央農業試験場では,1975年に「十育153号」×「納豆小粒」の人工交配を行い,1988年に道央・道南向けに「スズマル」を育成した[6]。両品種ともに優れた納豆加工適性を持つが,「スズマル」は小粒種としては多収で,最下着莢位置が高く,倒伏しにくいためコンバイン収穫にも適し,特に納豆の官能評価に優れることから,当地における納豆用の主力品種となっている。2005年の普及面積は1,798ha,北海道全体で第5位である。「スズマル」の普及により,北海道が茨城県と並んで納豆用小粒大豆の主産地となった。最近,「スズマル」の産地の一部でセンチュウ害が顕在化してきたこと,及び道東地方への納豆用品種の栽培拡大が要望されていたことから,北海道ではさらにダイズシストセンチュウ(SCN)抵抗性や耐冷性などを向上する品種開発を進めてきた。十勝農試では,「スズヒメ」×「吉林15号」の人工交配を行い,「スズマル」並の納豆加工適性を持ち,早熟・耐冷性でSCN抵抗性強の「ユキシズカ」を2002年に育成した(表1-6)[7]。本品種の普及面積は,2004年81ha,2005年139ha,2006年291haと順調に広がっている。

2)寒冷地における品種育成

東北の納豆用品種としては,「納豆小粒」の早生化と耐倒伏性の改善を目標に,γ線照射による突然変異育種により1987年に育成された「コスズ」が最初である。現在,東北数県で奨励品種に採用され,2005年の普及面積は503haである。その後,1995年には,東北中北部に向く「鈴の音」が育成された[8]。本品種は,早生・耐倒伏性強で最下着莢位置が高く,コンバイン収穫に適する。「コスズ」・「鈴の音」とも「納豆小粒」と同じ極小粒品種で高い納豆加工適性を持つが,ダイズモザイクウイルス(SMV)病抵抗性が十分でなく,本病の発

表 1-6　ユキシズカの育成経過

		1990	1991		1992		1993	1994	1995	1996	1997	1998	1999	2000	2001
	年次 世代	交配	F1	F2	F3	F4	F5	F6	F7	F8	F9	F10	F11	F12	F13
供試	系統群数									1	1	1	1	1	1
	系統数								48	5	5	5	5	5	7
	個体数	68花	6	500	3,000	1,800	2,640	900	×30	×30	×30	×30	×30	×30	×30
選抜	系統群数									1	1	1	1	1	1
	系統数	5莢						1	1	1	1	1	1	1	1
	個体数		4	57		55	44	48	5	5	5	5	5	5	15
	粒数	6	500	3,000	1,800	2,640	900								
選抜検定経過	耐冷性									○	○	○	○	○	
	シスト線虫						○			○	○	○	○	○	
	わい化病					○				○	○	○	○	○	
	臍周辺着色									○	○	○	○	○	
	裂莢性					○	○	○	○	○	○	○	○	○	
選抜経過			P―	―P―	―P―	―P―	―P・⑧・48		1 ② ③ 4 5	1 ② ―③― 4 5	1 ②―② 3 4 5	1 2 3 4 5	1 2 ―③― 4 5	1 2 3 4 ⑤ 6 7
備考			冬季温室		沖永良部		大樹	更別		十系888号			十育234号		

注）Pは集団選抜，○は選抜系統を示す．
出典　山崎敬之ほか：ダイズ新品種「ユキシズカ」の育成．北海道立農試集報 2004；87；21-32．

生が懸念される地域への普及が制限されていた。2004年に育成された「すずかおり」は，SMVのA，B，C及びD系統の全てに抵抗性であり，「コスズ」並の納豆加工適性を持つ[9]。山形県で奨励品種に採用され，2006年度に20ha作付された。さらに2007年には，早熟でSMV病や倒伏に強い納豆用の極小粒品種「東北146号」が育成された。本品種は，成熟期が「コスズ」より1～2週間ほど早いが，収量は「コスズ」並である。納豆加工適性は「コスズ」並に良好であり，東北全域での栽培・利用が期待される（東北農業研究センター平成18年度研究成果ダイジェスト）。

3）温暖地・暖地における品種育成

　これまで，関東以西では納豆原料大豆の生産はほとんどなかったが，2001年に温暖地向けの納豆用品種「すずこまち」が育成された。また，「すずこまち」より粒が小さく，SMV病と紫斑病に抵抗性の「すずろまん」が2006年に育成された[10]。本品種は長野県，新潟県において奨励品種に採用された。暖地向けには1999年に「すずおとめ」が育成された。九州では，国産の納豆原料として北海道産の小粒大豆が使用されていたが，地元産の原料を求める納豆製造業者の強い要望があり，これを受けて育成された品種である[11]。福岡県，熊本県を中心に栽培されており，2005年の普及面積は95haである。これらの温暖地，暖地向け品種は納豆小粒を片方の親としており，納豆小粒に比べて最下着莢位置が高く，裂莢耐性が強いので，機械化栽培適性を有する。地場での納豆用としての利用が期待される。

（4）納豆用品種の育種方法と今後の課題

　大豆に限らず作物の品種育成を開始するにあたって，まず明確な育種目標が立てられる。ここでは，「ユキシズカ」の育成事例にそって，納豆用大豆の育種目標及び育成経過を概説する。

　「ユキシズカ」は，早生，安定多収，ダイズシストセンチュウ（SCN）及びわい化病抵抗性で機械収穫向きの納豆用の小粒品種の育成を育種目標として，1990年にわい化病抵抗性の白目中粒品種である「吉林15号」を母，センチュウ抵抗性の白目小粒品種である「スズヒメ」を父とする交配組合せにより育種を開始した[7]。

　以下，育成経過の概要を山崎ら（2004）に基づき，表1-6及び図1-2を用いて説明する。

・交配で得たF_1種子を冬期温室にて播種・栽培し，F_2種子500粒を得た。

・1991年夏期に十勝農試圃場に栽植し，中生で，着莢が良く倒伏の少ない長茎の57個体を選抜し，選抜個体の種子を混合して3,000粒を次代の種子とした。

・世代促進と遺伝的固定を進めるために，鹿児島県沖永良部島において冬期にF_3種子3,000粒を播種し，養成した各個体から1～2莢を収穫してF_4種子1,800粒を採種した。1992年夏期にこれらの種子を圃場に栽植した。圃場で短～

中茎で着莢が良く，分枝の少ない55個体を選抜し，これら個体の種子を混合して次世代集団とした。

・1993年に大豆わい化病抵抗性選抜のため，わい化病多発地帯である大樹町の現地選抜圃場に供試し，わい化病に罹病が見られないF_5 44個体を選抜し，得られた種子を混合して次世代集団とした。

・1994年にSCN病抵抗性選抜のため，更別村の現地選抜圃場に900個体を供試し，センチュウ害による葉の黄化症状の見られない抵抗性個体の選抜を行った。個体別に脱穀した後，白目のF_6 48個体を選抜した。

・F_7から系統育種法により個体選抜を開始した。1995年に選抜した48系統を圃場に栽植し，熟期が中生で短～中茎の3系統を圃場選抜した。脱穀後に，粒

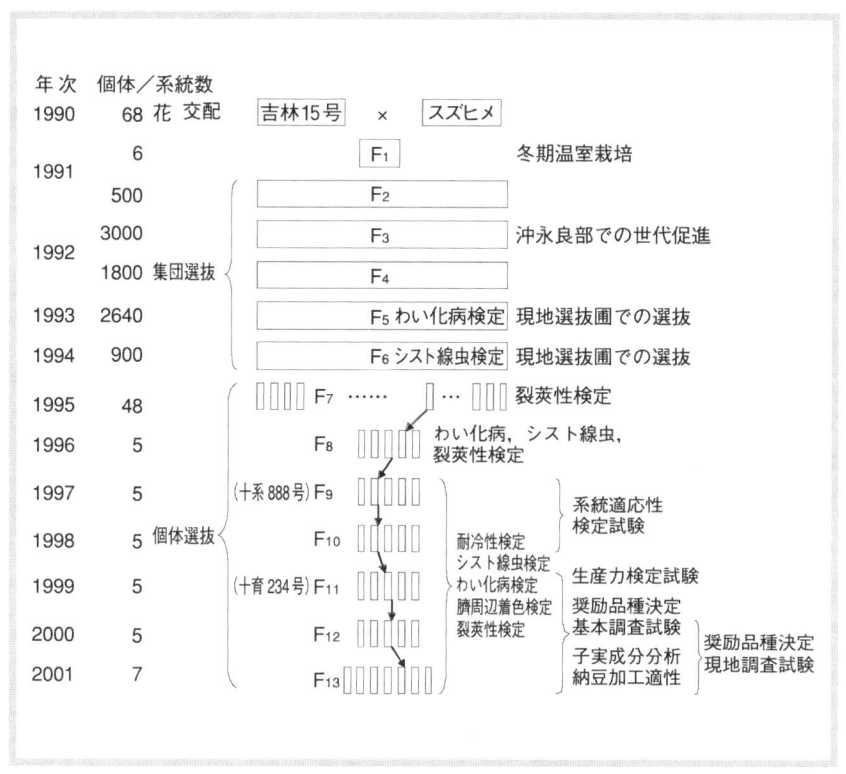

図1-2 ユキシズカの育成経過
山崎ら（2004）を参考に作図

大が比較的大きく納豆用として不適と判断された2系統を廃棄した。

・1996年に1系統群5系統のF_8を栽植するとともに,同時にセンチュウ及びわい化病抵抗性検定等に供試し,成績が優れていたことから「十系888号」の系統番号を付した。

・1997年と1998年の両年,1系統群5系統のF_9,F_{10}を栽植するとともに,「十系888号」として北海道内の3農業試験場(北見農試,上川農試,中央農試)において系統適応性検定試験に供試し,成績が優れていたことから,本系統に「十育234号」の地方番号を付した。

・1999年(F_{11})〜2000年(F_{12})は1系統群5系統を,2001年(F_{13})では1系統群5系統を栽植し,固定を進めるとともに,生産力検定試験,奨励品種決定基本調査試験,及び耐冷性検定やわい化病検定等の特性検定試験等に供試し,さらに,2000年から道内各地における奨励品種決定現地調査試験に供試した。また,1999年〜2001年に子実成分分析及び納豆加工適性試験が実施された。

これらの調査及び試験の結果,「十育234号」は早熟で耐倒伏性に優れ,コンバイン収穫に適するセンチュウ抵抗性の納豆向き小粒系統であることが認められ,2002年に北海道の奨励品種に認定されるとともに,農林水産省の新品種(だいず農林124号)として登録され,「ユキシズカ」として命名された。「ユキシズカ」のわい化病抵抗性は「中」であり(表1-5),やや不十分であるが,当初の育種目標はほぼ達成されたと言えよう。

以上,「ユキシズカ」の育成事例を説明したが,表1-5に取りまとめたこれまでに育成された品種の育成方法もほぼ同じである。木内(2000)が的確に指摘しているように,納豆用大豆品種の育成において実際に選抜対象となる主な形質は,栽培適性,病害虫抵抗性,倒伏耐性など直接収量に結びつく項目である。粒大と種子の外観形質は世代の中期に選抜対象となるが,納豆加工適性や子実の成分特性については,遺伝的にほぼ固定した世代後期になって評価される。このことは,作物育種推進基本計画(平成5[1993]年3月農林水産技術会議事務局)の大豆の高品質化・多様化において,納豆用大豆については百粒重をより極小粒化することのみが記載されていることと符合する。

言い換えれば,子実の脂肪含量が低く全糖含量が高いことが,納豆用大豆に求められる成分特性であるにもかかわらず,実際の育種においては選抜対象と

なっていない。この理由として，両成分含量とも遺伝的制御が比較的難しい形質であり，成分分析・選抜の手間の割には選抜効率が低いことが挙げられる。また，納豆加工適性が良好と評価された既存の育成品種の脂肪含量が必ずしも低くない（表1-5）ことも育種現場において選抜形質とされていない理由であろう。しかしながら，DNA選抜マーカー技術が格段に進歩した今日において，品種間差異が認められる形質の選抜効率を高めることはかなり容易になっており，納豆用大豆の育種においても子実成分の選抜による納豆加工適性の向上は可能であると考えられる。最近の研究で，遊離型全糖のうちラフィノースやスタキオース含量が高い品種やデンプンが完熟種子に比較的多く残る品種が同定されており（私信及び筆者らの研究室のデータ），これらの形質を取り込むことにより多様な納豆用品種を育成できる可能性がある。また，納豆の健康機能性を増強できる種々の機能性成分に富む原料大豆の開発が可能となってきている[12]。

（喜多村 啓介）

●文献●
1) 平 春江：納豆・煮豆用大豆の品質評価法. 食糧，農林水産省食品総合研究所 1992；30；153-163.
2) 木内 幹：納豆における原料の加工適性と製造技術. New Food Industry 2000；42；9-19.
3) 細井知弘：納豆への利用. わが国における食用マメ類の研究（総合農業研究叢書 第44号），中央農業研究センター，2003, p499-504.
4) 窪田 満，鯉渕 登：極小粒ダイズ「納豆小粒」について. 茨城県農業試験場報告 1987；19-24.
5) 鴻坂扶美子：納豆用ダイズの育種1) 寒地における小粒納豆用育種. わが国における食用マメ類の研究（総合農業研究叢書 第44号），中央農業研究センター，2003, p214-220.
6) 番場宏治，松川勲，谷村光広ほか：だいず新品種「スズマル」の育成について. 北海道立農試集報 1988；48；21-28.
7) 山崎敬之，湯本節三，田中義則ほか：ダイズ新品種「ユキシズカ」の育成. 北海道立農試集報 2004；87；21-32.
8) 境 哲文：納豆用ダイズの育種 1) 寒冷地における小粒納豆用育種. わが国における食用マメ類の研究（総合農業研究叢書 第44号），中央農業研究センター，2003, p220-222.
9) 河野雄飛，湯本節三，高田吉丈ほか：ダイズモザイクウィルス抵抗性の納豆用小粒ダイズ新品種「すずかおり」の育成. 東北農研研報 2006；105；17-33.
10) 長野県中信農業試験場畑作育種部：新品種決定に関する参考成績書だいず「東山204号」，2007.
11) 松永亮一，高橋将一，小松邦彦ほか：ダイズ新品種「すずおとめ」の育成とその特性. 九州沖縄農業研究センター報告 2003；42；31-47.
12) 喜多村啓介：作物の成分育種の進展と今後の展望（5）ダイズの種子成分の育種改良（2）. 北農 2006；73；297-308.

3 納豆菌

(1) 納豆菌の特徴

実用的な見地から言えば納豆菌の特徴は，その糸と臭いにあるであろう。糸引きは納豆菌以外の枯草菌の中にも有するものがあり，必ずしも納豆菌特有のものではない。しかし，納豆独特の臭いは枯草菌を蒸煮大豆に接種して培養しても生じないので，納豆菌の特徴はその臭いにあると考えられる。

(2) 納豆菌の歴史

明治時代までは，納豆は各農家等でワラに包んで製造され，ワラに付着していた菌が豆上に生育して粘質物や納豆臭が生成していた。しかし，枯草菌等の雑菌が生育することもあり，必ずしも衛生的ではなかった。

1894（明治27）年，矢部規矩治によって納豆菌が純粋分離され，これが納豆菌研究の嚆矢であった。1905（明治38）年沢村真によって納豆を作ることができる2株が枯草菌とは別種の新種として$Bacillus\ natto$と名づけられた[1]。しかし，1957年に出版されたBergey's Manual of Determinative Bacteriology第7版[2]でこの菌は$Bacillus\ subtilis$と同一の種とされて，現在に至っている。納豆菌を表記するとき，枯草菌名（$Bacillus\ subtilis$）の後に$natto$を付してわが国では$Bacilllus\ subtilis\ (natto)$と表記することが多い。

(3) 納豆の糸と臭い

納豆の糸すなわち粘質物は納豆菌によって生産される。納豆の糸の成分は，藤井らの研究によってγ-ポリグルタミン酸とレバン（フラクタン）であることが明らかにされた。γ-ポリグルタミン酸の構成アミノ酸は，D-グルタミン酸とL-グルタミン酸であり，レバンはフラクトースのポリマーである。この2種類の高分子が絡み合っているようで両者を分離するのはむずかしい。Isoらはγ-ポリグルタミン酸の単離精製を行い，99％純度の標品を得ている[4]。

糸引納豆特有の臭いは，大豆に由来する揮発性成分，蒸煮によって精製する

揮発性成分及び納豆菌によって生産される揮発性成分が混然と混ざり合ったものである。枯草菌が生育した豆には納豆臭は感じられず独特の腐敗臭があるため，いわゆる納豆の特徴は納豆臭にあると考えられる。納豆臭については，田中らによってキャピラリーガスクロマトグラフィーとマススペクトロメトリーで納豆の揮発性成分が研究されている（第6章2節参照）。

（4）納豆菌の菌学的性質[3]

枯草菌は細菌類の1つで，形態は，さお状（丸い棒状）の形をしているので桿菌（桿は"さお"の意味）と呼ばれる。形態学的には，栄養細胞は直径0.7～0.8 μm，長さ2～3 μmで，菌体内に菌体1個につき胞子を1個ずつ形成する[2]。胞子が菌体内にあっても栄養細胞が膨らむことはない。グラム染色は陽性。この菌は好気性で酸素がないと生育できない。胞子は耐熱性で，100℃で30分間加熱殺菌することによって菌体である栄養細胞は死滅するが胞子は生き残る。DNAの塩基組成（mol%G+C），42.9；メナキノン；MK-7型，ビタミンK_2タイプ。生理学的性質：過酸化水素を分解；フォーゲスプロスカウエル（V-P）テスト，陽性；硝酸塩還元性，陽性；生育温度は30～40℃では生育し，50℃では生育するものと生育しないものがあり，55℃以上では生育しない，7％塩化ナトリウム存在下で生育する。

（5）納豆菌の生成するその他の生産物

納豆菌は種々の酵素を生成する。アミラーゼ，プロテアーゼ（ズブチリシンなど），エラスターゼ，ヘミセルラーゼ，ナットウキナーゼ，カタラーゼ等である。メナキノン（ビタミンK_2）と大豆由来のイソフラボンが含まれ，骨形成に関与するといわれている。菌体には整腸効果がある。

（木内　幹・三星　沙織）

● 文献 ●

1) Sawamura S. : On *Bacilus natto*. Bulletin of Agricultural College, Tokyo 1905 ; 7 ; 189-191.
2) Smith N.R., Gordon R.E. : The Genus *Bacillus*. In: Bergey's Manual of Determinative Bacteriology, 7th ed. Breed R.S., Murray E.G.D. and Smith N.R. (ed.), The Williams & Wilkins Company, Baltimore. U. S. A., 1957, p613-63.
3) Claus D., Berkeley R. C.W.: Genus *Bacillus* Cohn 1872[AL]. In: Bergey's Manual of Systematic

Bacteriology, Vol. 2, Sneath P.H.A., Mair N. S., Sharpe M.E. and Holt J.G. (ed),Williams & Wilkins（Baltimore, U.S.A.）, 1986, p1104 - 1139.
4) Iso N., Mizuno H., Saito T. et al : The viscometric behavior of a natto mucin in solution. Agric Biol Chem ; 1976 ; 40 ; 1871 - 1875.

4　スターター調製法 1

（1）胞子化培地

　胞子形成は栄養飢餓によって誘導される。従って栄養細胞の納豆菌を単に滅菌水に懸濁するだけでも胞子を得ることができる。しかし，胞子化過程にエネルギーが必要なうえ，納豆菌は自己溶菌作用も持っているため，胞子化の効率は培養条件によって変わる。著者の経験では，滅菌水にいきなり懸濁するよりも透析によってゆっくり貧栄養に移行させたほうが効率よく胞子化できた。また，胞子化は市販の胞子化培地を用いても可能である。ここでは，実験室レベルでの胞子化に使っている培養条件を示す。枯草菌実験室株の胞子化に使われる培地[1]（通称Ochiミックス）は納豆菌の胞子化にも効果的だった。

市販の胞子化培地
　〇 Difco社sporulation 培地（DSM）　（1 L当り）
　　　Bacto nutrient broth（Difco）　　　　　　　　8 g
　　　10%（w/v）KCl　　　　　　　　　　　　　　10 mL
　　　1.2%（w/v）MgSO$_4$・7H$_2$O　　　　　　　　10 mL
　　　1 M NaOH　　　　　　〜1.5 mL（pHを7.6に調整する）
　　　オートクレーブ後
　　　1 M Ca（NO$_3$）$_2$　　　　　　　　　　　　　1 mL
　　　0.01 M MnCl$_2$　　　　　　　　　　　　　　1 mL
　　　1 mM FeSO$_4$　　　　　　　　　　　　　　　1 mL
　　　を加える。

枯草菌胞子化培地
○ Ochi ミックス
　0.8%（w/v）nutrient broth（Difco）
　1 mM MgCl$_2$
　0.7 mM CaCl$_2$
　0.05 mM MnCl$_2$
　0.01 mM FeCl$_3$
　10 mM リン酸カリウム（pH7.0）
　5 mM 酢酸カリウム

（2）培養方法

2〜3昼夜37℃で振とう培養し，胞子化を光学顕微鏡で確認する。遠心分離で胞子を回収し，滅菌水洗浄・遠心分離を3回繰り返し，培地成分を取り除く。胞子の滅菌水懸濁液を4度で保存する。胞子の精製度を上げたい場合は，最初の遠心分離後リゾチーム処理を行って栄養細胞を破壊する。胞子は光学顕微鏡下で"明るく輝く小さな丸い玉"として見えるので，容易に栄養細胞と区別できる。

一方，胞子化できない変異が多数知られている。納豆菌変異株のスクリーニングの際は胞子化能を確認したほうがよい。

（3）胞子化の確認法

胞子は耐熱性があるので通常80℃，30分処理をしても死滅しない。この条件で栄養細胞は死滅する。熱処理前後の細菌数を寒天培地でコロニー計測すれば，胞子化率を計算できる。細胞濃度が極端に高いときは正確な測定ができないので，適宜希釈系列を作成して，1 mℓ当り10^5〜10^6の細胞濃度で熱処理実験をするのがよい。

（木村 啓太郎）

●文献●
1) Ochi K., Kandala J.C., Freese E. : Initiation of *Bacillus subtilis* sporulation by the stringent response to partial amino acid deprivation. J Biol Chem 1981 ; **13** ; 6866 - 6875.

5　スターター調製法2

　「平板掻き取り法」と呼ばれる方法は，シャーレの表面に植え付けた納豆菌が胞子になった頃合いを見て，菌体を掻き取り滅菌水に懸濁するというもので，納豆菌の種菌メーカーでもこの方法が使われていると思われる。液体培養の場合と異なり，特別な機器も必要ないので簡単そうに思えるが，胞子形成と掻き取りのタイミングや菌の良否の見極めが熟練者の経験に頼る部分が大きく，種菌メーカー以外の未経験者がこの方法で試みても十分な品質の種菌を作ることは困難であった。

　特に問題となるのが，納豆菌の最大の特徴である粘質物生成能の維持と，いかに生菌を残さずに納豆菌を胞子化させるかの2点である。一般的に微生物の培養に使われているペプトン・肉エキス培地やペプトン・酵母エキス・グルコース培地等で納豆菌を培養すると，胞子に対する生菌の比率が高く，一定の保存性と一斉に発芽することが求められる納豆の種菌としては問題である。実際に種菌メーカーでどのように対応しているかは明らかでないが，栃木県産業技術センターでは培地に無機塩を加えることで胞子化率を高めて試作用の種菌を作っているので，以下にこの方法について解説する。

（1）種菌の調製手順

　①粘質物生成能の確認，②胞子形成培地での胞子の形成，③胞子の掻き取り，④洗浄・殺菌と菌数調製の順で行う。

1）粘質物生成能の確認

　ペプトン・スキムミルク培地（表1-7）[1]を調製し，あらかじめシャーレの表面を乾かしておく。コロニーの形状がわかる濃度に菌を植え付け，37℃で一晩培養する。粘質物生成能が保たれているコロニーは山型となり，コロニー周辺のスキムミルクを溶かしてハローを形成し，粘質物も見られる。

2）胞子形成培地での胞子の形成

　胞子形成培地（表1-8）を調製し，あらかじめシャーレの表面を乾かしておく。粘質物生成能の確認ができたコロニーから，菌を培地表面に満遍なく植え

表1-7 ペプトン・スキムミルク培地

ファイトン・ペプトン（BBL）		20 g/L
酵母エキス	（Difco）	1 g/L
スキムミルク	（Difco）	10 g/L*
グルコース		5 g/L
リン酸1カリウム		1 g/L
リン酸1ナトリウム12水和物		2.4 g/L
寒天		20 g/L

pH 6.8　　＊印は別殺菌

表1-8 胞子形成培地

ペプトン	5 g/L
酵母エキス	2.5 g/L
グルコース	1 g/L
硫酸マグネシウム・7水和物	510 mg/L*
塩化カルシウム2水和物	150 mg/L*
塩化マンガン・4水和物	25 mg/L*
硫酸第一鉄・7水和物	0.55 mg/L*
寒天	20 g/L

pH 6.8　　＊印は別殺菌

付ける。このとき，培地の表面に菌の塗布されない面が残らないようにする。37℃で42～45時間培養し完全に胞子化させる。

3）胞子の掻き取り

あらかじめ殺菌した遠心管に滅菌水を入れたものを用意する。胞子形成培地の菌を掻き取り，滅菌水に懸濁する。

4）洗浄・殺菌と菌数調製

胞子を遠心分離し，滅菌水で2回洗浄する。トーマの血球計算盤で胞子数を数え，使いやすい菌数に調整した後，80℃で20分程度殺菌をする。

（2）種菌調製のポイント

今回解説した調製方法は，栃木県産業技術センターで試作用の種菌を作るための調製方法であることを改めてお断りしておきたい。

「平板掻き取り法」の宿命で，完全に胞子化した時に菌の掻き取りをすることが重要であり，今回紹介した培地では，掻き取り時期が適切であれば99%まで胞子化した試料が得られる。しかし，培地の量や植菌量により胞子形成に必要な培養時間が変化することや掻き取りのタイミングが遅れると胞子が再発芽する場合もあるので，安定した胞子の取得には多少の試行錯誤が必要である。また，この培地ではシャーレ1枚当りの胞子取得量が少なめなので，菌数を確保するためにはシャーレの枚数を多めにする必要がある。

（古口 久美子）

●文献
1) 古口久美子，菊地恭二，高橋順子：野生納豆菌の分離・収集．栃木県食品工業指導所研究報告 1992；6；16-19.

6　調　味　液

　1980年代半ば頃から市販納豆に調味液が添付されるようになり，ほとんどの納豆が調味液付きで販売されている。現在，納豆購入者の80%が調味液を利用するといわれ，納豆の生産量が飛躍的に増加した要因の1つに調味液付きでの販売があると言われる。調味液付き納豆が出る以前，納豆は醤油を用いて各家庭で調味していた。調味液はめんつゆや焼肉のたれのように料理のモデルもないため，各社が独自の配合で製造している。

　表1-9に2007年に調査した調味液の成分分析結果を示す。調味液の基本的な味や保存性を規定する全窒素，食塩，無塩可溶性固形分の平均値（最大値，最小値）は，それぞれ0.89（1.32，0.56）%，12.0（14.2，7.0）%，26.6（41.2，18.9）%であり，最大値と最小値の間に2〜2.4倍の差が見られた。

　旨味成分であるグルタミン酸，イノシン酸の平均値（最大値，最小値）はそれぞれ，2.62（4.57，0.86）%，0.19（1.02，0.05）%であった。旨味調味料を使用していない製品もあるため，グルタミン酸で約5倍，イノシン酸では20倍と大きな差が見られた。

　乳酸，酢酸，クエン酸の平均値（最大値，最小値）はそれぞれ，0.14（0.47，0）%，0.27（0.76，0.05）%，0.07（0.31，0）%であった。原材料表示によれば調味液には酢，酸味料などが配合されており，ほとんどのものはベースとなる醤油，タンパク加水分解物よりも低いpH値を示した。また，有機酸組成には配合された酸の種類によると見られる特徴が見られた。

　納豆に添付されている調味液の成分は以上のようなものである。しかし，実際に食べる時の濃度（摂食時濃度）は調味液の濃度の他に，納豆重量に対する調味液重量の比率に影響される。調味液の割合が多ければ混ぜた時ゆるくなり，摂食時の食感が大きく異なることになる。この調味液の比率の平均は13%となったが，最小値7%と最大値22%との間に3倍以上の差が見られた。混合後の摂食時濃度について見ると，味の基本である食塩は平均1.1%となり，最小値0.8%，最大値1.3%とこの間の差は1.7倍と少なくなり，調整されていることがわかる。なお，調味液の成分値から摂食時のpHを推定することは難しい。そ

こで実際に調味液をそれぞれが添付されていた納豆と混合しpHを測定した。その結果，混合後のpHは5.7から6.7の範囲となり，調味液自体のpHとの相関関係は見られなかった。また，全ての製品に酸類が配合されているが，摂食時のpHを低下させる意図が明らかな製品とそうではない製品とがあった。

調味液が開発されて間もない1989年にも調味液の調査を行った[1]。2つの結果を比較し，この間の変化について特徴的な点を挙げると，糖含量の多い製品が増加したこと，酢を配合した製品が増加し全体にpHが低下したこと，摂食時食塩濃度の最大値と最小値の差が3倍から1.7倍に減少し均一化したこと等となる。

また，原料として使用されるタンパク加水分解物にはレブリン酸が含有されるが，このレブリン酸の値は全体に減少し検出されない製品が増加した。タンパク加水分解物特有の臭いが減少したことで風味原料の香りが損なわれなくなったと思われる。

以上のような変化を通して感じられる点は，調味液は納豆の風味が苦手な人や食経験のない人にも抵抗なく納豆を食べてもらうために多様化され改善されてきたということである。

なお，表1-9の納豆は関東地方の量販店で販売されたものである。他地域で

表1-9 市販納豆調味液の分析値

No.	全窒素 %	食塩 %	無塩可溶性固形分 %	グルタミン酸 %	イノシン酸 %	pH	乳酸 %	酢酸 %	クエン酸 %	摂食時食塩濃度 %	調味液混合納豆pH
1	0.89	12.2	24.4	2.39	0.06	4.52	0.04	0.10	0.02	1.12	6.5(12)*
2	0.88	12.2	23.6	2.96	0.08	4.32	0.47	0.05	0.02	0.97	6.7(10)
3	0.57	11.2	18.9	2.77	0.07	4.51	0	0.15	0.03	1.04	6.2(11)
4	0.97	12.3	27.0	4.57	1.02	4.67	0.19	0.14	0	1.22	6.1(13)
5	1.04	13.6	25.8	0.86	0.05	4.14	0.16	0.28	0.04	1.34	5.7(13)
6	1.10	14.2	29.0	1.29	0.12	4.36	0.16	0.20	0.16	0.79	6.4(7)
7	0.56	7.0	21.2	1.98	0.12	4.49	0.08	0.33	0	1.11	6.3(22)
8	0.81	13.5	37.3	4.54	0.07	4.22	0.06	0.76	0.31	1.29	5.7(13)
9	1.05	11.5	41.2	4.20	0.12	5.00	0.07	0.05	0.12	1.29	6.4(16)
10	1.32	12.9	19.0	1.46	0.18	4.53	0.28	0.17	0.03	0.86	5.9(9)
11	0.59	11.6	25.6	1.83	0.18	4.83	0.06	0.72	0.02	1.09	6.2(13)
平均	0.89	12.0	26.6	2.62	0.19	4.51	0.14	0.27	0.07	1.10	6.2(13)

％：100mL中のg　＊（ ）内は納豆表示重量に対する調味液重量の比率（％）

は味のバランスなど異なる傾向になると予想され，実際にはより多様な製品があると思われる。

(奥沢 洋平)

● 文献
1) 平田裕子，奥沢洋平，江口卯三夫：納豆のたれに関する実態調査．日本醤油研究所雑誌 1989；15；236-238.

7 からし―マスタード

(1) からしの産地

からしはアブラナ科のカラシナの種子を原料として作られる。現在のカラシ種子の産地は，カナダ・アメリカ・インド・フランス・ドイツ・中国などで，カナダが世界の半分を生産している。日本でも戦前まで栽培されていたが，コストの問題などで現在はカナダからの輸入でまかなわれている。

(2) 和からしと洋からし

和からしと洋からしのはっきりした区別はない。

通常，オリエンタル種子を使った，おでん・納豆・冷やし中華などに使う辛味の強いからしを和からし，イエロー種子を使った，ホットドッグ・サンドイッチ・ソーセージなどに使う辛味のまろやかなからしを洋からしと言っている（表1-10）。からしメーカーによっては，粒子の粗いからしを和からし，キメの細かいからしを洋からしと言うところもある。

(3) からしの辛味

からしの辛味成分はオリエンタル種及びブラック種はアリール辛子油で，イエロー種はベンジル辛子油である。辛子種子を噛んでもあまり辛味は感じられないが，すりつぶして細胞を壊し，水を加えて練ることにより種子に含まれる酵素ミロシナーゼが働き，辛子油配糖体が加水分解されて辛味が発生する。

表1-10 からしの種類

学名	ブラシカ ユンケア Brassica juncea	ブラシカ ニグラ Brassica nigra	シナピス アルバ Sinapis alba
和名	和がらし	黒からし	白からし
英名（通称）	オリエンタルマスタード	ブラックマスタード	イエローマスタード
種皮の色	黄色	黒又は黒褐色	黄白色
種子の形状	球形・約1mm	球形・約1mm	球形・約2mm
辛味の主成分	アリール辛子油	アリール辛子油	ベンジル辛子油
辛味の特徴	揮発性、鼻孔を刺激する強烈な辛味	揮発性、鼻孔を刺激する強烈な辛味	弱揮発性、口腔を刺激するマイルドな辛味

出典　日本からし協同組合

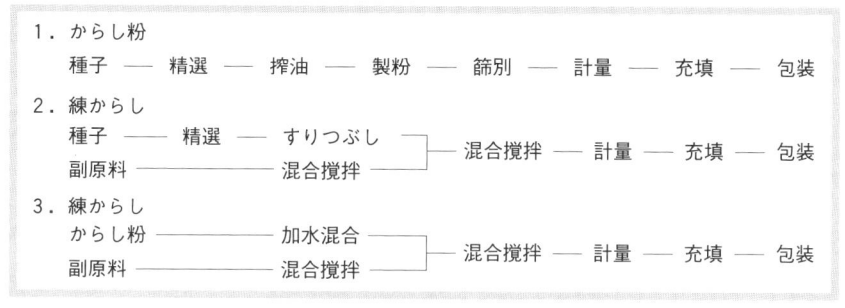

```
1. からし粉
   種子 ── 精選 ── 搾油 ── 製粉 ── 篩別 ── 計量 ── 充填 ── 包装

2. 練からし
   種子 ── 精選 ── すりつぶし ┐
   副原料 ────── 混合撹拌    ┴ 混合撹拌 ── 計量 ── 充填 ── 包装

3. 練からし
   からし粉 ────── 加水混合 ┐
   副原料 ─────── 混合撹拌  ┴ 混合撹拌 ── 計量 ── 充填 ── 包装
```

図1-3　からし粉及び練からしの製造工程図
出典　日本からし協同組合

（4）からし製品（からし粉・練からし）

カラシナの種子には40％近い脂質が含まれていて，そのまま粉末にするのは大変難しいため，脂質調整したものを製粉する。なお色調をよくするために少量のウコン（ターメリック）を加えることもある（図1-3）。

練からしは保存性をよくするため，適量の食塩・食酢などを加える。また辛味を持続させるため，植物油などで辛味成分を包む（図1-3）。

（5）和からしと納豆

カラシナは中国から日本に入り，奈良時代以前から栽培されてきた。正倉院の書物にもからしは登場している。昔は薬味として使われていたのではなく薬として使われていた。

からしが薬味や民間薬として一般的に使われるようになったのは室町時代からのようである。辛子は食べ物の異臭を消し，殺菌効果もあり，江戸時代になると刺身・からし味噌・からし漬け・芥子汁などに使われるようになった。江戸時代の有名な句に「初かつおからしがなくて涙かな」と役者の生島新五郎の詠んだ句がある。また，江戸時代に納豆が大衆化するとからしは納豆のアンモニア臭の消臭に利用され，薬味として欠かせないものとなったようである。

戦前までは粉からしを買って自分で練って使っていたが，戦後になると店先で練ったからしをサービスで付けるようになった。1964年の東京オリンピックの年，あるからしメーカーがフィルムにパックされたミニパックの練からしを開発し，消費者からは清潔さが，納豆製造メーカーからは扱いやすさが評価され，ミニマスタードという名称であっという間に普及した。

(松永　進)

8　容　器

納豆には特有の粘りがあるため，発酵後にそれを容器に充填することは難しい。そこで，煮豆に納豆菌をスプレーした後，これをただちに容器に一定量充填し，容器の中で煮豆を発酵させることになる。従って，納豆の容器にはまず保湿性や通気性など発酵に適した機能が要求される。さらに冷蔵での流通，場合によっては冷凍での保存などを行うため保温性，物理的強度等が必要になり，最後に容器を食器として利用することからデザイン性，環境保全性なども要求される。

発酵時に酸素が少なく，二酸化炭素が多くなると苦みやアンモニア臭が強くなり，商品性が落ちてしまう。そこで，納豆の容器には発酵に必要な十分な酸素を供給するための通気性が求められる。

まず，プラスチックフィルムや容器を使う場合，樹脂により酸素透過度が大きく異なることを知っておく必要がある（表1-11）。

納豆の容器としてこれらのプラスチックを使う場合，発酵中の納豆はかなりの量の酸素を必要とするため，容器を密封して使用すれば酸素欠乏による発酵不良が発生してしまう。そこで現在利用されている容器を見てみると，共蓋

PSP（発泡ポリスチレン）容器の場合であれば，蓋部に設けた通気確保のための小穴群や，蓋とカップの間の空隙部を通して発酵に必要な空気の出入りを可能にしている。カップ容器の場合には，細孔を設けたポリエチレンフィルムを蓋材としてヒートシールすることにより十分な酸素を確保するなど工夫されている。

さらに，紙カップの側面に凹凸を施して，酸素が容器の底まで行きわたり均一に発酵できように工夫した容器なども開発されている。

表1-11　各種プラスチックフィルムの酸素・水蒸気透過度

フィルム名	記号	厚さ (μm)	酸素透過度 (25℃，90%RH) cc/m^2・24hr・atm	水蒸気透過度 (40℃，90%RH) g/m^2・24hr
ポリブタジエン	BDR	30	13,000	200
エチレン・酢酸ビニル共重合体	EVA	30	10,000〜13,000	80〜520
軟質ポリ塩化ビニル	PVC	30	変化大10,000	80〜1,100
ポリスチレン	PS	30	5,500	133
低密度ポリエチレン	LDPE	30	6,000	18
高密度ポリエチレン	HDPE	30	4,000	7
未延伸ポリプロピレン	CPP	30	4,000	8
延伸ポリプロピレン	OPP	20	2,200	5
ポリエチレンテレフタレート（ポリエステル）	PET	12	120	25
延伸ナイロン（ポリアミド）	ON	15	75 （湿度の影響大）	134
ポリ塩化ビニリデン塗布	ハイバリアーフィルム			
＊延伸ポリプロピレン	KOP	22	8〜20	5
＊ポリエステル	KPET	15	8〜12	6
＊延伸ナイロン	KON	18	8〜12	12
＊セロファン	Kセロ	22	8〜20 （湿度の影響大）	10
ポリ塩化ビニリデン積層	PVDC	30	5	2
ポバール	PVA	15	（湿度の影響大）	大
エチレンビニルアルコール共重合体積層	EVOH	15	1〜2 （湿度の影響大）	30
Kコート延伸ビニロン	OV		<0.5	
アルミ蒸着積層フィルム	VM		1〜5	1
酸化アルミ蒸着積層フィルム			3	4
セラミック蒸着積層フィルム	SiOx		0.1〜0.6	0.2
アルミ箔積層フィルム	Al		0	0

出典　大須賀 弘：新・食品包装用フィルム．日報，1999，p186-188．

表1-11に示す通り，プラスチックフィルムの水蒸気透過性は比較的低いといえる。しかし，発酵に必要な酸素を確保するために納豆容器には細孔や空隙が設けられており，容器内には空気の流れが生じている。発酵室内の湿度が高く，容器内の流通が悪いと納豆が水っぽくなり，香りに蒸れ臭がでることがある[1]。逆に容器内に空気の流通がありすぎると納豆表面が乾燥してしまうことにもなる。PSP容器などでは，納豆の上にポリエチレンのカバーフィルムをかぶせてあるが，これは容器内の納豆の乾燥を防ぐ効果も果たしている。

ここで現在使用されている納豆容器について全てを紹介することはできないが，主な容器について説明する[2]。

1）発泡プラスチック容器

納豆の代表的な容器として共蓋PSP容器がある（図1-4）。蓋には通気のための孔が開けてあり，内部には納豆の上にポリエチレンのカバーフィルム，その上にたれとからしの小袋が入っている。多くは3個詰めで販売されている。

図1-5は共蓋PSP容器で，納豆の上にカバーフィルムのないタイプのものである。容器のヒンジ部分に隙間を設け，蓋部の孔もなく，からし，たれの小袋

図1-4　PSP容器

図1-5　カバーフィルムのないPSP容器

は蓋上部に置かれ，その上にポリエチレンフィルムがヒートシールされている。通常，カバーフィルムがないと納豆表面の乾燥が進んでしまうのであるが，それを防止するため，蓋に凹みを設けて容器内の空隙を少なくするなどの工夫がされている。

2）カップ容器

カップ容器には，紙とプラスチックをラミネートしたものやポリプロピレン容器などの包装資材が使われている（図1-6）。蓋は細孔ポリエチレンフィルムが使われ，発酵時の通気を確保している。

割り干し大根などの具入りの納豆（図1-7）では，納豆発酵後に具を混ぜた後，容器に充填することになる。従って容器に通気性は必要なく，ポリスチレン容器にナイロン／ポリエチレンフィルムをシールして密封包装の包装形態となっている。

現在の納豆容器は，ここに示したようにプラスチックが主体となっている。

図1-6　カップ入り納豆　　　　図1-7　具入り納豆

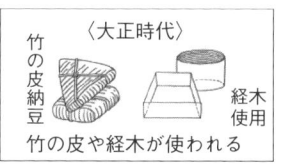

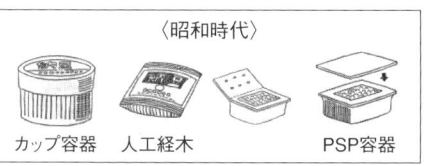

〈明治時代〉　扇納豆　ワラ苞納豆が人気

〈大正時代〉　竹の皮納豆　経木使用　竹の皮や経木が使われる

〈昭和時代〉　カップ容器　人工経木　PSP容器

図1-8　納豆容器の変遷

出典　全国納豆協同組合連合会：納豆沿革誌 1975；222-237.

しかし，これまでには長い納豆容器の変遷があった。明治時代までは藁つと納豆が主流であり，大正時代に入るとわらから経木へと移っていった。昭和に入ると人工経木やプラスチック本体に紙の蓋をつけたものなど様々なアイデア商品が発売された（図1-8）。

最近では環境に配慮した容器として，トレーや外層フィルムなどにトウモロコシを主原料とした植物性素材を使った商品や，PSP容器に剥離フィルムを貼り合わせて，使用後剥離することにより，容器と食品残渣を容易に分別できる容器なども開発・市販されている。

（石川　豊）

●文献●
1)　大須賀　弘：新・食品包装用フィルム，日報，1999，p186-188.
2)　加藤英八郎：食品包装便覧，日本包装技術協会，1988，p1631-1634.
3)　水口眞一：納豆と包装の変遷．包装技術 2001；39（1）；109-116.
4)　全国納豆協同組合連合会: 納豆沿革誌，全国納豆協同組合連合会，1975，p222-237.

第2章　納豆の製造・流通・保蔵

1　製　　造

　2007年現在，日本国内の納豆生産は大小260社で行われており，その生産量は原料換算で年間130,000tにも達しているが，寡占化が進み，大手10社で85%を占めている。これら大手の工場は全国に散在し，概略，1工場当り1日原料15t処理の能力を持ち，50gパック製品1日550,000食を生産している。納豆は蒸煮大豆に納豆菌を接種して，これを最終製品となる30～50g容の小容器に充填し，次の発酵工程を経て製品とする特殊な固体発酵食品である。小単位での大量生産品ではあるが，均一生産が必要とされる。このため，納豆ならではの独創的技術開発が行われて現在の製造装置・ラインが整備され，工業化と生産の拡大が可能になった。

　以下に納豆生産のフローシート（図2-1）及びフローチャート（図2-2），及び工程写真（図2-3～18，p.34～35）を掲げ製造工程を説明する。

(1)　原料大豆の保管と精選工程

　納豆原料は納豆製造に適性のある大豆が用いられるが，現在使われている大豆は国産が3.8%，外国産は96.2%で主にアメリカ，カナダ，中国から輸入されている。外国産大豆も日本からの納豆適性大豆の原種をもとに改良育成され栽培されているものである。

　国内，国外で収穫した大豆は収穫地や港で一応の精選処理が行われ，選別後は気温の上昇による品質の劣化を避けるために低温で輸送，その後は室温15℃湿度60%の低温倉庫に保管される。そして納豆工場に入荷した後も更に念を入れて，異物除去と粒形選別が行われる。

　金属，石，異物を完全に除去し，各工場の品質基準に従って粒形が整えられ，

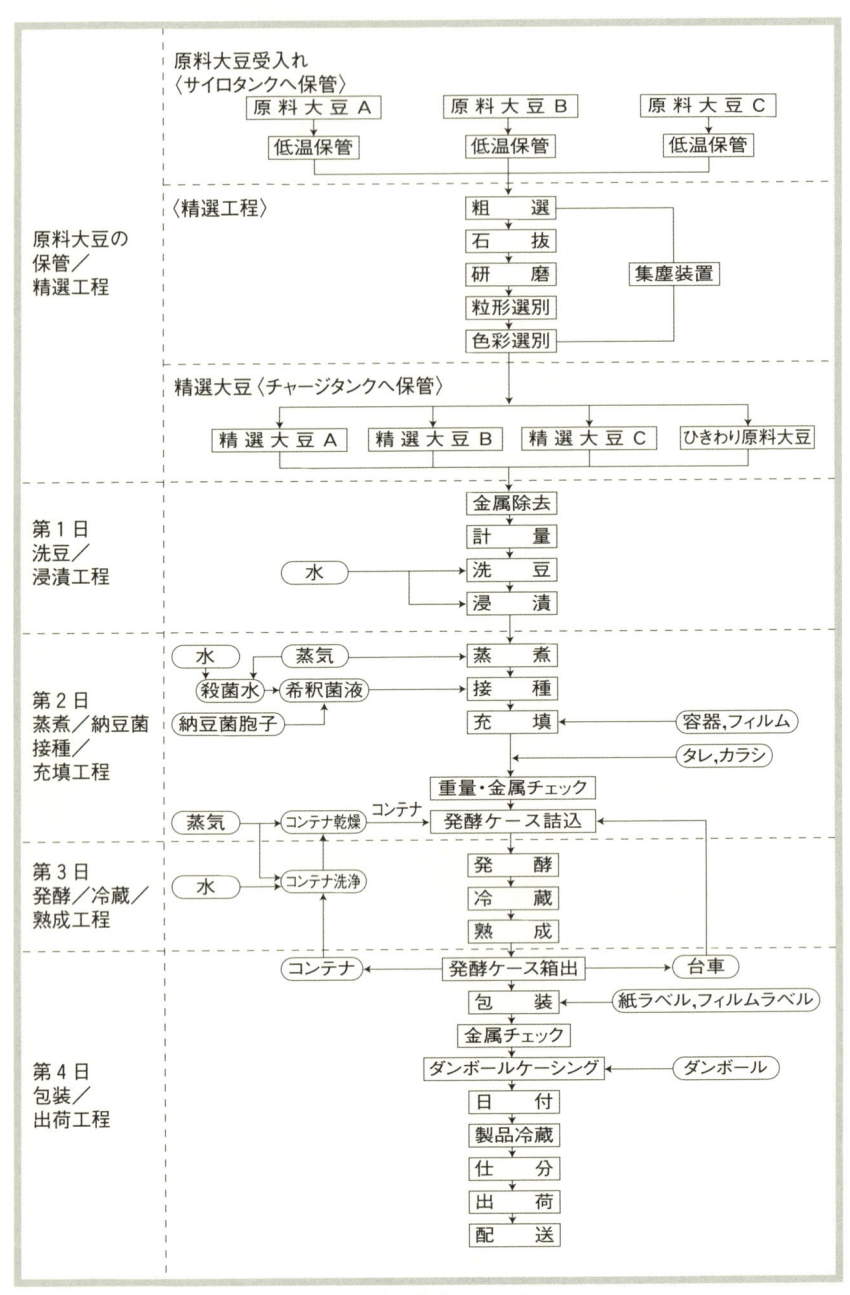

図2-1 納豆生産フローシート

原料大豆の保管／精選工程

原料大豆受入れ〈サイロタンクへ保管〉
- 原料大豆A → 低温保管
- 原料大豆B → 低温保管
- 原料大豆C → 低温保管

〈精選工程〉
粗選 → 石抜 → 研磨 → 粒形選別 → 色彩選別（集塵装置）

精選大豆〈チャージタンクへ保管〉
精選大豆A／精選大豆B／精選大豆C／ひきわり原料大豆

第1日　洗豆／浸漬工程

金属除去 → 計量 → 洗豆 ←（水）→ 浸漬

第2日　蒸煮／納豆菌接種／充填工程

蒸煮 ←（水・蒸気・殺菌水）
接種 ←希釈菌液←納豆菌胞子
充填 ←（容器,フィルム）（タレ,カラシ）
重量・金属チェック
発酵ケース詰込 ← コンテナ乾燥←（蒸気）

第3日　発酵／冷蔵／熟成工程

コンテナ洗浄←（水）
発酵 → 冷蔵 → 熟成

第4日　包装／出荷工程

発酵ケース箱出 → 台車／コンテナ
包装 ←（紙ラベル,フィルムラベル）
金属チェック
ダンボールケーシング ←（ダンボール）
日付 → 製品冷蔵 → 仕分 → 出荷 → 配送

1. 製　　造　　33

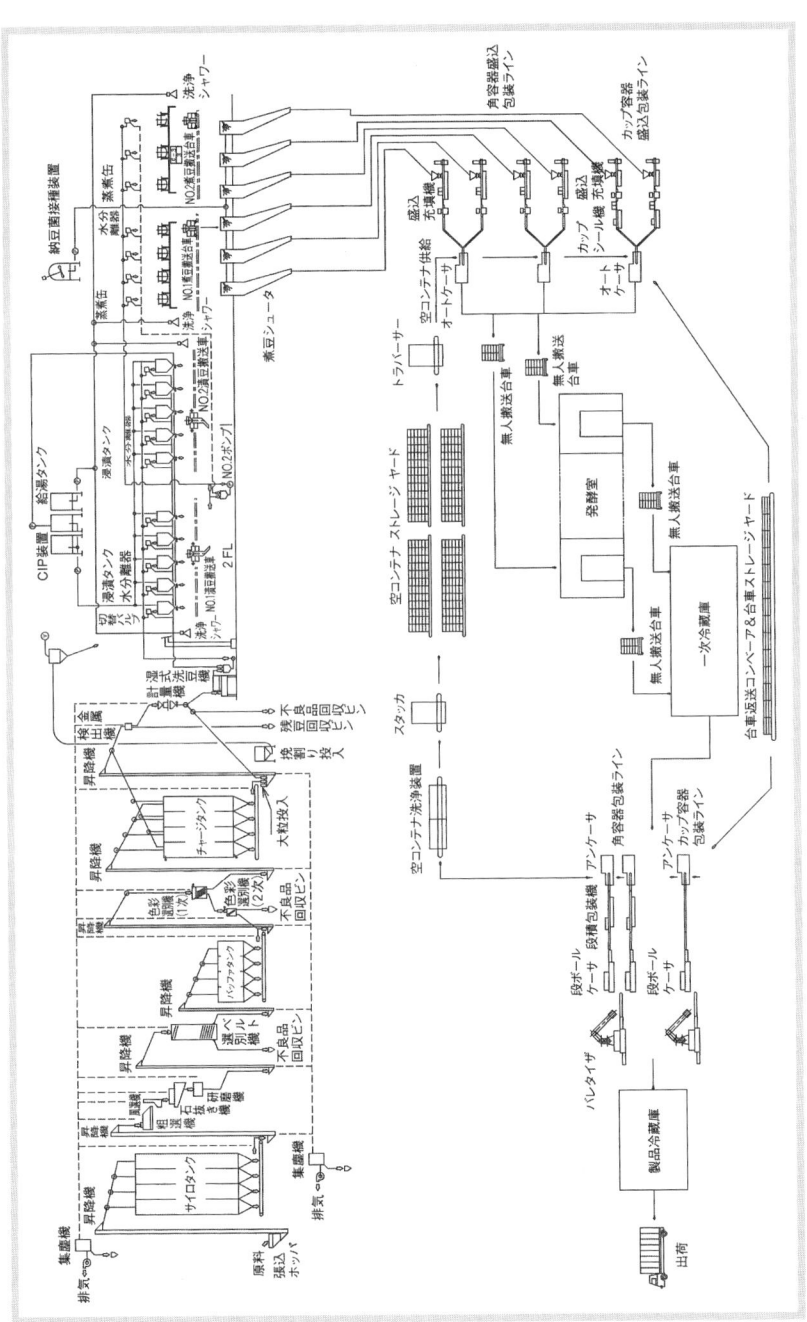

図 2-2　納豆生産フローチャート

34　第2章　納豆の製造・流通・保蔵

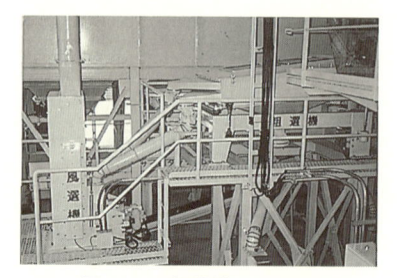

図2-3　粗選機・風選機

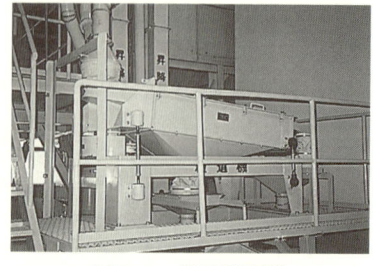

図2-4　粒形選別機

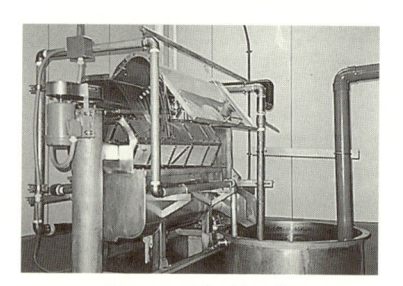

図2-5　豆洗機

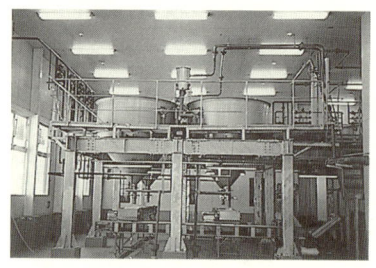

図2-6　開放式浸漬槽

図2-7　浸漬漕給排水装置

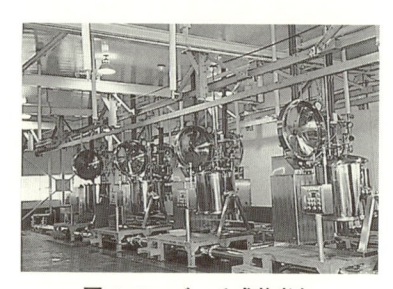

図2-8　バッチ式蒸煮缶

図2-9　接種装置と煮豆搬送車

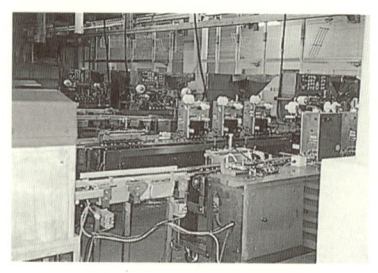

図2-10　充填室及び自動充填機

1. 製　　造　35

図 2-11
充填室及びオートケーサー

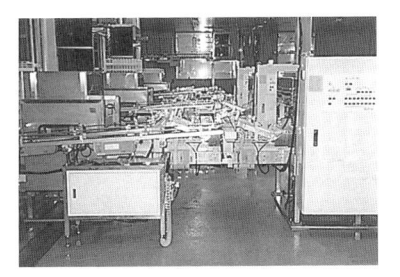

図 2-12　オートケーサー

図 2-13　コンテナ自動搬送車

図 2-14　自動納豆発酵室

図 2-15　1次冷蔵庫

図 2-16
包装室内のカップ包装ライン

図 2-17　納豆工場外観

図 2-18　工場からの出荷

生産に備えられる。このため原料大豆は，1）粗選機（図2-3）・2）石抜機・3）研磨機・4）粒形選別機（図2-4）・5）色彩選別機・6）金属検出機などを経てチャージタンクに保管され，生産に備えられる。

納豆用大豆は大きさにより，次の4種に分類されている。

   大粒大豆（直径7.9 mm以上）

   中粒大豆（直径7.3 mm以上）

   小粒大豆（直径5.5 mm以上）

   極小粒大豆（直径4.9 mm以上）

（2）洗豆・浸漬工程

精選後，チャージタンクに保管された大豆は，計量され，水で洗浄され，浸漬槽に移送される。

1）洗　　豆

大豆洗浄機（図2-5）は主にスクリュー式で，大豆表面の付着物を水に溶出させ，石や金属など重い異物を水底に沈ませ，軽い異物をオーバーフローで除去する。このような水中での物理的なもみ洗いと，清水でのすすぎ洗いとを交え，原料大豆は付着物と土壌微生物をきれいに洗い落とされ，細菌数10^2/g位の状態になり，水中ポンプで搬送され，水分離機から浸漬槽に投入される。

2）浸　　漬

浸漬は通常2俵（60kg×2）程度のバッチ式タンクで行われるが，大工場では生産量の増大に伴い，個々の浸漬槽の容量が2～3tと大型になっている（図2-6, 2-7）。この工程での問題点は，浸漬中における水の温度上昇による土壌微生物の繁殖であり，その結果，大豆成分の損失と，微生物の代謝物質による納豆菌の繁殖阻害が起きる。

現在，この浸漬中の微生物の繁殖抑制と定時間浸漬のために低温浸漬が行われている。浸漬水はあらかじめチラーによって10℃に冷却され，およそ18時間で衛生的な浸漬が完了する。従来，大豆の種類，粒形，浸漬時の気温・水温に対応するための適正な浸漬時間を求めていたが，低温浸漬を行うことで，年間一定時間の浸漬が行えるようになっている。浸漬終了後の大豆は重量比で約2.2～2.3倍となる。また，作業の終った浸漬槽はCIP（Cleaning in Place）定置循

環洗浄等が行われ，大豆の溶出成分や微生物などが除去される。

（3） 蒸煮及び納豆菌接種工程

浸漬後の大豆は，納豆菌の繁殖と人の食感に適当な硬度にするため蒸煮が行われる。納豆工業ではバッチ式の高圧蒸煮缶が使われて，通常，原料120～240kg容の大きさのものが使用されている（図2-8，2-9）。

蒸煮作業は蒸煮缶への浸漬大豆投入後，① 蒸気吹込み，② 蒸気吹抜け，③ 達圧，④ 圧力保持，⑤ 脱圧の順序で行われるが，原料大豆の種類によって適当な蒸気圧力と時間が設定され，蒸煮作業は約1.5時間を要する。

納豆用大豆の蒸煮は，蒸煮後の大豆の硬度，色沢，次の発酵における納豆菌の繁殖，発酵後の納豆の硬度及び色沢等に影響を及ぼすので，重要な工程であり繊細な管理が必要である。従来は，手作業による管理が行われていたが，現在では自動制御装置が装備されて無人化が計られ，蒸煮の均一化や蒸煮環境の改善などに役立っている。

大豆の蒸煮は通常バッチ式高圧蒸煮法で行われているが，有効成分の損失は多大で，流失する煮汁の回収再利用は有益ではあるが相当の経費を必要とする。このため現状は，煮汁を廃棄しているが，排水処理の経費が莫大なものとなっている。また，バッチ式高圧蒸煮法では，次の充填工程での充填機の能力制限を受け，煮豆の処理に時間差が生ずるため，蒸煮直後の煮豆と時間経過後の煮豆とでは物性が変わり，豆の表面に粘性が生じ，充填精度や発酵の均一性などに影響を与えることになる。このため連続蒸煮缶の採用が期待されていたが，納豆工場では蒸煮大豆排出時の大豆に損傷があるため採用されていない。今後は煮汁を出さない，豆を痛めない蒸煮法の確立が希望される。

蒸煮終了後の大豆は煮豆搬送車に移され，盛込充填機に連結する煮豆シューター上の納豆菌接種装置により，納豆菌がミスト状で均一に噴霧接種される。

（4） 充填工程

充填機の開発以前は，煮豆の盛込作業は生産工程の中で最も人手のかかる大変な作業であった。煮豆の充填方法は，まず納豆菌接種後の煮豆を，充填機のホッパーに投入し，これをバイブレーションフィダーで，計量部に供給し，計

量部の上下シャッターの開閉により定量充填を行う方式である。現在では，この自動充填機の開発によって，PSP（ポリスチレンペーパー）製の一辺100mmで高さ25mmの大きさの角容器や，直径70mm高さ50mmの紙カップなどに50～30gを1分間に120個程度充填可能であり，専用の高速充填機は1分間240個程度の能力を持っている（図2-10）。

　自動充填ラインは容器供給機に始まり，煮豆の定量充填，被膜かけ，たれ・からしの投入機を経て上蓋がかけられる。また丸カップは充填後被膜かけ，たれ，からし投入及びトップシールがなされる。このあと重量測定機，金属検出器を通過させ不適格品は排除される。充填された容器は，コンテナストックヤードから供給されてくる通風性の良い樹脂製のコンテナに配列される。コンテナへの箱詰作業は，以前は人手に頼る作業であったが，現在ではオートケーサーによって充填機と同じスピードで処理され（図2-11, 2-12），台車に積み上げられ（図2-13），発酵室に搬送される。

（5）発酵工程

　納豆菌を接種した蒸煮大豆を，最終商品形態の容器に充填して発酵させる現在の納豆製造工程で，発酵室は最も重要である。納豆の発酵は短期熟成型で，僅か16～24時間でその品質が決定する。発酵工程の前半は，納豆菌を十分に繁殖させ，後半は，納豆菌酵素による粘質物生成と熟成作用を十分に行わせる。発酵室の機能は，給温・冷却・加湿・除湿・給気・排気などの機能を備え，制御方法も室温，品温，湿度，更に代謝ガスによる制御方法等が加えられる。誘導期・対数期・定常期のパターンを調整する1次冷却と，納豆菌の活動を抑制し，熟成を計る2次冷却に，冷凍機が重要な機能を発揮している。

　現在使われている発酵室は断熱構造のFRP（Fiber Reinforced Plastics, 繊維強化プラスチック）製で，空調機を天井中心に配置し，ヒーターと冷凍機からの冷媒配管による給温・冷却機能と，加湿装置，空気の給排気装置，これらを作動させるための室温，品温，室内湿度センサーなどを備え，コンピューター式自動制御盤により発酵の全工程を段階的に制御できる機能を持っている（図2-14）。室内空調は乱流方式であるが，空調機のファンを正転，逆転させるなどして，室内温湿度を平均化させている。容器に充填した製品はコンテナに詰め

られ，台車に搭載され，発酵室内に間隔をもって並べられて，発酵が開始される。誘導期8時間，対数期4時間，定常期4時間を経過した後，6～8時間の熟成と冷却を続け，明朝には一応製品の形を整えている。

(6) 冷蔵・包装工程

1) 1次冷蔵

納豆工場の冷蔵庫は，納豆菌の再繁殖を抑えて，脱アミノ反応によるアンモニアの発生を防止することは勿論，低温で熟成を計り，品質を安定させる重要な役目を果たしている（図2-15）。

昔は冷凍機がなかったので，発酵後は室温に放冷したが，現在は5℃以下の冷蔵庫の中で冷却を続け，後続の包装工程で品温の上昇を起こさぬよう十分に冷却される。

2) 2次包装及び出荷準備

1次冷蔵庫（庫内温度3℃）内で冷却し熟成を続けた製品は，コンテナから取り出され，いろいろな形態の2次包装が行われ，商品化される（図2-16）。包装形態は，主として，PSP容器では2～3段重ね，カップ容器では3個のシュリンク包装が主流で賞味期限，価格等が印字される。包装製品は，段ボール箱に詰められ，2次冷蔵庫（庫内温度0℃）に貯蔵され出荷準備がなされる。

納豆製造工場の工程は大豆の成分流亡防止と粒形保持が重要であり，当初の洗浄工程における浸漬タンクへの水輸送を除いては落下方式を取っている。このため納豆の工場は浸漬タンクが最上部にあり，次いで蒸煮工程，充填工程となっている。1階は充填室，発酵室，1次冷蔵庫，包装室，2次冷蔵庫出荷ヤードまで連続的に配置されている（図2-17，2-18）。

（渡辺 杉夫）

2 流 通

納豆の流通は，1945年頃までは行商販売が行われていたが，1955年頃には，食料品店などでの販売に代わり，当時は常温で販売されていた。1960年代にな

ると冷凍機の急速な普及時代に入り，製造や流通販売においても品質の安定化を見せ始めた。現今は，低温設備の整った大規模小売業の総合スーパー，食品スーパー，コンビニエンスストアや生協，農協，デパートなどで扱われており，量販店の占める流通シェアは80％以上にも達している。

また，寿司店，料理店向けの業務用も食品問屋などを通じて流通している。

（1） 納豆工場からの出荷

工場内の1次冷蔵庫で冷却された製品は,包装場で包装され，賞味期限が印字され，段ボール箱に詰められ，2次冷蔵庫に移動される。

賞味期限は各メーカーが自主的に期間を決定するもので，品質検査，官能検査を行い，およそ製造日を含め9日程度となっている。

流通業者からのオーダーは，納入日の前々日または前日に行われるが，オーダーを受けてから納入までの時間は9～19時間で，この時間内に包装し，0℃の2次冷蔵庫に保管，出荷準備がなされる。品温10℃以上のものは出荷されない。

製品の搬送は車内温度－5℃～－10℃の冷蔵車[1, 2]で行われ，流通業者の配送センターに持ち込まれる。それ以降は流通業者のピッキングにより，各小売店，スーパーのバックヤードに持ち込まれ，そして店頭に並べられる（図2-19）。

図2-19 陳　列

（2） 販　売

各小売店のリーチインの冷蔵庫に陳列されることになるが，ここで10℃以上になることもあり，家庭の冷蔵庫に早く収納されることが望まれる。

（渡辺 杉夫）

●文献●
1) 保坂英明：国際的視野からみた実務データ集大成，第6編1．保存技術，①低温貯蔵（冷

凍・冷蔵，チルド貯蔵），食品製造・流通データ集（食品製造・流通データ集委員会）．産業調査会事典出版センター，1998，p471-531．
2) 保坂英明：国際的視野からみた実務データ集大成　第6編1．保存技術　②流通技術，食品製造・流通データ集（食品製造・流通データ集委員会）．産業調査会事典出版センター，1998，p532-556．

3 保蔵

　通常市販されている納豆は，納豆菌の活動しない品温10℃以下の冷蔵・チルドの領域で管理流通されている．

　販路が全国に広がり広域流通を行わなければならず，大手納豆業者は消費者に新鮮な商品を与えるよう，全国的に出荷拠点を確保し，出荷時0℃以下で出荷している例もある．

　このような場合，発酵工程中，急速な2次冷却を行うと納豆の水分が凝縮し，結露を起こし，流通時凝縮水が納豆菌を溶菌し，アンモニアの発生を引き起こすので十分な注意が必要である．

　除湿は発酵室の容積と納豆総量から発生する発酵熱量との関係を考えて行わなくてはいけない．容器中の水分を減少させるには，発酵終了後1～2時間発酵室外の放冷室に全製品を搬出し放熱と発酵代謝ガスを除去することが望ましい．気化熱が納豆表面の水分を少なくし，味を濃縮させ日持ちの良い納豆になる．

　海外への輸出は冷凍品で行われる．冷凍期間の長い場合には製品が乾燥するので，水分が飛ばぬよう箱をビニールフィルムで包む必要がある．

　冷却と密封が保たれれば，かなりの長期間品質は変わらない．

　業務用納豆はビニール包装の冷凍品なので保蔵に問題はない．

〔渡辺　杉夫〕

第3章　粘質物分析法

1　粘質物の定量法

（1）背　　景

　納豆の特徴的な粘質物は，γ-ポリグルタミン酸（γ-PGA）とレバン（フラクタン）から構成される[1, 2]。このうち糸引きの主体となるのはγ-PGAであり，普遍的に含まれている。

　γ-PGAを分析するには，納豆から粘質物を取り出して精製を繰り返し，分解してグルタミン酸を定量する必要があり，HPLC（High Performance Liquid Chromatography，高速液体クロマトグラフィー）もしくはアミノ酸アナライザー等の分析機器が必要となる。これらの煩雑で経費のかかる測定作業は，品質管理の現場等，多数の試料を短時間で測定して結果を得たい場合には向いておらず，より簡便な方法の開発が望まれていた。

　以下に紹介するCET（cetyltrimethylammonium bromide）法は，γ-PGAを分解することなく，直接定量する分析方法である[3]。この方法は煩雑な精製操作を要せず，一般的な試験室に備えられている設備だけで測定することが可能である。

（2）　CET法によるγ-PGAの分析

　CET法は，次の4つのステップで進められる。
　第1に，納豆に2.5%トリクロロ酢酸溶液を加え，50℃にて水浴中で豆をつぶさずに粘質物を抽出する工程である。トリクロロ酢酸の添加によって，酸性下で粘性を低下させて抽出を容易にすると共に，タンパクを取り除くことができる。

第2に，エチルアルコールにて粘質物を沈殿させ，遠心分離によって得る工程である。この操作によって，トリクロロ酢酸は除去される。

第3に，得られた粘質物を水に溶解し，水酸化ナトリウム溶液にてpHを7.0～7.2に調整し，これにCETを加えてコロイドを形成させる工程である。陽イオン界面活性剤の一種であるCETは，$γ$-PGAが高濃度で存在する場合には沈殿を形成するが，低濃度では懸濁してコロイドを形成する。この反応にフラクタンは関与せず，ペクチン等の大豆由来の高分子物質やプロテアーゼ等の混入も影響を与えず，特異的にコロイドを形成する。

第4に，生じたコロイドを分光光度計にて400nmの吸光度を測定し，$γ$-PGAに換算する定量方法である。6 $mℓ$の反応液中に$γ$-PGA量55 $μ$gまで直線性が得られ，400nmの吸光度1.0は，グルタミン酸として125 $μ$gに相当する。吸光度は高濃度の塩類に影響されるが，エチルアルコールによって，これらはほとんど取り除かれる。分子量30,600以上の$γ$-PGAにおいて，分子量の大小は測定値に影響せず，通常納豆中の$γ$-PGAの分子量はこれを大きく越えるため，試料毎の$γ$-PGAの分子量の相違は測定結果に影響を与えない。

（3） レバンの定量[4]

レバンは，レバンシュークラーゼによって生成するフラクトースの粘性ポリマーである。レバンシュークラーゼは枯草菌（*Bacillus subtilis*）が共通して分泌する酵素であり，枯草菌の一種と認められている納豆菌も生成する。レバンは単純な組成であり，単離することなくレゾルシン塩酸法（Roe法）あるいはシステイン・カルバゾール硫酸法などにより，直接比色定量することができる[4]。通常フラクトースを使って検量線を作成し，0.9を乗じてレバンに換算する[2,3]。

（4） 納豆中の$γ$-PGA及びレバン含量と糸引き

CET法を用いて納豆製造中の挙動を確認したところ，発酵開始10時間後から$γ$-PGAは生産され，発酵後期に増加し，完成した商品においては冷蔵保存では大きな変化はないが，室温で保存した場合には，さらに増加した。同じ試料について，レゾルシン塩酸法（Roe法）にてレバンを測定したところ，発酵6時間後から出現し，14時間以後はほぼ一定になり，冷蔵保存では保持されたが，

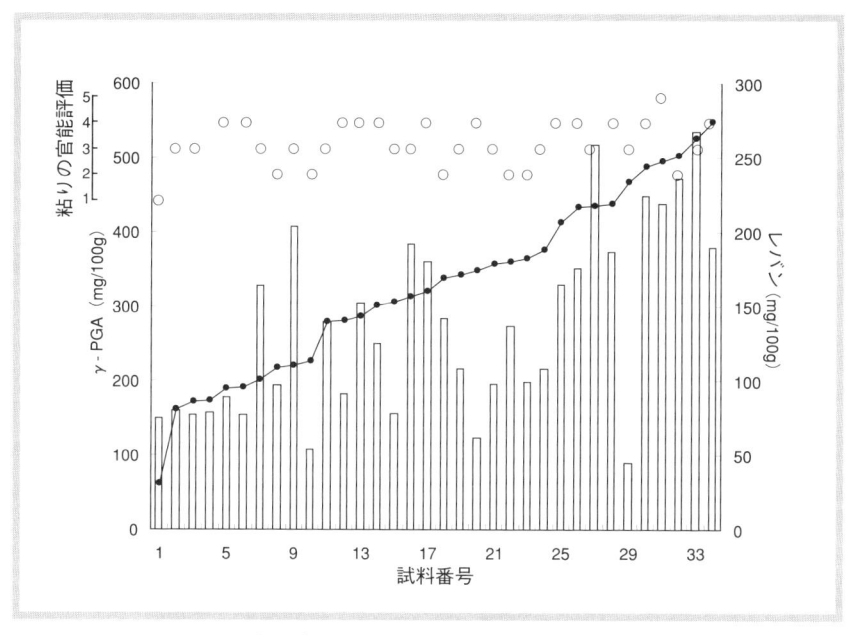

図3-1 市販納豆中のγ-PGA及びレバン含量(湿重量)
●；γ-PGA，○；粘りの官能評価，棒グラフ；レバン

室温保存では減少した。レバンは大豆に含まれるショ糖から生成するので，ショ糖の消費に伴って含有量は頭打ちになり，2次発酵すると考えられる室温放置中に減少に転じるのに対し，γ-PGAは増加し続けた。

市販納豆34品目を測定した結果，γ-PGAの平均値は0.328%となり，最小0.062%～最高0.549%と，製品によって大きく異なっていた。また，レバンの量は，平均0.138%，最小0.045%～最高0.268%と，やはり大きな幅が生じた。グラフ(図3-1)では，左辺からγ-PGA含量が少ない試料の順に並べて折れ線グラフで示し，棒グラフには各試料に対応したレバン含量を示した。両成分の含有量の間には，関係性がほとんど見られなかった。

極端に少ないものを除き，両成分の数値は官能評価による感覚的な粘りの強さとは完全には比例せず(図3-1)，含有量以外の様々な要因が加わって，かき混ぜた時に粘りのある感触が得られることが示唆された。

(菅野 彰重)

● 文献 ●

1) 菅野彰重, 高松晴樹：セチルトリメチルアンモニウムブロミドを用いた納豆のγ-ポリグルタミン酸の定量. 食科工 1995；42；878-886.
2) 藤井久雄：納豆菌による粘質物の生成に関する研究（第3報），糸引き納豆の粘質物について（その1）. 農化 1963；37；407-411.
3) 藤井久雄，白石 淳：納豆菌によるフラクタンの生成について. 福岡女子大学家政学部紀要 1985；16；1-5.
4) 福井作蔵：レゾルシン塩酸法　還元糖の定量法第2版. 学会出版センター, 1990, p81-83.

2　γ-ポリグルタミン酸電気泳動法

(1)　アガロースゲル電気泳動

　γ-ポリグルタミン酸の量と分子量をアガロースゲル電気泳動で調べることができる。ゲル濾過高速液体クロマトグラフィーによる分析法に比べ, 定量性が低いが, 1回の分析でたくさんの試料を短時間で分析でき, 実験装置も安価である。γ-ポリグルタミン酸量の経時的変化を調べたいときやγ-ポリグルタミン酸生産変異株の1次スクリーニングなどに適する。

　γ-ポリグルタミン酸はグルタミン酸の重合体なので中性条件下で陽極側へ電気泳動することができる。また, 緩衝液や電気泳動の担体として利用するアガロースゲル, ローデイングバッファー, 泳動槽などは, DNAアガロースゲル電気泳動で汎用されているものをそのまま利用できる。泳動後は, アルカリ/エタノール条件下でメチレンブルーによる染色を行い, 脱イオン水で洗浄後観察する[1]。この条件ではタンパク質は染色されず, アガロースの染色は脱イオン水洗浄で除くことができる。泳動に供するγ-ポリグルタミン酸量は5～10μgが適当で, これより多い場合, 電気泳動に乱れが生じアガロースゲルの端が溶けるなどのトラブルが起こる。また, 電気泳動に用いる緩衝液（TAE緩衝液）は緩衝力が比較的小さいので, こまめに新しいものと交換したほうがよい。アガロースの濃度は1％程度がよい。

　染色したアガロースゲルは, そのままスキャナーを使って画像ファイルとして保存するか, セロファン紙にはさみ乾燥して保管する。

納豆菌のγ-ポリグルタミン酸にはD体とL体のグルタミン酸の両方が含まれている。D体のみから構成されている炭疽菌のγ-ポリグルタミン酸も本方法で同様に染色できることが知られている[2]。

アガロースゲル電気泳動条件
〇ゲル溶解及び泳動用緩衝液（TAE）
　　Tris-hydroxylaminomethane　　40mM
　　EDTA　　　　　　　　　　　　1 mM
　　Acetic acid　　　　　　　　　0.14%（v/v）
〇染色液
　　Methylene blue　　　　　　　0.23%（w/v）
　　Ethanol　　　　　　　　　　23%（v/v）
　　KOH　　　　　　　　　　　0.008%（w/v）
染色時間5〜10分，アガロースの染色が抜けるまで脱イオン水で脱染する。
〇電気泳動条件
　　定電圧　6 V/cm 約30〜40分

（2）アクリルアミドゲル電気泳動

タンパク質の分析法として汎用されているSDS - ポリアクリルアミド電気泳動（SDS - PAGE）でγ-ポリグルタミン酸を分析できる[3]。アガロース担体と比べ分離能が高いが，200kDa以上の高分子領域の分離にはアガロースゲル電気泳動のほうが適している。染色には前述のメチレンブルーを用いる。アクリルアミド濃度は10%で行われることが多い。緩衝液はタンパク質のSDS - PAGEで使われるLaemmliの系が用いられる[3]。

（木村　啓太郎）

●文献●
1) Kimura K., Itoh Y. : Characterization of poly-gamma-glutamate hydrolase encoded by a bacteriophage genome: Possible role in phage infection of Bacillus subtilis encapsulated with poly-gamma-glutamate. Appl Environ Microbiol 2003 ; 69 ; 2491 - 2497.
2) Candela T., Fouet A. : Bacillus anthracis CapD, belonging to the gamma-glutamyl-transpeptidase family, is required for the covalent anchoring of capsule to peptidoglycan. Mol Microbiol 2005 ; 57 ; 717 - 726.

3) Yamaguchi F., Ogawa Y., Kikuchi M. et al : Detection of gamma-polyglutamic acid （γ-PGA） by SDS-PAGE. Biosci Biothechnol Biochem 1996 ; 60 ; 225 - 258.

3　γ-ポリグルタミン酸ゲル濾過法

　γ-PGA（γ-polyglutamic acid）の分子量測定法の1つにHPLC（High Performance Liquid Chromatography，高速液体クロマトグラフィー）を用いたゲル濾過法がある。網目構造のゲルの内部への分子の拡散のしやすさの違いに基づいて分子を分ける手法である。高分子の物質は樹脂内部に浸透しにくく，カラムを通過しやすい。一方，低分子の物質は樹脂の内部に浸透できることからカラムを通過する時間が遅くなる。従って，高分子化合物のピークが現れる時間（溶出時間）は短く，低分子になるほど溶出時間は長くなる。排除限界分子量以上の分子量の物質はカラムを素通りする。

　以下に，γ-PGAのゲル濾過クロマトグラフィーの実施例を紹介する。本法[1]は基本的にTanakaらの方法[2]に準拠している。

　γ-PGAをアルコール沈殿法により精製した後，0.05％の濃度になるように，溶離液である50mMリン酸ナトリウムバッファ（pH 6.8），0.1M Na_2SO_4に溶解する。更に，孔径0.2μmのフィルターに通したものをHPLC用の試料とした。

　HPLCは以下のような条件で行った。

　　分析機：Shimadzu LC-6A（島津製作所）
　　検出：示差屈折率及び210nmにおける吸光度（オプション）
　　ゲル濾過カラム：Asahipack GFA-7M（7.6×500mm，昭和電工）
　　ガードカラム：GS-1G（昭和電工）
　　溶離液：50 mM リン酸ナトリウムバッファ（pH 6.8），0.1 M Na_2SO_4
　　サンプル量：50μL
　　温度：50℃
　　流速：0.6 mL/min.

　ガードカラムにゲル濾過カラムを接続し，50℃のカラムオーブンに格納した。なお，現在ではこれらのカラムは製造されていないので，ペプチド分析用で排除限界分子量10,000,000以上を目安にカラムを選択するとよい。

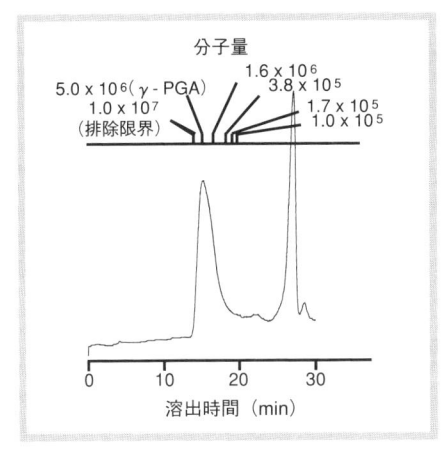

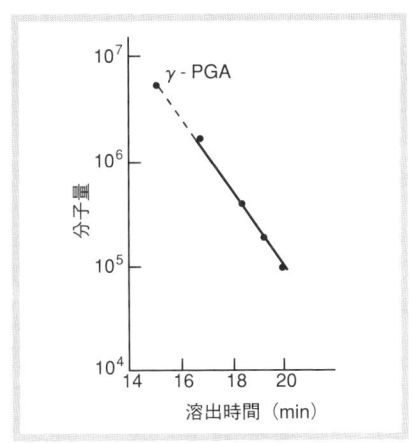

図3-2　γ-PGAのゲル濾過クロマトグラム

図3-3　較正曲線

　分子量マーカーにはShodex STANDARD P-82（昭和電工）を使用した．このキットに含まれるマーカーはマルトトリオースを単位として重合した直鎖状の多糖類プルランである．それぞれのマーカーは分子量分布が狭くなるように精製されている．分子量マーカーは溶離液で0.01～0.05%に調整して使用する．分子量マーカーのモル吸光係数は低いので検出は示差屈折率で行い，較正曲線の作成及びγ-PGAの分子量の推定は示差屈折率のデータをもとに行う．

　実際のクロマトグラムを図3-2に示した．かなり高分子側（排除限界近く）に単一のややブロードなピークが現れている．方対数グラフ上に縦軸（対数）に分子量，横軸に溶出時間をとり，分子量マーカーの分析結果をグラフに表した（図3-3）．そのグラフから外挿法でγ-PGAの分子量を推定したところ，5.0×10^6となった．

（永井　利郎）

● 文献 ●

1) Tanaka T., Hiruta O., Futamura T. et al : Purification and characterization of poly (γ-glutamic acid) hydrolase from a filamentous fungus, *Myrothecium* sp. TM-4222. Biosci Biotech Biochem 1993 ; **57** ; 2148-2153.

2) Nagai T., Koguchi K., Itoh Y.; Chemical analysis of poly-γ-glutamic acid produced by plasmid-free *Bacillus subtilis* (natto) : Evidence that plasmids are not involved in poly-γ-glutamic acid production. J Gen Appl Microbiol 1997 ; **43** ; 139-143.

4　DL-グルタミン酸定量法

　納豆菌の生産する粘質物 γ-PGA（γ-polyglutamic acid）は D 型と L 型のグルタミン酸からなるポリマーであり，通常，生物に存在するアミノ酸がほとんど L 型であるのに対し，D 型のグルタミン酸が含まれているのが特徴的である。この 2 種類のグルタミン酸は光学異性体であり，分子の構造が鏡像関係にある。分子量は同じであり，物理化学的性質もほぼ同じであるため，両者を分別定量するには工夫が必要である。

　古くは，酵素反応的に分別定量が行われていた。藤井ら[1]は γ-PGA の酸加水分解物についてペーパークロマトグラフィー抽出法で全グルタミン酸量を測定し，L-グルタミン酸量を大腸菌の L-グルタミン酸デカルボキシラーゼを用いて Warburg 検圧法で測定した。両者の差が D-グルタミン酸量となる。Hara ら[2]は，L-グルタミン酸を L-グルタミン酸デカルボキシラーゼを用いて，そして D-グルタミン酸を D-アミノ酸オキシダーゼを用いて，それぞれ直接定量している。

　HPLC（High Performance Liquid Chromatography，高速液体クロマトグラフィー）が利用できる環境では，光学分割カラムを用いた方法が便利であり，また，L-グルタミン酸と D-グルタミン酸を同時に定量することが可能である。

　以下に HPLC を用いての分析例[3]を紹介する。

　ミニチューブに入れた γ-PGA 水溶液（約10mg/mℓ）に，終濃度15％になるようにトリクロロ酢酸を加え，遠心分離し，得られた上澄みをエーテルで 2 回洗浄した。スクリューキャップ付きの耐圧ミニチューブに処理した上澄みを入れ，凍結乾燥した。6 N 塩酸を加え，窒素置換を行った後，110℃で200分加水分解を行った。

　加水分解物を真空下で乾燥させた後，脱イオン水に溶かし，TOYOPAK IC-SP（東ソー）に吸着させた。脱イオン水，ついで100 mM NH$_4$HCO$_3$でカラムを洗浄した後，400 mM NH$_4$HCO$_3$で，吸着されたグルタミン酸を溶出させた。溶出画分を脱イオン水で希釈した後に，凍結乾燥により粉末を得た。その粉末を脱イオン水に溶かし試料とした。グルタミン酸量はピークの面積を基に標準

曲線を作成して求めた。HPLCの条件は以下の通りである。

 HPLC：Shimadzu LC-6A（島津製作所）

 検出：210nmにおける吸光度

 光学分割カラム：CROWN PAK　CR（＋）（0.4×150mm，ダイセル化学工業）

 ガードカラム：CROWN PAK専用カラム（ダイセル化学工業）

 溶離液：$HClO_4$（pH 2.0）

 サンプル量：5μL

 温度：0℃

 流速：0.4 mL/min

ガードカラムに光学分割カラムを接続し，氷水中に通した。溶離液のpHは酸性側（pH 2以下）に傾いていればよいので，水に$HClO_2$を数滴滴下したもので十分である。CROWN PAKは，光学活性クラウンエーテルを固定相とするカラムである。このクラウンエーテルは-NH_3^+を取り込むため，アミノ酸のよ

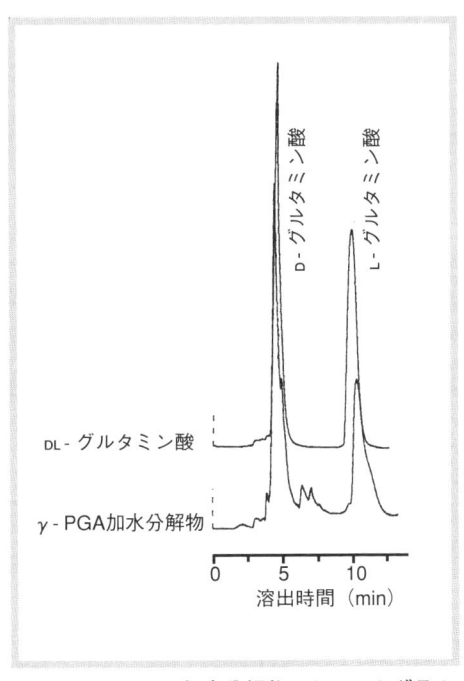

図3-4　γ-PGA加水分解物のクロマトグラム

うな不斉炭素に第一級アミノ基を持つ化合物などの光学分割に有効である。CROWN PAK CR（+）では，D型アミノ酸，L型アミノ酸の順番に溶出する。

図3-4に，分析例を示した。上部に標準物質，下部にγ-PGA加水分解物のクロマトグラムを示した。D-グルタミン酸のピークに不純物のピークが重なる時には，溶出の順番が逆になるCROWN PAK CR（-）を試すとよい。

（永井 利郎）

●文献●
1) 藤井久雄：納豆菌による粘質物の生成に関する研究（第3報）：糸引納豆の粘質物について（その1）．農化 1963；37；407-411.
2) Hara T., Fujio Y., Ueda S.: Polyglu-tamate production by *Bacillus subtilis*（natto）. J Appl Biochem 1982；4；112-120.
3) Nagai T., Koguchi K., Itoh Y. : Chemical analysis of poly-γ-glutamic acid produced by plasmid-free *Bacillus subtilis*（natto）: Evidence that plasmids are not involved in poly-γ-glutamic acid production. J Gen Appl Microbiol 1997；43；139-143.

第4章 納豆の食品機能性に関する研究

1 ナットウキナーゼ

　1980年秋，著者は日本の伝統的発酵食品である"納豆"中にこれまでにない非常に強力な血栓溶解酵素活性を認めた。そして分離された血栓溶解酵素がウロキナーゼやプラスミンに似た非常に強いフィブリン分解活性を示すことからナットウキナーゼ（Nattokinase）と命名した。ナットウキナーゼは微生物（納豆菌）由来であるため大量生産が可能であり，極めて安価である。また熱及び酸-塩基にも比較的安定，かつ分離精製も容易であることがわかった。そして何よりも優れた特徴としては納豆そのものがわが国で1,000年以上も一般庶民に食されてきたものであり，経口化にあたりその安全性が十分に保証されていることである。

（1）ナットウキナーゼの分子構造，性質

　図4-1は血栓溶解酵素ナットウキナーゼ発見のきっかけとなった，納豆抽出物を人工血栓（フィブリン平板）の上にのせてみた写真である[1]。すなわち，市販の納豆にほぼ等量の生理的食塩水を加えて抽出した粘り成分（N）を1滴（30μL）のせて37℃に置くと，すみやかにその部分が透明に溶けるのがわかる。その面積は現在わが国で使われている血栓溶解剤であるウロキナーゼ（U）（100IU/mL）やヒト血液中に存在する酵素プラスミン（P）（4.0CU）に比べてもはるかに大きい。この強力な血栓溶解酵素ナットウキナーゼは抽出液をイオン交換クロマトグラフィーやゲル濾過にかけて比較的簡単に精製できる。

　図4-2は，純化した酵素を用いて構造決定されたナットウキナーゼ分子の全アミノ酸配列である[2]。ウロキナーゼやプラスミンなど他の血栓溶解酵素（分子量5.3万〜9.0万）と比べて分子量が小さく，また分子内に"Kringle"と呼ばれ

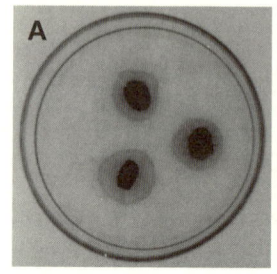

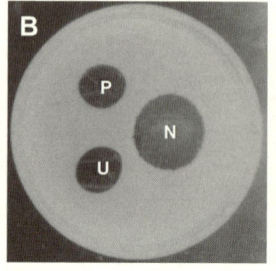

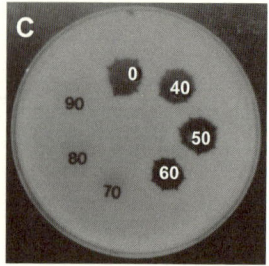

図4-1 納豆の血栓溶解能

A：人工血栓（フィブリン）の上に直接のせた場合
B：N，300gの納豆から生食220mLで抽出；P，プラスミン4.0CU/mL；U，ウロキナーゼ100IU/mL と比較
C：各抽出液を各温度で，10分間処理した場合。37℃，18時間目の溶解現象を示す

```
              10         20         30         40         50         60         70
"Nattokinase" AQSVPYGISQIKAPALHSQGYTGSNVKVAVIDSGIDSSHPDLNVRGGASFVPAETNPYGDGSSHGTHVAG
BNP'          AQSVPYGISQIKAPALHSQGYTGSNVKVAVIDSGIDSSHPDLKVAGGASMVPAETPNFQDDNSHGTHVAG
Carlsberg     AQTVPYGIPLIKADKVQAQGFKGANVKVAVLDTGIQASHPDLNVVGGASFVAGEAYNT-DGNGHGTHVAG

              80         90        100        110        120        130        140
"Nattokinase" TIAALNNSIGVLGVAPSASLYAVKVLDSTGSGQYSWIINGIEWAISNNMDVINMSLGGPSTSTALKTVVD
BNP'          TVAALNNSIGVLGVAPSSALYAVKVLGDAGSGQYSWIINGIEWAIANNMDVINMSLGGPSGSAALKAAVD
Carlsberg     TVAALDNTTGVLGVAPSVSLYAVKVLNSSGSGSYSGIVSGIEWATTNGMDVINMSLGGAGSATAMKQAVD

             150        160        170        180        190        200        210
"Nattokinase" KAVSSGIVVAAAAGNEGSSGSTSTVGYPAKYPSTIAVGAVNSSNQRASFSSVGSELDVMAPGVSIQSTLP
BNP'          KAVASGVVVVAAAGNEGSTGSSSTVGYPGKYPSVIAVGAVDSSNQRASFSSVGPELDVMAPGVSIQSTLP
Carlsberg     NAYARGVVVVAAAGNSGSSGNTNTIGYPAKYDSVIAVGAVDSNSNRASFSSVGAELEVMAPGAGVYSTYP

                                                                              Homology
             220        230        240        250        260        270        (%)
"Nattokinase" GGTYGAYNGTSMATPHVAGAAALILSKHPTWTNAQVRDRLESTATYLGNSFYYGKGLINVQAAAQ
BNP'          GNKYGAYNGTSMASPHVAGAAALILSKHPNWTNTOVRSSLENTATKLGDSFYYGKGLINVQAAAQ   85.5
Carlsberg     TNTYATLNGTSMASPHVAGAAALILSKHPNLSASQVRNRLSSTATYLGSSFYYGKGLINVEAAAQ   70.2
```

図4-2 ナットウキナーゼの分子構造
＊1本鎖構造で，275アミノ酸残基，計算分子量27,724。

る特殊なアミノ酸配列を持たない1本鎖構造のポリペプチド（S-S結合を全く持たない275残基からなる）である。等電点（pI）はSvenssonのカラム法で8.6±0.3，セリン酵素としての活性部位はAsp32, His64及びSer221に，また基質との結合部位はSer125, Leu126, Gly127と想定された。また，これまで納豆菌と同族のB.subtilisから分離されている各種プロテアーゼとのホモロジーは高かったが明らかに異なる配列を持つ。ナットウキナーゼはカゼイン分解活性に対するフィブリン分解活性の比率がはるかに高いこと，さらに抗原性も他の酵素とは

全く異なることなども確認されている。その活性を，ウロキナーゼをもとに換算すると湿重量1g当り約1,600国際単位にも相当する。臨床現場で血栓症の患者に点滴剤として使われているウロキナーゼは普通1人当りに1回で約20万国際単位であるから，その量は単純計算するとおよそ納豆1～2パック（約100g）中の酵素量に相当することになる。

（2）腸管吸収

プロ-ウロキナーゼとはウロキナーゼの前駆体であり，それ自体には全く活性のない分子量5.3万の1本鎖ポリペプチドのタンパク質である。このプロ-ウロキナーゼは活性化されたウロキナーゼと比べて血液中にできる血栓（フィブリン）に親和性が高く吸着されやすいため，同じくフィブリン表面上にあるプラスミノーゲンを容易にプラスミンに活性化させて血栓溶解を導きやすい。これが「第2世代の血栓溶解剤」として臨床でもウロキナーゼに代わって使われ始めている所以である。このプロ-ウロキナーゼの活性化に最も効果的に働く生体内酵素としては，これまでプラスミンが代表的なものとして知られていたが（プラスミン—プロ-ウロキナーゼ系はpositive feedback的に血栓溶解系に働く），最近はナットウキナーゼにもプラスミンと同程度のプロ-ウロキナーゼ活性化能のあることがわかってきた。すなわち，ナットウキナーゼは直接のみならず間接的にも血栓溶解に働くという訳である（図4-3）。

健常成人に5kgの市販納豆から抽出，調製したナットウキナーゼを腸溶カプセルにして1日3回，1.3gずつ経口投与し，経時的に採血して得られた血漿ユーグロブリン分画のフィブリン分解能（EFA），血中のフィブリン分解産物（FDP），また組織プラスミノーゲンアクチベーター（TPA）を測定した[3]。その結果，EFAが次第に高まるとともに，特に血中のFDPはナットウキナーゼ投与1日目から投与前に比べて有意に（$p<0.001$）高まっていること，また血管内皮細胞由来と考えられるTPAも高まっていることがわかった。

ナットウキナーゼは，食品から分離された唯一の血栓溶解酵素であり，分子量が比較的小さいポリペプチドであるが，生体内で$α2$-マクログロブリンと結合して異物として認識されにくくなると考えられる。ナットウキナーゼは経口摂取で少なくとも取り込まれ血栓を溶解する効果が認められている。抗炎症

体の中では常に血栓（フィブリン）が形成され、プラスミンによって分解されている。ナットウキナーゼは以下の3つのアプローチで、持続的に血栓溶解作用を助ける。
❶プラスミンと同様に直接的に血栓を分解
❷プロウロキナーゼを活性化してウロキナーゼに変え、プラスミンの働きを促す
❸組織プラスミノーゲンアクチベーターを増やして、プラスミンを活性化する

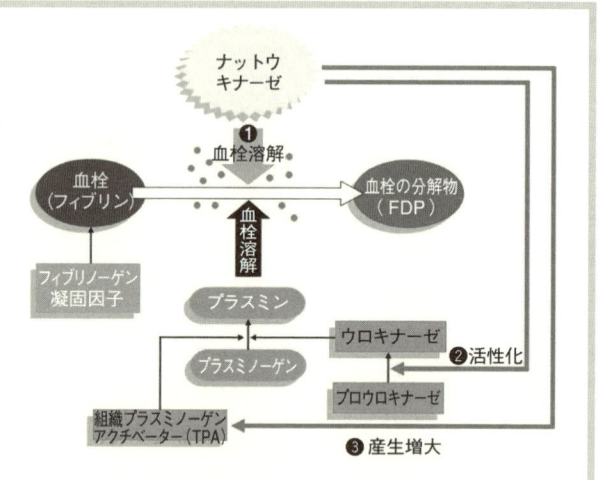

図4-3　ナットウキナーゼの血栓溶解のメカニズム

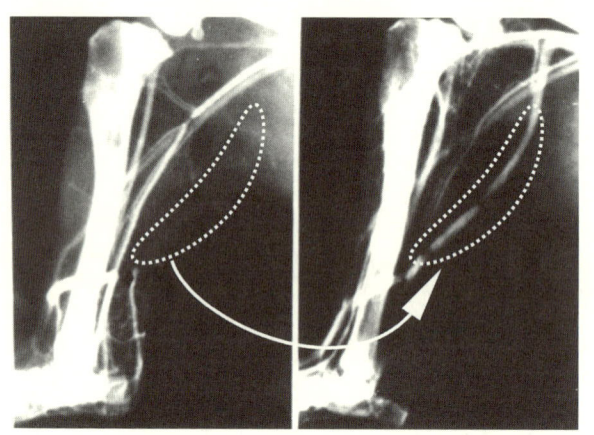

図4-4　ナットウキナーゼ投与前後の血管造影
腸溶カプセル投与前（左），および5時間後（右）の写真を示す。
経口投与したナットウキナーゼが効果を示すことがわかる。

剤であるセラチオペプチダーゼ（ダーゼン），プロナーゼ，あるいはストレプトキナーゼ（バッカルで投与）などと同様にその機序はともかく，経口投与でも効果を示す訳である。ビーグル犬の血管造影でも経口投与の効果が出ている（図4-4）。ラットを使った実験では，十二指腸内にナットウキナーゼを投与した後，血液中にナットウキナーゼが検出された[4]。この研究では，投与してから

30分，1，3，5時間と経過を観察しており，ナットウキナーゼに対する抗体と反応するタンパク質が血液中に現れるのが示されている。

なお，ウロキナーゼ，TPAなど心筋梗塞や脳梗塞などの非経口薬は全て静脈内投与である点が大いに異なる。

(3) ビタミンK，その他との関係

ナットウキナーゼの使用目的は，主に循環改善，血圧降下，そしてコレステロール低下などの血中脂質改善である。網膜中心静脈閉塞症あるいは脳卒中患者の予後に効果を示したという報告[5]がある他，血液凝固系のC1-INA（C1 inactivator）の抑制，動脈内膜肥厚による血栓の予防，血小板の凝集抑制など，種々の報告もある[5]。また，同じく納豆菌が作り出すジピコリン酸がナットウキナーゼ量をコントロールしていることもわかってきた。

納豆にはビタミンK_2（正確にはメナキノン-7）も多い。問題はワーファリン投与の患者に対してビタミンK食品である納豆は競合的に働き，抑えられていた肝での血液凝固因子の合成が再び高められてしまうことにある。ワーファリンカリウムを使用していない患者では問題ない。

(須見 洋行)

● 文献 ●

1) Sumi H., Hamada H., Tsushima H. et al : A novel fibrinolytic enzyme (nattokinase) in the vegetable cheese Natto; a typical and popular soybean in food of the Japanese diet. Experientia 1987 ; 43 ; 1110 - 1111.
2) Sumi H., Taya N., Nakajima N. et al : Structure fibrinolytic properties of nattokinase. Fibrinolysis 1992 ; 6 ; 86 - 89.
3) Sumi H., Hamada H., Nakanishi K. et al : Enhancement of fibrinolytic activity in plasma by oral administration of nattokinase. Acta Haematol 1990 ; 84 ; 139 - 143.
4) Fujita M., Hong K., Ito Y. et al : Thrombolytic effect of nattokinase on a chemically induced thrombosis model in rat. Biol Pharm Bull 1995 ; 18 ; 1387 - 1391.
5) 須見洋行：ナットウキナーゼの機能性と研究の動向について. Food Style 21 2006 ; 10 ; 1 - 5.

2 エラスターゼ

エラスターゼはヒト膵臓に存在し，主にエラスチンを分解する（膵臓型エラスターゼ）。その他に好中球，血小板，脾臓に存在する白血球型エラスターゼがある[1-3]。基質としてその他にカゼイン・フィブリン及び変性コラーゲンも分解し，比較的基質特異性の低いプロテアーゼである。動脈の壁には厚い内弾性板を始め，多数の弾性繊維が発達しており，大動脈では重量で20％の弾性繊維が含まれているといわれている。エラスチンはコラーゲンとともに結合組織を構成する弾性繊維の主成分で，細胞間物質の重要な要素の1つであり，アミノ酸残基約830のタンパク質である。コラーゲンと同じくプロリンとグリシンに富み，コラーゲンと同様にヒドロキシプロリンも含む。動脈硬化症の大部分はアテローム性（粥状）動脈硬化症であるが，それは内弾性板の内側の内膜にコレステロール・トリグリセリド・リン脂質などの脂質が蓄積し内皮を動脈内に押し込むために動脈の内容積が減少し，ついには閉塞するに至る症状であり，一般にアテローム硬化症の内膜には繊維増殖が認められる。

エラスターゼは動脈硬化症，高血圧症，糖尿病，脂質異常症の改善に有効であるといわれている。微生物由来のエラスターゼとしては，緑膿菌（*Pseudomonas aeruginosa*）や*Bacillus*属 YaB株などの酵素が報告されている[4]。好アルカリ性*Bacillus* No.221のアルカリ性プロテアーゼやズブチリシンBPN'（Subtilisin BPN'）などのプロテアーゼにもエラスターゼの活性があると報告されている。その他，納豆菌には中性プロテアーゼやナットウキナーゼなどの酵素活性が見られる。プロテアーゼの一種にエラスターゼ[2,3]があるが，納豆菌のプロテアーゼにエラスターゼ活性があるという報告が見あたらなかった。そこで筆者らは，① 納豆菌も含めて枯草菌が強力なプロテアーゼその他の酵素を生産すること，② 納豆菌にエラスターゼ活性が報告されていないこと，③ 納豆について血管や皮膚に関わる伝承があることから，納豆菌のエラスターゼに関する研究が糸引納豆の機能性の一端を明らかにするものと考え，納豆菌のエラスターゼを検索した。

納豆の機能性（エラスターゼ産生納豆菌）を解明するため，研究室に保存され

表4-1 エラスターゼ生産能のスクリーニング結果

Strain		Origin	Activity(U)※
KFP	1	Marketed	27.0
	2	Marketed	20.3
	3	Marketed	29.3
	4	Marketed	29.3
	345	Wild	46.8
	355	Wild	45.7
	417	Mutant	34.8
	418	Mutant	56.8
	419	Mutant	57.0
	423	Mutant	41.0
	424	Mutant	30.7
	442	Mutant	47.3
	461	Mutant	37.8
	466	Mutant	46.3
	468	Mutant	49.3
	475	Mutant	37.3
	532	Mutant	56.5
	535	Mutant	49.8
	559	Mutant	54.5

※1分間に1μgのオルセインを産生した際の量を1Uとした。

表4-2 納豆の粘質物中のエラスターゼ活性

Strain	Elastase Activity (U/g of natto)※
KFP 1	120.8
KFP 2	73.5
KFP 4	138.3
KFP 355	211.8
KFP 419	247.0

※1分間に1μgのオルセインを産生した際の量を1Uとした。

ていた菌株(野生株・突然変異株合わせて702株保存)を使用した。酵素活性測定には天然基質及び合成基質が利用できるが,予算・目的に応じて選ぶとよい[2,3]。高活性エラスターゼ納豆菌株を取得するために,3次にわたる菌株のスクリーニングをし,1次スクリーニングで702株より78株までしぼり,2次スクリーニングでは47株に,3次スクリーニングでは菌株15株と市販菌株4株になった。第1次から第3次までのスクリーニングの結果(表4-1),エラスターゼ活性の最も高かった菌株は納豆菌の突然変異株であるKFP 419であった。全スクリーニングを通して,納豆菌の中に枯草菌よりエラスターゼ活性が高い菌株を見出した。特にKFP 355を親株とする突然変異株はほとんどの株でエラスターゼ活性が高かった。各種の微生物由来エラスターゼと比較しても,上述のB. subtilisのものと比較してもKFP 419のエラスターゼはそれらとは異なる酵素であった。

　エラスターゼ高活性納豆菌KFP 419で納豆を製造し,納豆の粘質物中のエラスターゼ活性を測定した(表4-2)。KFP 419で製造した納豆は,他の市販納豆

菌の約2～3倍のエラスターゼ活性を有し，市販納豆と遜色ないものであった。外観状の粘りは，市販納豆菌では糸を引くという感触であるのに対し，KFP 419と親株であるKFP 355はゴムのような強い粘りを持っていた。納豆の相対粘度は，KFP 419とKFP 355は市販納豆菌の4～5倍であった。

エラスターゼ高活性納豆菌に関する様々な特徴については，ヒト試験を含め報告した[4,5]のでそちらを参照していただきたい。

(村松　芳多子)

●文献●
1) 丸尾文治，田宮信雄監修：酵素ハンドブック．朝倉書店，1986，p550．
2) 鶴　大典，船津　勝編：蛋白質分解酵素Ⅰ．学会出版センター，1993，p27‐33．
3) 鶴　大典，船津　勝編：蛋白質分解酵素Ⅱ．学会出版センター，1993，p183‐188．
4) Muramatsu K., Yamawake N., Yoshimi T. et al：Purification and crystallization of a new *Bacillus subtilis* elastase. J Home Econ Jpn 2000；51；1127‐1135．
5) 奥畑典永，林　薫，青山美子ほか：高コレステロール血症傾向にある健常者を対象としたエラスターゼ高活性納豆の反復摂取による有効性ならびに安全性の検討．薬理と治療 (JPT) 2005；33；929‐937．

3　イソフラボン

（1）イソフラボンの生理機能と分類及び構造

イソフラボンとは，フラボノイド（広義にはC_6-C_3-C_6構造を有する一群の化合物）の一種であり，マメ科，バラ科及びアヤメ科などの植物に分布している。このうちマメ科植物の大豆のみが日常的に摂取する食品素材として唯一のイソフラボン補給源となっている。大豆イソフラボンは当初，大豆の苦味成分であるとして食品加工の工程で除去されていた。その後，健康志向の時代になり，大豆イソフラボンが抗酸化作用や抗腫瘍作用，弱いエストロゲン様作用及び血圧降下作用などを有することが明らかになり，大豆食品における有用成分として注目されるようになった。この結果，豆乳などの大豆食品にイソフラボン含量を表記したり，イソフラボンを強化した大豆食品を特定保健用食品（特保）として申請する動きが出ている。

イソフラボンは図4‐5，4‐6で示すように多数のグループが知られている[1]。大豆のイソフラボンはダイゼイン，グリシテイン及びゲニステインの3種類の

3. イソフラボン　61

非配糖体（イソフラボンアグリコン）とこれらに糖（グルコース）が結合した配糖体（ダイジン，グリシチン，ゲニスチン）及びそれらのアセチル化配糖体（配糖体のグルコース部分の6位の水酸基にアセチル基が結合したもの），マロニル化配糖体（グルコース部分の6位の水酸基にマロニル基が結合したもの）の計12種類が確認されている。この他納豆に特有なイソフラボンとして，サクシニル化配糖体（配糖体のグルコース部分の6位の水酸基にサクシニル基が結合したもの）が存在する[2]。サクシニル化配糖体はイソフラボン配糖体と同等の骨量損失予防効果を持っていることがTodaら[2]によって報告されている。

	R_1	R_2
ダイゼイン	H	H
グリシテイン	H	OCH_3
ゲニステイン	OH	H

図4-5　各種イソフラボンアグリコンの構造

	R_1	R_2	R_3
ダイジン	H	H	H
グリシチン	H	OCH_3	H
ゲニスチン	OH	H	H
6"-O-アセチルダイジン	H	H	$COCH_3$
6"-O-アセチルグリシチン	H	OCH_3	$COCH_3$
6"-O-アセチルゲニスチン	OH	H	$COCH_3$
6"-O-マロニルダイジン	H	H	$COCH_2COOH$
6"-O-マロニルグリシチン	H	OCH_3	$COCH_2COOH$
6"-O-マロニルゲニスチン	OH	H	$COCH_2COOH$
6"-O-サクシニルダイジン	H	H	$COCH_2CH_2COOH$
6"-O-サクシニルグリシチン	H	OCH_3	$COCH_2CH_2COOH$
6"-O-サクシニルゲニスチン	OH	H	$COCH_2CH_2COOH$

図4-6　各種イソフラボン配糖体の構造

表4-3 粒納豆の製造工程における各試料のイソフラボン含量

工程	試料	発生量比2)(%)	乾物量(%)	各イソフラボン含量 (mg/100g DW3))								マロニル配糖体小計1) (mg/100g DW3))	総イソフラボン量1) (mg/100g DW3))	総イソフラボン量1) 4) (mg)
				ダイジン	ゲニスチン	マロニルダイジン	マロニルゲニスチン	ダイゼイン	ゲニステイン	サクシニルダイジン	サクシニルゲニスチン			
原料	大豆	100	90.2	23.2±0.9	12.4±0.2	153.0±0.5	153.4±0.3	0.77±0.02	nd*	nd	nd	306.4±0.8	342.7±1.9	342.7±1.9
浸漬	大豆	99.7	40.4	29.7±0.9	12.7±0.7	142.5±1.6	159.5±1.4	1.78±0.01	nd	nd	nd	302.4±3.0	346.2±4.6	345.2±4.6
	浸漬水	0.3	0.21	nd	nd	nd	nd	nd	nd	nd	nd	nd	nd	nd
蒸煮	煮豆	99.4	39.4	151.4±1.2	114.9±4.0	nd	10.7±0.1	2.77±0.06	nd	nd	nd	10.7±0.1	279.8±5.4	278.1±5.4
	煮汁	0.3	15.7	221.2±1.4	110.7±1.9	38.1±0.7	25.1±0.1	3.35±0.09	nd	nd	nd	63.2±0.8	398.5±4.2	1.20±0.016)
発酵	納豆5)(D+1)	93.1	37.7	111.4±0.2	67.8±1.2	10.3±0.7	8.29±0.19	1.30±0.08	nd	94.1±0.3	71.3±1.2	18.6±0.9	364.5±3.9	339.3±3.6

1) 数値は平均±SD (n=3) を示す。
2) 原料大豆の乾物重を100とした。
3) DWは乾物重 (Dry weight) を意味する。
4) 原料大豆 100g (DW) より納豆を製造した際に発生する各試料中のイソフラボン量 (mg) を意味する。
5) 納豆 (D+1) は発酵終了後2日が経過した納豆のことである。
6) 煮汁については他の試料と異なり、所定量の浸漬大豆を基準にして総イソフラボン量 (mg) を求める必要がある。このため煮汁の総イソフラボン量を下記の式より算出した。

(398.5±4.2) × (0.3/99.7) = 1.20±0.01 (mg)

*検出限界以下 (各イソフラボンともに<0.5mg/100g)

出典 嶋影 逸、新保 守、山田清繁ほか：粒納豆及び発酵制御納豆製造時のイソフラボンの消長. 食科工 2006；53；185-188.

3. イソフラボン

表4-4 挽き割り納豆の製造工程中における各試料のイソフラボン含量

工程	試料	発生量比[2](%)	乾物量(%)	各イソフラボン含量[1] (mg/100g DW[3])								マロニル配糖体小計[1] (mg/100g DW[3])	総イソフラボン量[1] (mg/100g DW[3])	総イソフラボン量[1],[4] (mg)
				ダイジン	ゲニスチン	マロニルダイジン	マロニルゲニスチン	ダイゼイン	ゲニステイン	サクシニルダイジン	サクシニルゲニスチン			
原料	大豆	100	87.1	25.1±1.0	20.6±1.2	57.7±3.7	93.2±2.5	1.41±0.07	1.14±0.03	nd*	nd	150.9±6.2	199.2±8.5	199.2±8.5
挽割	大豆粉	84.8	89.7	19.2±0.6	20.1±0.6	44.6±1.1	91.7±2.8	1.50±0.04	1.27±0.08	nd	nd	136.3±3.9	178.4±5.2	155.8±4.5
	皮	8.4	90.6	22.6±0.4	18.9±2.6	99.4±2.4	79.5±0.3	1.72±0.07	1.13±0.03	nd	nd	178.9±2.7	223.3±5.8	19.6±0.2
浸漬	大豆	6.3	87.3	10.7±0.8	1.92±0.06	17.7±0.1	9.26±0.18	nd	nd	nd	nd	27.0±0.3	39.6±1.1	2.50±0.07
	浸漬水	81.4	39.1	14.7±0.2	11.5±0.1	45.4±1.6	103.5±0.5	7.94±0.06	8.25±0.17	nd	nd	148.9±2.1	191.3±2.6	155.7±2.1
		3.4	0.21	nd	nd	nd	nd	nd	nd	nd	nd	nd	nd	nd
蒸煮	煮豆	81.1	41.2	49.0±1.3	63.8±2.2	19.7±0.4	40.0±0.7	13.8±0.6	5.37±0.25	nd	nd	59.7±1.1	191.7±5.5	155.5±4.2
	煮汁	0.3	5.39	78.1±0.1	56.0±0.6	160.6±1.4	232.4±0.2	11.9±0.1	8.86±0.03	nd	nd	393.0±1.6	547.9±2.4	2.02±0.01[6]
発酵	納豆[5] (D+2)	78.7	42.0	45.6±1.3	52.3±0.4	16.3±0.6	34.4±1.9	8.91±0.19	9.53±0.34	20.7±1.2	25.8±0.9	50.7±2.5	213.5±6.8	168.0±5.4

1) 数値は平均±SD (n=3) を示す。
2) 原料大豆の乾物重を100とした。
3) DWは乾物重 (Dry weight) を意味する。
4) 原料大豆100g (DW) より納豆を製造した際に発生する各試料中のイソフラボン量 (mg) を意味する。
5) 納豆 (D+2) は酪酵終了後3日が経過した納豆のことである。
6) 表4-3の6)を参照。
*検出限界以下 (各イソフラボンともに<0.5mg/100g)
出典 鴫原 逸, 新保 守, 山田清製ほか：粒納豆及び挽割納豆製造中のイソフラボンの消長. 食科工 2006 ; 53 ; 185-188.

（2）納豆製造時のイソフラボンの消長

納豆や味噌などの大豆食品は，加熱や発酵といった工程を経て製造される。これらの工程は原料大豆由来のイソフラボンの構造に影響を与える。このため加工前の原料大豆と大豆食品ではイソフラボンの組成及び量に違いが見られる。

筆者らは粒納豆及び挽き割り納豆の製造工程におけるイソフラボンの消長を調べた[3]。粒納豆及び挽き割り納豆の製造における各段階の試料ごとの総イソフラボン含量を表4-3及び表4-4に示す。粒納豆については，表4-3より浸漬・蒸煮などの工程からはイソフラボンが漏出することはほとんどないことがわかる。表4-4より挽き割り納豆の製造においては，原料大豆の挽き割り工程で21.8%のイソフラボンが失われるが，浸漬水及び煮汁にはイソフラボンは殆ど含まれず，その漏出量は無視できる程小さいことがわかる。一方で納豆の製造工程において起こる大豆イソフラボンの組成の変化は，主に浸漬大豆の蒸煮によるマロニル化配糖体からイソフラボン配糖体への分解及び煮豆の発酵によるイソフラボン配糖体からのサクシニル化配糖体の生成によるものであることが示唆された。ただし浸漬大豆の蒸煮工程におけるマロニル化配糖体の含有率に着目すると，挽き割りでは46.7%減少したのに対し，粒では83.1%減少した。挽き割り納豆の蒸煮条件（114℃，8分間）は粒納豆の条件（129℃，20分間）に比べてマイルドであるため，マロニル化配糖体の減少の度合いが粒の時よりも小さくなるものと考えられる。

（3）イソフラボンの1日上限摂取量などの取り決めの経緯及び最近の情勢

イソフラボンは前述のように抗酸化作用や抗腫瘍作用，弱いエストロゲン作用等を有する機能性成分である。このため食品業界においてイソフラボンを強化した大豆食品などを特保として申請する動きが出ているのは前述の通りである。2004年にイソフラボンアグリコンを強化した味噌と錠剤2種類の計3品目に対する特保認可の申請が国に対しなされた。これを受けて食品安全委員会においてこれら3品目の食品の健康影響評価に関する検討が行われた。検討結果は「大豆イソフラボンを含む特定保健用食品の安全性評価の基本的な考え方」(http://www.fsc.go.jp/iken-bosyu/pc_isoflavone180309_4.pdf)として取りまとめられ，

厚生労働省に答申された。この報告書の内容をまとめると下記の3点になる。

① イソフラボンの1日上限摂取量をアグリコン換算で70〜75mgとし，食事に上乗せして摂取する特保については1日当りの追加摂取量の上限を同30mgとする。

② 妊婦，幼児及び乳幼児には，食事に上乗せしての摂取は推奨できないこととする。

③ 上限摂取量70〜75mgは長期間欠かさず摂取する場合の平均値の上限であり，これを超えることで直ちに健康被害に結びつくものではない。これは特保の追加摂取量30mgについても同様で，安全性を見込んだ慎重な値である。

　上記の①でイソフラボンの1日許容摂取量をアグリコン換算で70〜75mgとしたのは，イソフラボンの摂取量と子宮内膜増殖症の発症率を調査したイタリアの研究結果[4]に着目したためである。この研究では，閉経後の女性に錠剤で1日当り150mgのイソフラボンを5年間摂取させた結果，子宮内膜増殖症の発症が有意に高くなったと報告されている。1日当りの摂取量150mgという値をイソフラボン摂取による健康影響発現量と見なしその半分，大豆イソフラボンアグリコンとして75mgを安全な1日摂取量の上限としている。また特保での1日追加摂取量の上限をアグリコン換算で30mgとしたのは，イソフラボンの摂取と血中エストロゲン及び月経周期の変化との関係を調査した日本の研究結果[5]を参照したからである。この研究では，閉経前の女性に対し通常の食事に加えて57.3mgのイソフラボンを含む豆乳を2月経周期で摂取させた結果，血中エストロゲン濃度の低下と月経周期の延長が同時に観察されたと報告されている。摂取させた豆乳中のイソフラボン含量57.3mgを1日当りの追加摂取量の最低影響量としその半分，大豆イソフラボンアグリコンとして約30mgを閉経前の女性の特保における1日追加摂取量の上限としている。

　食品安全委員会から前述の報告書が答申された後，上限値や上乗せ量の妥当性について多くの専門家が疑問を呈している。またこの報告書では，イソフラボンの生理機能やイソフラボンを摂取することで期待できる効用などについて触れない一方で，イソフラボンを過剰摂取した際のリスクのみが述べられている。このためイソフラボンの過剰摂取による健康への悪影響のみをマスコミが

強調して報道し，消費者の不安を助長する結果になったと考えられる。ただイソフラボンの1日当りの許容摂取量や追加摂取量について本格的な議論がなされたのは今回が初めてである。イソフラボンの摂取と健康に与える影響などについて消費者の不安を取り除いていく必要はあるが，今回の議論を契機として、イソフラボンの1日許容摂取量や追加摂取量決定の基礎となるデータを蓄積するために臨床試験や疫学調査などを今後も行う必要がある。

(嶋影　逸)

●文献●
1) 太田静行：大豆と大豆イソフラボン．大豆イソフラボン（家森幸男，太田静行，渡邊 晶編），幸書房，2001, p4-5.
2) Toda T., Uesugi T., Hirai K. et al : New 6-O-acyl isoflavone glycosides from soybeans fermented with *Bacillus subtilis* (natto). I. 6-O-succinylated isoflavone glycosides and their preventive effects on bone loss in ovariectomized rats fed a calcium-deficient diet. Biol Pharm Bull 1999; 22; 1193-1201.
3) 嶋影 逸，新保 守，山田清繁ほか：粒納豆及び挽割納豆製造時のイソフラボンの消長．食科工 2006；53；185-188.
4) Unfer V., Casini M. L., Mignosa M. et al : Endometrial effects of long-term treatment with phytoestrogens : a randomized, double-blind, placebo-controlled study. Fertility and sterility 2004；82；145-148.
5) Nagata C., Takatsuka N., Inaba S. et al : Effect of soymilk. consumption on serum estrogen concentrations in premenopausal Japanese women. J Natl Cancer Inst 1998；90；1830-5.

4　ポリアミンによるアンチエイジング

(1) はじめに

食品中に含まれるある種の成分が試験管レベルで健康に寄与する可能性が示唆される結果が得られても，その物質が体内で効果を発揮することを証明するためには多くの関門がある。有効成分は薬ではないので，人に投与して効果があることを証明する必要は必ずしもない。しかし，有用性を強調する際には下記のような事項は最低限検討されるべきである。

A．消化管から成分が体内に吸収される。
B．体内の濃度上昇で，試験管内での作用が確認できる。
C．常識的な食品の摂取量で作用が期待できる濃度上昇が達成できる。

D．成分の作用機序が人の健康に寄与することが指摘されている。

しかし，健康食品の中には上記のようなことが明らかにされずに販売されている物質が少なくない。そこで，上記AからDに関する事項をふまえて，ポリアミンに関する研究結果を紹介する。

（2）ポリアミンとは

ポリアミンはほとんど全ての生物（微生物，植物，動物）の細胞に存在し，細胞の機能や分裂・増殖のためには必要不可欠な物質である。ヒトの代表的なポリアミンは，プトレスシン，スペルミジン，スペルミンである（図4-7）[1]。若い個体や増殖・分裂の活発な細胞では，ポリアミン合成に必要な酵素活性は高いが，加齢とともに徐々に低下する。特にスペルミジンやスペルミンの合成酵素は，適切な刺激があっても活性化されにくい。よって，高齢者にポリアミンの原料であるアルギニン，グルタミンやオルニチンを投与しても，必ずしもスペルミンやスペルミジンの合成が亢進するわけではない。これは，ポリアミン以外の物質が体内で合成される際にも同様で，物質の合成や代謝に必要な酵素活性は年齢とともに低下するのが一般的である。この酵素活性の低下が加齢の

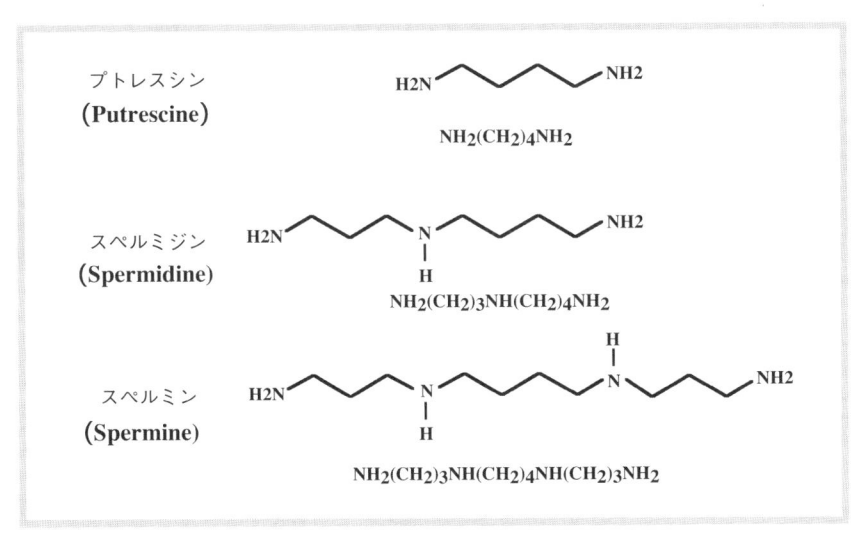

図4-7 人の代表的なポリアミン

重要な要素の1つである。すなわち，同じ物を食べても，高齢者の体内で合成される物質は若年者と同じとは限らないということである。若い肌の成分に必要な成分や，筋肉に必要な成分を高齢者が摂取しても，残念ながら目的以外の物質に変換される可能性が高いのである。

（3）ポリアミンの吸収と作用（A，B，及びCに関する事項）

消化管から吸収できる物質の分子量は1,000以下と考えられている。一般的に，1,000を超える分子量を有する物質は，吸収されないでそのまま排泄されるか，バラバラに消化されて吸収される。ポリアミンの分子量は，最も大きなスペルミンでも200程度である。かつ，消化管内にはスペルミンとスペルミジンを分解する酵素がなく，消化管内に存在するスペルミンとスペルミジンはそのまま吸収される。すなわち，スペルミンやスペルミジンを自分の細胞で合成する能力の低下した高齢者では，消化管からの供給によって体内のポリアミン量が変化するのである[2]。

ポリアミン濃度の高い食品で代表的なものは，天然の食材では大豆などの豆類やキノコ類であり，微生物の増殖の過程で多量のポリアミンが作られる発酵食品などである。我々は，ポリアミン濃度の高い食品（納豆など）を長期間継続して摂取すると血中スペルミン濃度が上昇することを人と動物で明らかにした（投稿中）。その際，人では毎日50〜100gの納豆，マウスでは納豆の2倍程度の濃度の餌で検討した。すなわち，常識的な高ポリアミン食品の摂取によって，血中ポリアミン濃度が上昇することを証明したのである。また，その際の血中ポリアミンの濃度上昇の程度は，試験管内でポリアミンが作用を発揮するために必要な濃度を上回っていた。

（4）アンチエイジング達成のなぞ

アンチエイジングとは，加齢による体の変化や加齢に伴って発生する疾患の発生や進行を防止することを意味する。アンチエイジングというと，日本では抗酸化物質を摂取することで達成できると思われているようであるが，エビデンスはない。抗酸化物質の効果として注意すべきことは，人が強力な抗酸化作用を有する抗酸化ビタミンを多量に摂取すると加齢に伴う疾患（動脈硬化やがん）

が進行し悪化する可能性が高いという大規模な研究結果が多数存在するということである。それ以外にも抗酸化物質の有効性には多くの疑問が示されており，アンチエイジング目的で抗酸化作用を有する物質を投与することに否定的な見解も多い。

（5）ポリアミンの作用

　現時点では，人の体内では産生された酸化物質を抗酸化物質で確実に消去することは困難なようである。しかし，加齢に伴う疾患の発症や進行を誘発する重要な因子としては，酸化物質が重要であることは否定できない。よって，酸化物質の産生を抑制することがアンチエイジング達成のためには重要な戦略であることには変わりはない[3, 4]。

　酸化物質は炎症によって誘発される。よって，炎症を抑制することで酸化物質の産生を抑制することができる。最近の研究で興味深いのは，炎症を抑制する物質や薬（抗炎症剤，魚油や高脂血症の治療薬）を投与された患者では，加齢に伴う疾患の発症が抑制されているという調査結果が報告されていることである。

（6）炎症とLFA-1とポリアミン（Dに関する事項）

　炎症とは，免疫反応の結果生じる変化である。ところが高齢者ほど免疫細胞は炎症が起こりやすい状態にある。Inflamm-agingという造語があるが，これは炎症を意味するInflammationと加齢を意味するAgingを組み合わせたもので，加齢に伴って炎症が誘発されやすいことを表している。

　LFA-1（leukocyte function-associated antigen）[1]は人の免疫細胞に存在する因子で，炎症などの免疫反応に必要不可欠な物質であり，リンパ球等の免疫細胞の表面に存在する。ところが，この因子は加齢とともに増加する（図4-8）。すなわち，高齢者ほど炎症が誘発されやすくなっているのである。加齢に伴うLFA-1の増加は，加齢に伴って増加する様々な疾患の発症を誘発させる原因の1つと考えられている。

　ポリアミンは，炎症を誘発する炎症性サイトカインという物質の産生を抑制し，動物実験では炎症を抑制する作用がある[5]。また，人の体内で，炎症や免

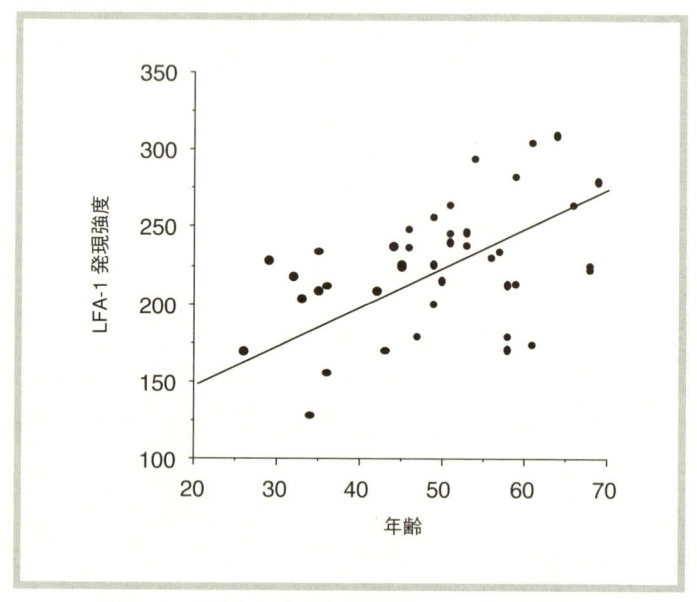

図4-8　加齢とともに免疫細胞のLFA-1が増加する

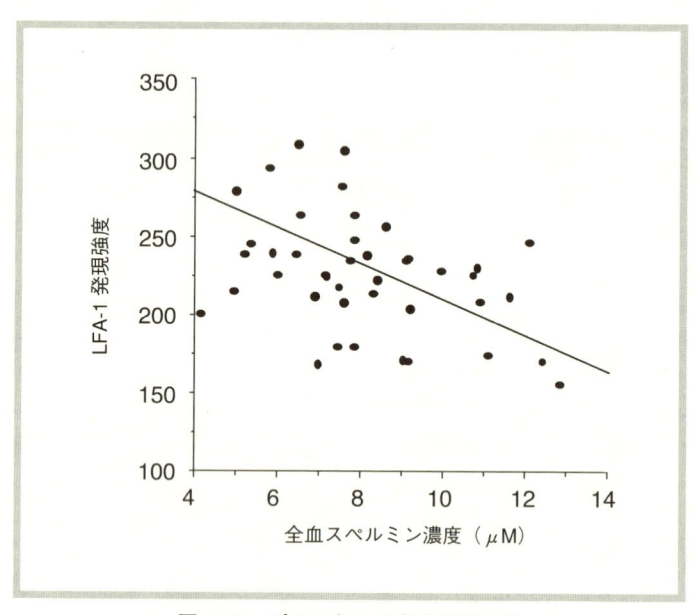

図4-9　ポリアミンの炎症抑制効果

疫反応に極めて重要な役割を果たすLFA-1という因子を抑制している（図4-9）。アンチエイジング効果が報告されている高脂血症の薬はLFA-1の作用を抑制することがわかっており，魚油（EPA，DHA）もLFA-1と密接に関連のある因子や炎症を抑制することが報告されている。また，炎症が抑制されると脳梗塞や心筋梗塞の原因である血栓の形成が抑制されるとともに，血栓が溶解されやすくなる。ポリアミン濃度の高い食品である納豆や大豆を投与した動物の体内では血栓ができにくいことが示されているが，ポリアミンそのものにも同様の作用がある。

（7）おわりに

フレンチパラドックスで有名な動脈硬化による疾患の発症の抑制に関与している可能性のある食品は決してワインだけではなく，ポリアミン濃度の高いチーズも有力な候補の1つである。日本食は長寿世界一の重要な原因の1つと考えられている。しかし，日本食は大豆の発酵食品や食物繊維の豊富な食品が中心であり，決して抗酸化物質を多く含む色素の濃い食品が多いわけではない。大豆は天然の食材で最もポリアミン濃度が高く，微生物による発酵によってポリアミン濃度がさらに上昇する。また，食物繊維は腸内細菌によるポリアミン合成を促進することがわかっている。すなわち，長寿世界一を担う日本食を一言で表すと，高ポリアミン食であると言える。

（早田　邦康）

● 文献 ●

1) Soda K., Kano Y., Nakamura T. et al : Spermine, a natural polyamine, suppresses LFA-1 expression on human lymphocyte. J Immunol 2005；175；237-245.
2) Kano Y., Soda K., Nakamura T. et al : Increased blood spermine levels decrease the cytotoxic activity of lymphokine-activated killer cells: a novel mechanism of cancer evasion. Cancer Immunol Immunother 2007；56；771-781.
3) 早田邦康：ポリアミンによるアンチエイジング．食の科学 2006；340；20-28.
4) 早田邦康：ポリアミンによるアンチエイジング．Food style 21 2006；10；43-54.
5) Zhang M., Caragine T., Wang H. et al ; Spermine inhibits proinflammatory cytokine synthesis in human mononuclear cells: a counterregulatory mechanism that restrains the immune response. J Exp Med 1997；185；1759-1768.

5　納豆菌・納豆成分による腸内菌叢と腸管免疫系に対する作用

　納豆には，納豆菌 *Bacillus subtilis*（*natto*）（栄養細胞と胞子〔芽胞〕，またその死滅・分解した菌体成分），大豆成分，及び納豆菌が産生した物質が含まれており，その摂取は優れたプロバイオティクス（probiotics；宿主にとって腸内菌叢を改善するなどの有益な作用を及ぼす生きた微生物またはそれを含む食品）として機能する可能性があると考えられている。本節では，腸内菌叢，腸管免疫系及びプロバイオティクスについて概説し，続いて納豆菌や納豆の腸内菌叢と腸管免疫系に対する作用を紹介する。

（1）腸内菌叢

　動物の腸内には通常様々な微生物が常在し，複雑な環境・集団を形成しており，それらは腸内菌叢あるいは腸内フローラなどと呼ばれている[1]。ヒトの腸内には，数百種類の微生物，糞便1g当り約1,000億個（10^{11}個），総重量数百g以上の腸内菌が存在するとされる。一般に，腸内菌叢を構成する菌種とその存在割合は腸管の部位により異なり，またそれらには個人差がある。ヒト成人の場合の一般的な腸内菌叢を図4-10に示す。

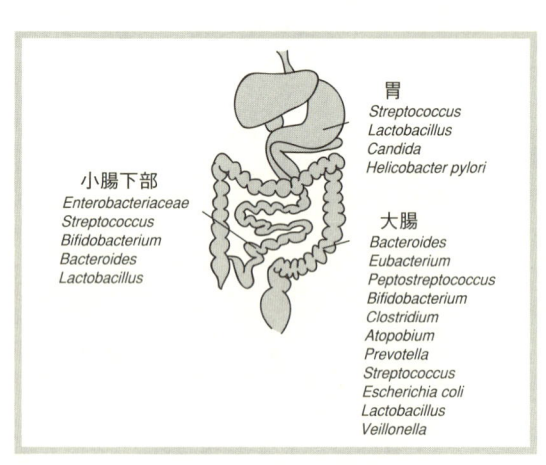

胃
Streptococcus
Lactobacillus
Candida
Helicobacter pylori

小腸下部
Enterobacteriaceae
Streptococcus
Bifidobacterium
Bacteroides
Lactobacillus

大腸
Bacteroides
Eubacterium
Peptostreptococcus
Bifidobacterium
Clostridium
Atopobium
Prevotella
Streptococcus
Escherichia coli
Lactobacillus
Veillonella

図4-10　ヒト腸内菌叢

腸内菌の菌体成分や代謝物質等が，宿主の免疫機能，感染症，各種疾病（肝・腎障害，下痢，便秘，高血圧，発がん，腫瘍等），栄養の消化吸収，ビタミン補給，内分泌機能及び老化等に様々な影響を及ぼすとされる。生後の腸管機能の発達や，大豆成分に含まれるイソフラボン類の代謝にも，腸内菌叢が関与する。腸内微生物の様々な作用は菌種により異なり，菌数の高い菌種のみならず，比較的菌数が低い菌種であっても，宿主に大きな影響を及ぼすことがあるとされる。

（2） 腸管免疫系

消化管粘膜を含む腸管免疫系は，腸管内の微生物や食物由来の物質等から生体を保護するとともに，必要な栄養物を吸収するという腸管の高度なバリアー機能を支えている[2]。腸管免疫機構を担う組織として，消化管付属リンパであるパイエル板や孤立リンパ小節，腸管膜リンパ節が存在し，細胞群としては，腸管上皮細胞，M細胞，樹状細胞，マクロファージ，好中球，NKT細胞，T細胞，B細胞などが存在する。各細胞は，様々な外来物質や内在物質の刺激に対して応答を示し，細胞の種類ごとに様々な異なる情報伝達物質（サイトカイン等）を産生して情報伝達と応答の制御を行い，生体の恒常性を維持している。食品アレルギーや食中毒の発症にも，この腸管免疫系が関わっている。

腸管表面で広い面積を占める上皮細胞は，IgA抗体の分泌，抗原認識や免疫応答の誘導・制御を担う細胞として重要な役割を示す（図4-11）。しかしながら，食品成分の吸収と同様に，病原微生物や腸内常在性微生物が上皮細胞やパイエル板周辺の細胞内部に入ることもある。上皮細胞等に微生物が貪食される機構として，①トリガーメカニズム（グラム陰性菌の場合）と，②ジッパーメカニズム（グラム陽性菌の場合）が知られている。トリガーメカニズムの場合には，近傍の異物も共に貪食される。

上皮細胞やその他の様々な免疫担当細胞において，非自己である異物（特に細菌や真菌等の微生物）侵入の認識とサイトカイン産生等の免疫応答誘導には，免疫担当細胞表層に存在するToll-likeレセプターやDectin，細胞質内に存在するNODファミリーとPYRINファミリーに属する分子及びRIG-I及びMDA5などが関与することが知られている（図4-12）[3]。各種の微生物由来物質がそれらのレセプターに結合すると，細胞内にシグナルが伝えられ，サイトカインの産

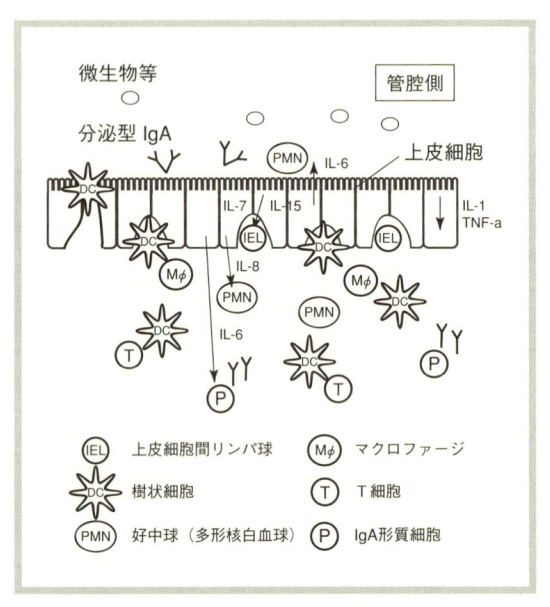

図 4-11　腸管上皮細胞のサイトカイン応答

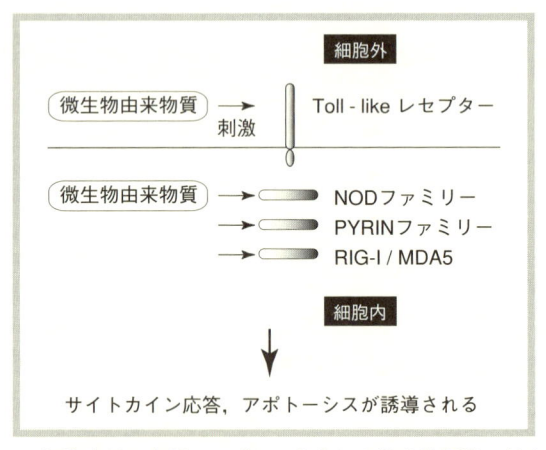

図 4-12　細胞内外の各種レセプターを介した微生物刺激に対する応答

生やアポトーシス(管理・調節された細胞死)が誘導される。

(3) プロバイオティクス

プロバイオティクス(Probiotics)とは,宿主にとって有益な作用を及ぼす生きた微生物またはそれを含む食品のことであり,健康の維持増進を目的としたそれらの摂取が注目されている。プロバイオティクスの効果として,腸内菌叢の改善,食物の消化性向上,消化管の発癌予防,病原微生物に対する感染防御能向上,免疫機能向上,コレステロール低下,血圧低下などが報告されている。

プロバイオティクスに使用される微生物として,乳酸を産生する*Lactobacillus* sp., *Bifidobacterium* sp., *Streptococcus* sp., *Enterococcus* sp., *Leuconostoc* sp., *Pediococcus* sp., プロピオン酸を産生する*Propionibacterium* sp., 酪酸を産生する*Clostridium butyricum*, 胞子を形成する*Bacillus* sp., 酵母の*Saccharomyces cerevisiae*や*Candida pintolopesii*, カビの*Aspergillus niger*, *A. oryzae*などが挙げられる。同じ属,種に属する微生物であっても,株により効果に差が見られることもある。

プロバイオティクスの菌種選択にあたっては,目的の機能の強度のほかに,塩酸,胆汁酸,消化酵素,溶菌酵素及び抗生物質に対する耐性,毒素非産生性,腸管細胞への定着能と腸内増殖性,臓器への低移行性(腸管膜リンパ節や肝臓,脾臓,腎臓等へのトランスロケーション),非病原性,腸内での高い生残性などの点から判断が必要である。

(4) 納豆菌・納豆の腸内菌叢に対する作用

納豆菌はグラム陽性の好気性有胞子桿菌であり,胆汁酸に対して耐性が低いが,酸素や活性酸素,酸,乾燥,温度変化などに比較的高い耐性を示す点ではプロバイオティクスとして利用しやすい優れた性質を備えている。

納豆菌及び枯草菌(生菌)の経口摂取の効果として,離乳子豚,七面鳥,雌豚,鶏,養殖エビなどに対する,腸内菌叢の変化や飼養効率の向上等が報告されている[4]。

ヒトに対する効果としては,現在,納豆菌と乳酸菌を混合した整腸剤が医薬品としていくつか市販されていることがまず注目される。また食品の納豆を14

日間摂取（50g/日）することにより，糞便中*Bifidobacterium* spp.の割合が増加し，ウェルシュ菌を含む*Clostridium* spp.の菌数と検出率が減少したこと，糞便中の成分が変化し，糞便のpH値が低下したという結果が報告されている。

これらの作用のメカニズムに関しては，納豆菌の代謝物質，大豆由来成分の効果や，腸粘膜上の腸内菌間の接着に関する競合などが予想されるが，詳細な解析はなされていない。ただし，納豆菌の摂取が高い効果を示すためには，生菌の摂取と，腸管内での胞子発芽や細胞の代謝活動が必要と予想される。

（5）腸管免疫系に及ぼす作用

枯草菌由来のペプチドグリカンがマクロファージからの一酸化窒素（NO）産生を誘導すること，*Bacillus* sp.をマウスに投与するとリンパ節や脾臓等に移行してそれらから菌体が検出されること，鶏に納豆菌胞子を投与すると脾臓中のT・B細胞の比率が高まることが報告されている。また腸管上皮様細胞と，納豆菌あるいはサルモネラ等の細菌と試験管レベルで共培養した実験では，納豆菌による刺激により，病原性のサルモネラや緑膿菌，非病原性の大腸菌と同様に，腸管上皮様Caco-2細胞からのサイトカイン，インターロイキン6（IL-6）及びIL-8産生が誘導され，IL-7，IL-15及びTNF-αの産生が誘導されなかったことが報告されている（図4-13，Caco-2細胞と細菌の共培養時の走査型電子顕微鏡写真）。IL-6はB細胞の形質細胞への分化とIgA抗体（特にIgA2）の産生分泌に関連し，IL-8は抗原の貪食を誘導する好中球を動員する働きに，IL-7はある種のT細胞の分化及び増殖に，IL-15はNK細胞やTh2型T細胞の活性化に，TNF-αは血管内皮細胞の活性化や血管の透過性亢進などにそれぞれ関連する物質である。また納豆菌の細胞傷害性は，他のサルモネラ，大腸菌あるいは緑膿菌と比較して低いことが腸管上皮様細胞の単層に対する障害性の測定結果か

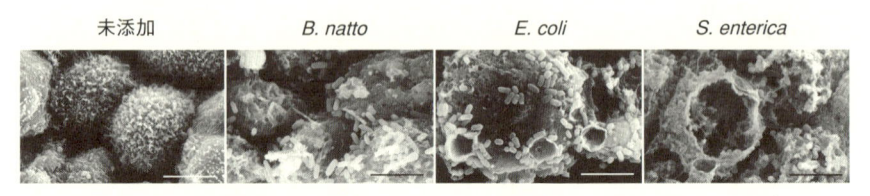

図4-13　各細菌と24時間共培養後のCaco-2細胞（スケールバー：5mm）

ら示唆されている。これらの結果から，健常人にとって，経口摂取された納豆菌は，通常，病原性を示さない範囲で，腸管上皮細胞の免疫応答を誘導し，腸管免疫系に影響を及ぼすことが予想される。

これらの腸管免疫機能に関する納豆菌の作用に関しては，生菌のみならず死菌も作用を示すと考えられるが，菌体の生死や，その生死による菌体物質の変化により，作用に差異が生じる可能性がある。また生細胞でも，栄養細胞と胞子間，あるいは栄養細胞の性質・状態によっても作用に差異が認められる可能性がある。同じグラム陽性細菌である乳酸桿菌は，アレルギーやアトピー症状の抑制等の作用を有すると数多く報告されているが，納豆菌の菌体の経口摂取が乳酸桿菌と同様にこれらの作用を有するかどうかは現時点では十分明らかになっていない。これらの点に関して，今後の詳細な検討が望まれる。

なお，納豆菌が菌体外に作り出す物質で，納豆の粘質物の1構成成分であるフラクタン（フラクトースの重合体，レバンともいう）がマクロファージ細胞を刺激するとともに，マウスにおいてフラクタンの経口摂取がサイトカイン応答の様式をアレルギー発症が抑制されやすいとされるパターン（Th1）に変化させることが報告されている。

〈細井 知弘〉

●文献
1) 光岡知足 編：腸内細菌学，朝倉書店，1990.
2) 清野 宏，石川 博通，名倉 宏 編：粘膜免疫―腸は免疫の司令塔，中山書店，2001.
3) Lee M. S., Kim Y-J.: Signaling pathways downstream of pattern-recognition receptors and their cross talk. Annu Rev Biochem 2007 ; 76 ; 447 - 480.
4) Hosoi T., Kiuchi K.: Natto, a food made by fermenting cooked soybeans with *Bacillus subtilis*（natto）. In: Handbook of fermented functional foods 2nd edition, Farnworth E. R.（ed），CRC Press LLC, Florida, in press.

6 アレルゲン

(1) 大豆とアレルギー

1) アレルギー応答の概略

アレルギー応答は，Ⅰ型からⅣ型までの分類があるが，そのうち患者数が最

も多く，また食物アレルギーとの関係が深いのはⅠ型であるとされているので，ここではⅠ型アレルギーについて述べる。Ⅰ型アレルギー患者は，特定の抗原（アレルゲン）に対して特異的に結合するIgE抗体を有している。リンパ球B細胞によって産生され放出されたIgE抗体は，マスト細胞や好塩基球表面の高親和性IgE受容体に結合する。そこにアレルゲン分子が到来し，複数の抗体が1つのアレルゲン分子に結合して受容体間が架橋されると細胞の活性化が起こり，種々の化学伝達物質が細胞外に放出される（図4-14）。放出されたこれらの物質により，種々の生体応答が引き起こされて，臨床的なアレルギー症状を呈する。細胞表面の受容体上にIgE抗体が結合していても，これに結合し架橋するアレルゲンが存在しない限り，アレルギー応答は起こらない。

　体内に進入した物質に対して，最初に作られる抗体はIgM抗体であり，IgE抗体を含めIgM以外のアイソタイプの抗体は，体内で自然に起こるDNAの組換えにより産生されるようになる。ある物質に対してアレルギーである患者もいれば，そうでない数多くの健常者がおり，アレルギー患者において，IgE抗体への組換えを起こすような生体内の環境を引き出す外部要因が何であるかについては，不明な点が多い。通常，食べたものに対しては，消化管の免疫系が活躍する一方で，全身性の免疫系は作動しないが，これは経口免疫寛容という仕組みが働いているからである。食物アレルギーは，この仕組みにほころびが生じたケースであると考えられている。交叉反応という例外を除き，特異的

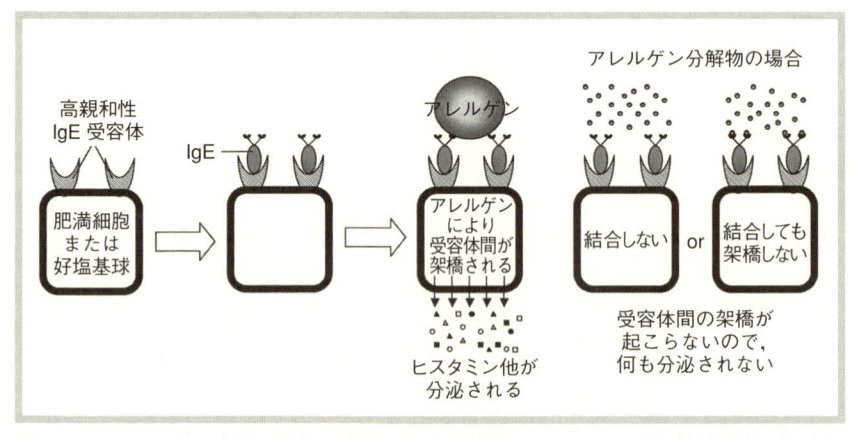

図4-14　アレルギー応答の仕組みとアレルゲン分解によるアレルゲン性低減化の概念図

IgE抗体は全身性の免疫系により認識された経験のある物質に対してのみ作成されるので，食物アレルギーの場合，それまでの食習慣と密接な関連がある。

2) 大豆アレルギー

大豆は，卵や牛乳と並び日本人の3大アレルゲン食品の1つとされてきた。近年の調査により，その地位を小麦に奪われたものの，依然としてアレルゲン性の懸念される食品であることには変わりはない。欧米では，最近でこそ豆腐が広まりつつあるようだが，日本ほど大豆食品の食事機会・経験はない。ゆえに，欧米では食事による大豆アレルギーはそれほど注目されてこなかった。

3) 大豆のアレルゲンタンパク質

小川らの研究により，大豆中には16種類のアレルゲンタンパク質が見出されており，そのうち大豆アレルギー患者血清の陽性頻度が最も高いアレルゲンタンパク質はGly m Bd 30Kで，次いでGly m Bd 28KとGly m Bd 68Kであると判明している[1]。筆者らは，Gly m Bd 30Kに対して作成したモノクローナルIgG抗体を，検出ツールとして用いた場合に，市販の豆乳，豆腐，湯葉，油揚げ，きな粉のような大豆製品，さらにはミートボールやビーフコロッケにもGly m Bd 30Kが検出される一方で，味噌や醤油や納豆のような発酵食品については検出されないことを見出し報告している[2]。

(2) 大豆タンパク質の分解とアレルゲン性

1) 納豆菌による発酵と大豆のアレルゲン性

筆者らは，納豆作製時の発酵経過に伴う大豆タンパク質の変化について種々の検討を行った[3]。トリクロロ酢酸沈殿とケルダール法との組合せにより定量的に分析したところ，納豆菌による発酵の経過に従って，タンパク質の分解が進行しており（表4-5），SDS-ポリアクリルアミドゲル電気泳動後のタンパク染色図においても視覚的に確認できた（図4-15A）。モノクローナル抗体を用いた検討から，発酵開始4時間後までは，Gly m Bd 30Kの分解は進まず，8時間後にはかなり低下し，24時間後にはほぼ消失していることが明らかとなった（図4-15B）。これは，大豆タンパク質の分解経過とほぼ一致していた。これらの事実をふまえ，大豆アレルギー患者血清を用いて検出実験を行ってみたところ，やはり発酵の進展とともに血清中に含まれるIgE抗体結合性が低下してい

第4章 納豆の食品機能性に関する研究

表4-5 納豆菌による発酵経過と大豆タンパク質の分解

大豆サンプル	タンパク質性窒素（％）mean±SD
浸漬大豆	71.31±0.47
蒸煮大豆	
0時間発酵	78.77±2.89
4時間発酵	71.21±0.32
8時間発酵	31.82±1.60
24時間発酵	2.20±0.47

納豆製造過程においてサンプリングした大豆について，4％SDSを含む緩衝液抽出液中の10％トリクロロ酢酸処理後の沈殿物（これをタンパク質とみなした）の割合をケルダール法による総窒素定量により算出した。

出典　Yamanishi R., Huang T., Tsuji H. et al : Reduction of soybean allergenicity by the fermentation with *Bacillus Natto.* Food Sci Technol Int 1995；1；14 - 17.

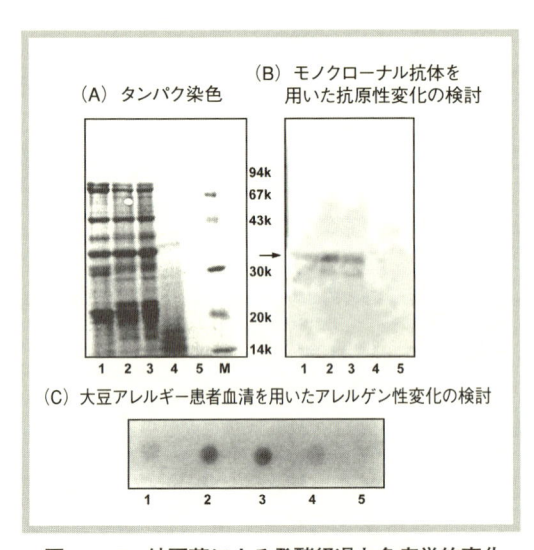

図4-15　納豆菌による発酵経過と免疫学的変化

(A, B共通) 納豆製造過程においてサンプリングした大豆の抽出液をSDS-ポリアクリルアミド電気泳動にかけ，ニトロセルロース膜に転写した。引き続いて，(A) アミドブラック，(B) 抗Gly m Bd30Kモノクローナル抗体＋酵素標識抗マウスIgG＋発色基質を用いて検出した（AのMは分子量マーカーのレーンであり，Bの矢印はGly m Bd 30Kを指している）。(C) 納豆製造過程においてサンプリングした大豆の抽出液をニトロセルロース膜にスポッティングした。大豆アレルギー患者血清とインキュベートした後，放射性ヨウ素標識抗ヒトIgE抗体を用いて検出した。(A, B, C共通) 1. 浸漬大豆，2. 蒸煮大豆，3. 蒸煮＆4時間発酵の大豆，4. 蒸煮＆8時間発酵の大豆，5. 蒸煮＆24時間発酵の大豆

出典　Yamanishi R., Huang T., Tsuji H. et al : Reduction of soybean allergenicity by the fermentation with *Bacillus Natto.* Food Sci Technol Int 1995；1；14 - 17.

た（図4-15C）．大豆アレルギー患者血清と大豆タンパク質との結合に対する阻害活性を測定した実験でも，納豆抽出液は阻害能力のない（血清IgE抗体と結合しない）ことが確認された．これらの実験結果は，納豆には，被験者である大豆アレルギー患者に対するアレルゲン性がほぼ存在しないことを意味しており，納豆に「アレルゲン性低減化大豆食品」という，それまでにない付加価値の可能性を見出したものである．

2） 食品加工用酵素処理とアレルゲン性

前述した納豆菌の発酵によるアレルゲン性低減化は，そのタンパク質分解酵素の作用によるものと考えられたので，食品産業用に市販されている食品加工用の8種類のタンパク質分解酵素を用いて，大豆のアレルゲン性低減化を試みた[4]．その結果，蒸煮した大豆を出発材料として，8種類のうち2種類の酵素を用いた場合に，アレルゲン性の著明な低減化が可能であった．これら2種類の酵素は，いずれも*Bacillus subtilis*由来の酵素であった．このことからも，大豆タンパク質に対して，納豆菌や類縁の細菌のタンパク質分解酵素は，とくに分解能力が高く，アレルゲン性低減化に適していることが示唆される．

（3） ま と め

納豆は，見た目が豆のままであるせいか，実は大豆アレルギー患者が食べてはいけない食品の代表例に挙げられていた．しかし，本節で紹介したように，実際のところ納豆では，大豆タンパク質の分解が高度に進んでおり，アレルギー発症の原理に照らし合わせても，納豆はアレルゲン性低減化大豆食品といえる．米や乳児用の調製粉乳には，アレルギー患者用の食品が開発されているが，大豆アレルギー患者に対しては，古来より食されてきた納豆がそれに相当するのである．ただし，他の食物アレルギーの場合と同じく，大豆アレルギー患者の反応強度も個々人により様々であるので，大豆アレルギー患者が初めて納豆に挑戦してみる時には，あらかじめかかりつけの医師に相談しておいたほうがよいだろう．

〔山西 倫太郎〕

●文献●

1) Ogawa T., Bando N., Tsuji N. et al : Investigation of the IgE-binding protein in soybean by immunoblotting with the sera of the soybean-sensitive patients with atopic dermatitis. J Nutr Sci Vitaminol 1991; 37; 555 - 565.
2) Tsuji H., Okada N., Yamanishi R. et al : Measurement of Gly m Bd 30K, a major soybean allergen, in soybean products by a sandwich enzyme-linked immunosorbent assay. Biosci Biotechnol Biochem 1995; 59; 150 - 151.
3) Yamanishi R., Huang T., Tsuji H. et al : Reduction of soybean allergenicity by the fermentation with *Bacillus natto*. Food Sci Technol Int 1995 ; 1 ; 14 - 17.
4) Yamanishi R., Tsuji H., Bando N. et al : Reduction of the allergenicity of soybean by treatment with proteases. J Nutr Sci Vitaminol 1996 ; 42 ; 581 - 587.

7 ワーファリンと納豆

(1) はじめに

ワーファリンは，血栓症の再発予防を目的に古くから使用されている経口抗凝固薬である（図4 - 16）。ワーファリンの添付文書には「本剤の作用が減衰することがある」飲食物として「納豆」が挙げられている。また，ワーファリン使用にあたり，「納豆は，本剤の抗凝血作用を減弱させるので避けることが好ましい。」旨，患者にアドバイスを行うことと記載されている。本節では，ワーファリンと納豆の関係について概説する。

(2) ワーファリンの作用機作

血栓は，血管壁に障害が生じている部分に，血小板が粘着凝集し，次に，フィブリンが形成され血小板凝集を強固にすることにより形成される。このフィブリンの形成は，12種の血液凝固因子（Ⅰ～ⅩⅢ，Ⅵは欠番）の連続的な酵素反

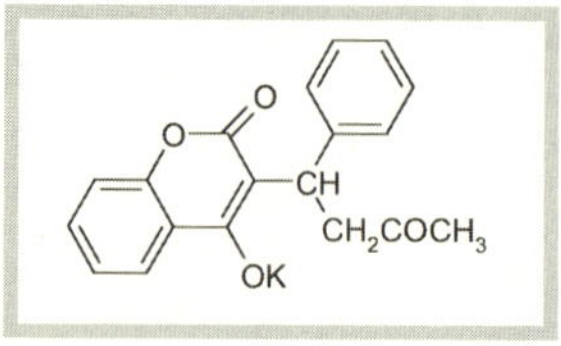

図4 - 16　ワーファリンの構造

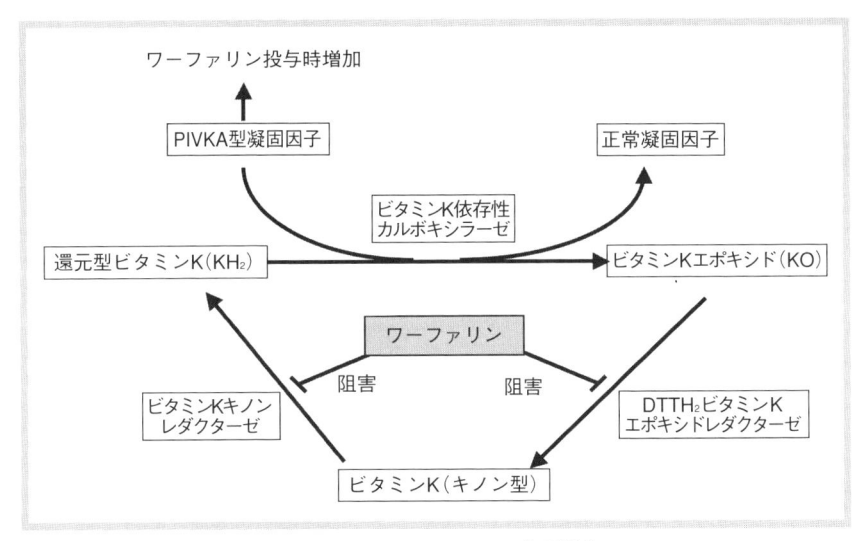

図4-17 ワーファリンの作用機作
出典 青崎正彦,岩出和徳 監修:Warfarinの適正使用情報(第2版).エーザイ株式会社臨床研究センター,1996,p17-20.

応により行われる。これら血液凝固因子のうち,第Ⅱ(プロトロンビン),Ⅶ,Ⅸ,Ⅹは,いずれも肝臓において活性のない前駆体としてタンパク合成され,その活性化にビタミンKを必要とする。そのため,これらの因子は,ビタミンK依存性凝固因子と呼ばれる[1]。

ビタミンK依存性凝固因子の前駆体は,還元型ビタミンK(KH_2)及び,ビタミンK依存性カルボキシラーゼの存在下で,内部のグルタミン酸残基がγ-カルボキシグルタミン酸残基に変換され,活性を持つ正常な凝固因子となる。この活性化反応の過程で,ビタミンKは,ビタミンKエポキシド(KO)へと酸化される。ワーファリンは,KOをKH_2へと再生する酵素である$DTTH_2$ビタミンKエポキシドレダクターゼ及び,ビタミンKキノンレダクターゼの酵素活性を非可逆的に阻害する。その結果,凝固活性を有しない凝固因子(PIVKA型)が増加し,抗凝血作用,血栓形成予防作用が生じる(図4-17)[1]。

(3) 納豆とワーファリン

上述のとおり,ワーファリンは,ビタミンKの代謝リサイクルを阻害するこ

とにより，効果を発揮する。そのため，ビタミンKの摂取は，ワーファリンの効果を減弱させる。一方，納豆は納豆菌が大量のビタミンK（メナキノン-7）を生産するためビタミンKを多く含む。そのため，納豆の摂取はワーファリンの効果を減弱させる。工藤らは，ワーファリンによる抗凝血療法中に納豆を摂取しトロンボテスト値（TT値）が上昇した例を3例報告している。これらの症例では，いずれの患者も週2から5回納豆を摂取していた[2]。そこで，35歳の正常人にワーファリンを投与し，TT値が投与前の38％に低下した後，納豆100gを摂取させる試験を行った。その結果，TT値は，摂取5時間後には40％であったが，その後，ワーファリンの投与量が不変であるのにもかかわらず，24時間目86％，48時間目90％，72時間目70％と高値が続いた[2]。さらに，工藤らは，健常者13名を2群に分け，10gまたは30gの納豆を単回摂取させ，その後の血中ビタミンK濃度を測定した。その結果，両群において，納豆菌が生産するビタミンK$_2$であるメナキノン-7血中濃度が納豆摂取後4時間目から48時間目にかけて摂取前に比べて有意に上昇した[2]。工藤らは，これらの結果を基に，「抗凝血療法中は，少量の納豆であっても，ワーファリンの効果を減衰させる可能性があり，厳重に摂取を制限すべき」としている[3]。

（4）最後に

ワーファリンの効果に対する納豆摂取の影響については，上述のような報告があるものの，確立された知見があるわけではない。しかし，納豆は，食生活上不可欠な食物というわけではない。従って，ワーファリンによる抗凝血療法中には，余計なリスクを避けるため，納豆の摂取は控えるべきである。また，通常医師もそのような指導を行っているようである。

（竹村　浩）

●文献●
1) 青崎正彦，岩出和徳 監修：Warfarinの適正使用情報（第2版）．エーザイ株式会社臨床研究センター，1996，p17-20．
2) 工藤龍彦，内堀陽二ほか：抗凝固療法中の納豆によるワーファリン拮抗作用．医学のあゆみ 1978；104；36-38．
3) 工藤龍彦，首藤 裕：納豆の少量摂取における血中ビタミンKの変動について．日本血栓止血学会誌 1996；7；239-243．

第5章　遺伝子・DNAに関する研究

1　遺伝子組換え

　納豆菌を用いた遺伝子組換え研究の現状は，納豆菌自身の遺伝子を導入または欠失させるセルフクローニングを行うか，あるいは遺伝子組換え実験によって得られた情報を補完的に利用して古典的な変異株スクリーニングを効率よく進める，といったところである。なぜなら，食品／有機栽培食品／遺伝子組換え食品という3つの流通経路が存在する日本及び欧州各国では，遺伝子組換え食品に対する消費者の支持が低いからである。

　遺伝子組換えは，微生物から高等動植物にいたるまで多くの生物に応用可能な技術であり，遺伝子組換えによってもたらされる"変化"は導入される遺伝子の性質による。ここでは遺伝子組換え食品の評価には触れず，技術的側面のみを概説する。なお，現在，遺伝子組換え実験は「カルタヘナ議定書」に基づく国内法で規制されており，実験には基準を満たした施設と届出・承認の手続きが必要である。原料大豆の遺伝子組換えについては本章2節を参照されたい。

（1）納　豆　菌

　納豆菌はグラム陽性細菌枯草菌（*Bacillus subtilis*）の仲間であり，自然形質転換や胞子形成など枯草菌に特徴的な遺伝的性質を持っている。大腸菌がグラム陰性細菌のモデル生物として研究されてきたように，枯草菌はグラム陽性細菌のそれとしての役割を果たしてきた。そのため枯草菌実験室株では種々の分子生物学的ツールが開発されている。そして，枯草菌で開発された様々な遺伝子組換え技術は基本的に納豆菌に応用できる。しかしながら，高い形質転換能や扱いやすいコロニー形態を持つ"実験が容易な"系統が実験室株として選ばれたと推測され，納豆菌を扱う場合は実験操作に多少工夫が必要である。

(2) 自然形質転換能

　枯草菌（*Bacillus subtilis*）は菌体表層に細胞外のDNAを細胞内へ持ち込む輸送系を持っていて，持ち込まれたDNAの一部を相同組換えによって自分のゲノムに組み込むことができる。これを自然形質転換能（natural competence）と呼び，形質転換能が発揮されている状態にあることをコンピテントという。ゲノムに組み込まれたDNA断片に薬剤耐性などの"目印"が含まれていれば，形質転換した細胞を容易に選別することができる。しかし，細胞は常にコンピテントであるわけではなく，特定の成育条件下でのみ自然形質転換能は誘導される。誘導の条件や関与する遺伝子群については，枯草菌実験室株を使った研究から多くの情報が得られている。納豆菌も枯草菌実験室株と同じ仕組みで形質転換能が誘導されると考えられている[1]。詳細は文献を参照されたい。

　納豆菌の自然形質転換能は枯草菌実験室株に比べて約100分の1程度である。しかし，実験室株の形質転換能は非常に高いので，納豆菌の場合でも十分な数の形質転換細胞を得ることができる。著者は1回の形質転換実験（下記実験方法参照）で1 μgのDNAを使って50～100個程度の形質転換体を得ている。

<u>納豆菌の形質転換実験例</u>
　○1日目
　　納豆菌胞子あるいは超低温保存（-80℃，グリセロール濃度15％）された細胞をLB寒天培地（1％イーストエキス，0.5％ポリペプトン，1％食塩）に植菌し，37℃の恒温室で1昼夜保持する。
　○2日目
　　SPⅡ液体培地[*1] 2 mLに植菌して37℃で1昼夜振とう培養する（前培養）。
　○3日目
　　前培養した納豆菌を50～80 μL分取して，2 mLのSPⅡ培地[*1]に植え継ぎ，37℃で2時間半から3時間半程度振とう培養する。培養液の濁度を600nmの吸光度で測定し，濁度が0.5～0.7のときに遠心分離によって菌体を沈殿させる。
　　上清の90％をピペットで取り除き，沈殿した菌体を残りの上清で懸濁する。

DNA断片1μg（ゲノムDNAあるいはプラスミド，相同な領域が1kb程度必要）を加えて混ぜる。

37℃で30分振とう培養し，LB培地を0.5mL加えさらに1時間振とう培養を続ける。

適当な寒天選択培地（薬剤耐性や栄養要求性を利用する）に0.1mLずつ蒔き，翌朝まで37℃で保持する。

○4日目

形質転換体がコロニー（集落）を形成しているので，いくつか拾ってサザン解析あるいはPCR法によって期待した組換えが起こったことを確認する。

*SPⅡ培地[1]
T-base**	10.0 mL
25%（w/v）glucose	0.2 mL
1 M MgSO$_4$・7H$_2$O	0.035 mL
1 %（w/v）casamino acid	0.1 mL
10%（w/v）yeast extract	0.1 mL
0.1M CaCl$_2$	0.05 mL

**T-base組成（500mL水溶液中）
(NH$_4$)$_2$SO$_4$	1.0g
K$_2$HPO$_4$・3H$_2$O	9.15g
KH$_2$PO$_4$	3.0g
3 Na-citrate（クエン酸三ナトリウム）	0.5g

（3）プラスミドによる形質転換

自然形質転換能を利用した遺伝子組換えは，物質生産能などの形質導入や遺伝子破壊株の作成に利用される。一方，外来DNAを納豆菌細胞に持ち込む方法としてプラスミドによる形質転換も可能である。グラム陰性細菌である大腸菌のプラスミドはグラム陽性細菌細胞内で複製されない。そのため，グラム陽性細菌細胞内で働く複製起点を持った「大腸菌—枯草菌シャトルベクター」が利用される。筆者の経験では，*B. subtilis* プラスミド pTA1060の複製起点（rep-1060）を持つpHB201とS. aureusプラスミドpAMβ1の複製起点（*oriR*）を持つpAT187を納豆菌細胞内でも安定に保持できた。

ところで，形質転換に用いるプラスミドは2量体以上のオリゴマーである必

要がある。プラスミドがCCC（covalently closed circular）型であっても単量体の場合まったく形質転換体を得ることはできなかった。JM110株などrecA+の大腸菌をプラスミド調製に用いる必要がある[2]。

（4）制限修飾系

納豆菌に限らず細菌の遺伝子組換えには宿主の制限・修飾系（restriction/modification）が影響する。近縁の枯草菌B. subtilis 168株はBsuM制限・修飾系を持っている[3]。納豆菌はゲノム解析が行われていないため，その制限・修飾系の詳細は不明であるが，形質転換の効率が悪いときやバクテリオファージを扱う実験の場合は考慮したほうがよいだろう。

（5）その他の注意点

枯草菌実験室株で使われている遺伝子組換えツールは，基本的に納豆菌にも応用可能と考えられる。実際，抗生物質耐性マーカーによる遺伝子破壊，amyE遺伝子座への外来遺伝子の導入，pMUTINプラスミドを使ったシングルクロスオーバー組換えなどは可能であった。ただし，納豆菌の形質転換効率は実験室株に比べ低いので，相同なDNA配列を1kb程度に長めに設定したほうがよい。しかし，うまくいかない例もある。例えば，筆者はトランスポゾンTn10を用いた変異導入を試みたことがある。納豆菌は内在の挿入配列遺伝子（IS4Bsu1，IS256Bsu1）を持っており[4]，回収されるプラスミドの多くにこの内在ISが飛び込む。この実験系の効率はあまりよくない。

納豆菌はビオチン要求性である[5]。最少培地で納豆菌を生育させるときはビオチンを0.5mg/ℓ加えなければならない。また，形質転換体選択のための抗生物質濃度は枯草菌実験室株で使われている濃度で問題ないが，カナマイシンとクロラムフェニコールは少し高目の10mg/ℓで行ったほうがよいようである。

（木村 啓太郎）

● 文献

1) Tran L-S. P., Nagai T., Itoh Y.: Divergent structure of the ComQXPA quorum-sensing components: molecular basis of strain-specific communication mechanism in Bacillus subtilis. Mol Microbiol 2000 ; 37 ; 1159 - 1171.
2) Mottes T., Grandi G., Sgaramella V. et al : Different specific activities of the monomeric

and oligomeric forms of plasmid DNA in transformation of *B. subtilis* and *E. coli*. Mol Gen Genet 1979 ; **174** ; 281 - 286.
3) Oshima H., Matsuoka S., Asai K. et al : Molecular organization of intrinsic restriction and modification genes *BsuM* of *Bacillus subtilis* Marburg. J Bacteriol ; 2002 ; 381 - 389.
4) Kimura K., Itoh Y.: Determination and characterization of IS*4Bsu*1-insertion loci and identification of a new insertion sequence of the IS*256* family in a Natto starter. Biosci Biotecnol Biochem ; 2007 ; in-press
5) Sasaki M., Kawamura F., Kurusu Y.: Genetic analysis of an bio operon in a biotin auxotrophic strain of *Bacillus subtilis* Natto OK2. Biosci. Biotecnol. Biochem; 2004 ; **68** ; 739 - 742.

2 遺伝子組換え体の表示制度と検知技術

(1) 表示制度の導入

わが国は食品または飼料として利用する大豆・トウモロコシ・ナタネ等を国外から大量に輸入している。International Service for the Acquisition of Agri-biotech Applications (ISAAA) が発行した2006年度の報告書によれば，2005年度にアメリカで生産された大豆のうち遺伝子組換え (Genetically Modified ; GM) 大豆 (Round up^{TM} Ready Soy ; RRS) が占める割合は既に9割近くに達している[1]。また，大豆以外の農作物でもトウモロコシ，ワタ，テンサイ，アルファルファ等で組換え体の開発・栽培が進み，わが国の安全性の審査が終了し，食品への利用が承認されたGM農作物は2007年8月の時点で79系統に至っている (表5-1)。このように，GM大豆を含むGM農作物は急速に商品化が進んでおり，その生産量は全世界レベルにおいて増加の一途をたどっている。

わが国では，2001年4月から安全性が承認されたGM農作物の食品への利用に際して「農林物資の規格化及び品質表示の適正化に関する法律」(Japanese Agricultural Standards Low ; JAS法) 及び食品衛生法に定める品質表示制度の下に同じ内容のGM食品の品質表示基準が設けられている[2,3]。この品質表示基準は，食品に含まれる原材料の総重量のうち上位から3位以内であり，かつ総重量の5％を超える原料に対してのみ適用される[4]。ただし，加工食品については加工工程後においても組換えられたDNAやそれに由来する組換えタンパク質が残存する加工食品が納豆を含め32品目指定されており，これら以外は表

表5-1 わが国で食品用として商品化が可能なGM農作物の現状

2007.8.現在

GM農作物の種類計 79 件	開発国（開発企業）	他の商品化可能な国
除草剤の影響を受けないダイズ	アメリカ（Monsanto）	アメリカ, EU
除草剤の影響を受けないダイズ（2種）	ドイツ（Bayer CropScience）	アメリカ, カナダ
オレイン酸高生産ダイズ	アメリカ（Optimum Quality Grains）	アメリカ, カナダ
除草剤の影響を受けないトウモロコシ（5種）	ドイツ（Bayer CropScience） アメリカ（Monsanto）	アメリカ, カナダ EU（一部）
害虫（ガの仲間）に強いトウモロコシ（5種）*1	スイス（Syngenta Seeds） アメリカ（Monsanto）	アメリカ, カナダ EU（一部）
害虫（ガの仲間）に強い及び除草剤の影響を受けないトウモロコシ（17種）*2	スイス（Syngenta Seeds） アメリカ（Monsanto）他	アメリカ, カナダ
リシン高生産トウモロコシ（1種）	アメリカ（Renessen）	アメリカ, カナダ
害虫（甲虫類）に強いジャガイモ（2種）	アメリカ（Monsanto）	アメリカ, カナダ
害虫（甲虫類）に強い及びウイルスに強いジャガイモ（6種）	アメリカ（Monsanto）	アメリカ, カナダ
除草剤の影響を受けないテンサイ（3種）	ドイツ（Bayer CropScience） アメリカ（Monsanto）他	アメリカ, EU（一部）
除草剤の影響を受けないナタネ（13種）	アメリカ（Monsanto） ドイツ（Bayer CropScience）	アメリカ, カナダ（一部）
除草剤の影響を受けない雄性不稔ナタネ	ドイツ（Bayer CropScience）	カナダ, アメリカ, EU
除草剤の影響を受けない稔性回復ナタネ	ドイツ（Bayer CropScience）	カナダ, アメリカ, EU
除草剤の影響を受けないワタ（6種）	アメリカ（Monsanto） ドイツ（Bayer CropScience）他	アメリカ, オーストラリア
害虫（ガの仲間）に強いワタ（3種）	アメリカ（Monsanto）	アメリカ, オーストラリア
害虫（ガの仲間）に強い及び除草剤の影響を受けないワタ（9種）*3	アメリカ（Monsanto）他	アメリカ, オーストラリア
除草剤の影響を受けないアルファルファ（3種）*4	アメリカ（Monsanto） アメリカ（ForageGenetics）	アメリカ, カナダ

*1：1種はすでに安全性審査済みの2種類の害虫に強いトウモロコシの後代交配種
*2：10種はすでに安全性審査済みの害虫（ガの仲間）に強いトウモロコシと除草剤の影響を受けないトウモロコシの後代交配種
*3：7種はすでに安全性審査済みの害虫（ガの仲間）に強いワタと除草剤の影響を受けないワタの後代交配種
*4：1種はすでに安全性審査済みの2種類の除草剤の影響を受けないアルファルファの後代交配種

示の必要がない[5]。また，表示は以下の3種類に区分され，① 食品としての安全性が承認された遺伝子組換え体のみを分別して流通した原材料を使用したもの，② 非遺伝子組換え体のみを分別して流通した原材料を使用したもの，③ 食品としての安全性が承認された遺伝子組換え体と非遺伝子組換え体について特に分別することなく（不分別）流通した原材料を使用したものに分けられる。これらのうち，①と③は義務表示，②については任意表示（表示は特に必要ない）とされている。

前述の表示制度を実施するにあたり，アメリカやカナダからの輸出品を中心に分別流通生産管理（IPハンドリング）と呼ばれる遺伝子組換え体と非遺伝子組換え体が混じらないように流通させるための品質管理システムが運用されている。現行の穀物流通制度ではこれらの意図しない混入が避けられないため，分別流通を実施した証明書が整っていれば，表示に際して科学的な検証は必要とされない。しかしながら，IPハンドリングや食品への表示が有効に機能していることを確認する基準として，意図しない混入レベルの上限は5％と定められており，行政や企業はこれを科学的に検証するためのGM農産物の検知技術を必要としている。

こうした状況のもとに独立行政法人 食品総合研究所（現，（独）農業・食品産業技術総合研究機構 食品総合研究所）は，厚生労働省国立医薬品食品衛生研究所，（独）農林水産消費技術センター（現，（独）農林水産消費安全技術センター），民間検査機関，食品企業と共同研究を実施し，安全性が承認されたGM農産物の検知技術の開発及び分析法としての妥当性確認試験を進めてきた[6-11]。開発された検知技術は分析法としての妥当性確認試験が行われ，2001年3月，これらの検討結果を元に，農林水産省はJAS分析試験ハンドブック「遺伝子組換え食品検査・分析マニュアル」[12]（JASハンドブック）を，厚生労働省は「組換えDNA技術応用食品の検査方法」[13] をそれぞれ公表した。また，わが国のGM農産物検知技術は世界的にも高く評価されており，DNAを用いた定量分析法（ISO21570）の付属文書にはわが国から6種類のGM農産物（大豆，トウモロコシ）定量法が採用されている[14]。（独）農業・食品産業技術総合研究機構 食品総合研究所では，公表したGM農作物の検知技術について，検査室での内部精度管理を行うために必要となる認証標準物質の製造を進めており，近日中の配付を

計画している[15]。

(2) 遺伝子組換え農産物の分析法

GM農産物の検知法としては，検体から抽出したDNAを指数関数的に増幅し，検知するポリメラーゼ連鎖反応（Polymerase Chain Reaction；PCR）法や，検体からタンパク質を抽出し，組換えDNA由来のタンパク質に対して特異的に結合する抗体を利用して検知する酵素抗体法（Enzyme Linked Immnosorbent Assay；ELISA）及びラテラルフロー法がある。これらのうち，PCR法は食品や飼料のような複雑なマトリックスからでも精確に検出でき，DNAの分解が起きていない一部加工品についても定性及び定量試験を実施することが可能である。加工食品については，JASハンドブックに従ってDNAを抽出後，定性分析法によりGM大豆RRSの有無を調べた後，GM大豆陽性と判断されたものに関して分別流通の証明書が整っているか確認するとともに，場合によって原材料に遡って定量検査を実施している[12]。以降に，遺伝子組換え農産物の分析法の概要と，JASハンドブックに従ったPCR法による納豆の分析について解説する。

1) DNA抽出用試料の調製

食品原料の試料調製については，JASハンドブック「基本操作編」が，定性試験を対象とした加工食品からの試料調製については，同「個別品目編」が参考となる。JAS法に従った納豆の試料調製法についても，これに記載があり，「ざるに1パックを開け，流水（水道水）で15分間洗浄して，ぬめりを除く。滅菌水で充分にすすいだ後，重量を測定し水分を含む試料に適した粉砕器に採り，試料を等重量の滅菌水を加えて破砕する。均質な状態になったものをDNA抽出に供する。なお，CTAB（Cetyl Trimethyl Ammonium Bromide）をDNA抽出に用いる場合には，200mgを採取し，プロテイナーゼ処理を行う」（抜粋）とされている[12]。

2) DNA抽出

DNA抽出については，DNA抽出の対象によって手法が異なる。詳しくは，JASハンドブック「基本操作編」または組換えDNA技術応用食品の検査方法に記載がある[12]。特に，加工食品からのDNA抽出についてはその加工工程によりDNAの分解が進んでおり，それが全ての加工食品について一定であるとは

言えないこと，添加物等の混入等から，全ての加工食品についてPCR法に適したDNAが必ずしも得られないことがあることに留意すべきである。従って，JASハンドブックによれば納豆からのDNA抽出には，CTAB法，DNeasy Plant Maxi kitによる方法，Genomic tipによる方法から最適な手法を選択し，実施することとなる。

3）定性分析法

定性PCR法は分析対象のDNA試料中におけるGM農産物由来DNAを鋳型としたPCR産物をアガロースゲル電気泳動法等で分離し，GM農産物由来のDNAが増幅したか確認することでその有無を判断する。判断には，プライマーで設定したDNA長とPCR増幅したDNA長が一致することも重要な基準となるが，時として判定が不明確な場合がある。このような場合には，PCRの陽性対照を検査に組み込むことにより，判定をより確実にすることができる。また，PCR反応は鋳型DNAを増幅して検知する手法であるため，PCR溶液の調製時においてコンタミネーションが生じなかったことを確認しておくべきである。このような場合には，陰性対照を検査に組み込んで試料の検査結果が妥当であることを確認したほうがよい。

納豆等の一部の加工食品においては，加工後もDNAが残存することが調べられているため，このようなDNA試料中にGM農産物由来DNAの混入が存在していれば，定性PCR法によるDNA増幅反応を行うことでGM農産物由来DNAの有無は判断できる[16]。具体的な手法については，JASハンドブック「基本操作編」を参照されたい[12]。

4）定量分析法

現在までに，GM農作物の混入率について絶対量を知る方法は見出されていない。このため，標準分析法においては検知対象の農作物が必ず持っている内在性遺伝子由来のDNAと組換え体由来のDNAについて，DNA試料中に含まれるコピー数をリアルタイムPCR装置でそれぞれ測定し，これらの比率を基に組換え体の混入率を％（w/w）に換算し，相対的な混入率を求める。わが国の遺伝子組換え農産物の検査法である「標準分析法」[14, 15]に掲載されている非加工品の原材料を対象とした遺伝子組換え大豆及びトウモロコシの定量法は，PCR法に用いるオリゴヌクレオチドプライマー対に挟まれたDNA増幅領域の

部分に設計する,両端に蛍光色素と消光色素をそれぞれ結合させた増幅領域の片鎖と相補的なオリゴヌクレオチドであるTaqMan®プローブを使用してリアルタイムPCRを行う。また,「標準分析法」では鋳型DNA量が明らかな検量線作成用のキャリブレーターとして,種子由来のゲノムDNAではなく大腸菌から精製したプラスミドを用いることを特徴としている。プラスミドは大腸菌を用いて高品質かつ一定コピー数のキャリブレーターを安定生産できることを利点とするため,検査の際に各GM作物系統及びnon-GM作物の標準物質が不要となり,常に安定した検量線が得られることで,再現性のある定量検査が実施可能となった。

標準分析法では,混入率の換算時に使用する各GM系統に固有の内標比について,各遺伝子組換え系統毎に代表的な品種の種子を1品種選び,15研究室による共同試験を実施後,各ラボで算出された内比率の平均値を求め,これを固

表5-2 各GM系統の種子を用いて測定された内標比

ターゲット	平均値	偏差%	空間再現性%	ターゲット配列の導入コピー数
CaMV 35S プロモータ				
RR soy	0.99	0.006	0.64	1
Bt11	0.97	0.045	4.61	2
T25	0.34	0.011	3.12	1
Event176	0.88	0.042	4.74	2
MON810	0.45	0.017	3.73	1
NOS ターミネータ				
RR soy	1.09	0.015	1.41	1
Bt11	1.05	0.026	2.43	2
GA21	1.12	0.083	7.37	$2+\alpha$
GM系統特異的				
RR soy	0.96	0.010	1.01	1
Bt11	0.50	0.027	5.45	1
GA21	1.54	0.042	2.73	$2+\alpha$
T25	0.35	0.047	13.4	1
Event176	1.94	0.169	8.71	4
MON810	0.42	0.008	1.96	1

実験は15研究室で3回ずつ行った

定値として公表している（表5-2）。公表された各GM系統の内標比を使用することにより，検査者は検査の際に各系統のGM種子を入手して内標比を求めることなく定量分析が実施可能となった。また，この定量法は15試験機関での共同試験において検査法としての妥当性が確認された[6]。共同試験後の統計解析結果を表5-3に示す。非加工品であるMON810, T25, Bt11系統の0.1%GM混入

表5-3 開発した定量PCR法による真度と再現性

GMO系統名	GMO%	真度		再現性		検知下限以下
		平均値	偏差%	室内再現性%	室間再現性%	(＜20コピー)
Bt11	0.10%	0.091	−9.0	22.3	18.0	21/22
	0.50%	0.510	12.0	23.7	20.5	0/28
	1.0%	1.15	−14.7	18.9	18.8	0/28
	5.0%	6.08	−21.6	13.7	12.9	0/28
	10%	12.1	＋21.1	10.4	11.5	0/28
GA21	0.10%	0.095	−5.4	20.5	20.6	4/24
	0.50%	0.538	＋7.7	12.6	21.8	0/26
	1.0%	1.20	＋20.2	12.3	18.6	0/26
	5.0%	5.83	＋16.6	8.2	15.9	0/24
	10%	11.5	＋15.0	7.9	13.6	0/26
T25	0.10%	0.139	＋38.6	23.7	26.5	22/22
	0.50%	0.577	＋15.3	28.2	27.6	1/28
	1.0%	1.20	＋20.0	6.8	11.5	0/26
	5.0%	5.58	＋11.6	12.4	14.8	0/28
	10%	10.8	＋8.1	13.3	14.7	0/28
Event176	0.10%	0.125	＋11.3	16.3	21.3	1/24
	0.50%	0.547	−1.6	5.8	10.3	0/22
	1.0%	1.05	−7.7	7.1	11.4	0/26
	5.0%	4.78	0.0	8.1	11.2	0/26
	10%	9.82	−3.8	5.8	9.5	0/24
MON810	0.10%	0.111	＋25.0	32.3	26.1	19/22
	0.50%	0.492	＋9.4	15.1	19.6	0/26
	1.0%	0.923	＋4.6	11.8	15.1	0/28
	5.0%	5.00	−4.3	13.5	11.9	0/26
	10%	9.62	−1.8	10.5	11.6	0/26
RR soy	0.10%	0.108	＋8.1	13.4	13.4	4/22
	0.50%	0.571	−14.3	12.0	15.9	0/24
	1.0%	1.16	−16.1	11.2	13.9	0/24
	5.0%	5.?6	−15.1	7.6	11.5	0/24
	10%	11.7	−17.2	8.5	10.6	0/24

出典 Shindo Y., Kuribara H., Matsuoka T. et al : J AOAC Int 2002 ; 85 (5) ; 1119-1126.

試料を除く全ての試料において室内再現性，室間再現性が共に概ね20%以内に収まったことから，各GM農作物の保証定量下限は，RR大豆が0.1%，GMトウモロコシのMON810，T25，Bt11が0.5%，GMトウモロコシのGA21，Event176が0.1%と判断された。

加工食品の定量については，JASハンドブック「定量PCR編」の中にも記載があるように，原材料のみに適用し，加工食品からの定量結果は目安程度に考えるべきとされている[12]。その具体的な理由を「（3）加工食品からの混入率測定」に示す。

（3）加工食品からの混入率測定

納豆等，加工食品の定量可能性については，加工食品は加工工程によりDNAの分解が進んでおり，その程度は全ての加工食品について一定であるとは言えないこと，加工食品には添加物等が加えられている場合があり，これによってPCRの効率が異なる可能性があること，また，例として納豆を挙げると，同じ納豆といえども挽き割り納豆や黒豆を使用した納豆等様々なものが市販されており，分析試料の状態は一定ではないこと等から，全ての加工食品に定量PCR法に適しているとは言い切れない。加えて，原材料の定量分析法を加工食品に当てはめる際には内在性遺伝子由来のDNAと組換え体由来のDNAの分解率が等しいことが前提となるが，これは全く同じとは言えないため，混入率の換算式に当てはめることは適切でないことがある。従って，原材料及び原材料に近いものを除いては，加工食品を定量しても分析結果は原材料における混入率と必ずしも一致するとは限らない。これらの理由により，加工食品における混入率の科学的な検証に関しては加工食品の原材料に遡って試料を入手し，定量PCRを実施する必要があると思われる。

（4）将来展望

安全性が承認されたGM農作物の栽培は，今後，食品としてだけでなく，バイオエタノール等の工業原料としてますます増加すると思われる。わが国の市場では未だ非遺伝子組換え体を分別流通した原材料を使用している食品が大半であり，遺伝子組換え体の受入れは依然として進んでいない状況が続いている

が，遺伝子組換え納豆[17]や食用油等の一部食品については遺伝子組換え体を使用したものや不分別のもの等の表示のある製品が販売されてきており，今後，消費者の理解が進むことが期待される。

(古井　聡)

●文献●
1) The International Service for the Acquisition of Agri-biotech Applications (ISAAA) (http://www.isaaa.org/)
2) 遺伝子組換え食品に関する品質表示基準（平成12年3月31日　農林水産省告示第517号, http://www.maff.go.jp/j/jas/hyoji/pdf/kijun_03.pdf）
3) 遺伝子組換え食品に関する表示について（平成13年3月21日　厚生労働省　食企発第3号, 食監発第47号, http://www.mhlw.go.jp/topics/0103/tp0329-2c.html）
4) 農林水産省，食品産業センター：バルク輸送非GMO流通マニュアル（平成13年12月発行,http://www.shokusan.or.jp/，食品産業を巡る課題と対応）
5) 社団法人　農林水産先端技術産業振興センター（STAFF）：バイテクQ&A集 (http://www.biotech-house.jp/qanda/faq_41.html)
6) Kuribara H., Shindo Y., Matsuoka T. et al : J AOAC Int 2002 ; **85** (5) ; 1077 - 1089.
7) Shindo Y., Kuribara H., Matsuoka T. et al : J AOAC Int 2002 ; **85** (5) ; 1119 - 1126.
8) Matsuoka T., Kuribara H., Takubo K. et al : J Agr Food Chem 2002 ; **50** (7) ; 2100 - 2109.
9) Yoshimura T., Kuribara H., Matsuoka T. et al : J Agr Food Chem 2005 ; **53** (6) ; 2052 - 2059.
10) Yoshimura T., Kuribara H., Kodama T. et al : J Agr Food Chem 2005 ; **53** (6) ; 2060 - 2069.
11) Onishi M., Matsuoka T., Kodama T. et al : J Agr Food Chem 2005 ; **53** (25) ; 9713 - 9721.
12) 農林水産消費技術センター：JAS分析試験ハンドブック，遺伝子組換え食品検査・分析マニュアル (http://www.maff.go.jp/sogo_shokuryo/jas/manual00.html), 2001.
13) 厚生労働省食品保健部：組換えDNA技術応用食品の検査法（http://www.mhlw.go.jp/topics/idenshi/kensa/kensa.html），2001.
14) http://nfri.naro.affrc.go.jp/yakudachi/iso/index.html
15) International Standardization Organization: ISO21570, International Standardization Organization, Geneva, Switzerland, 2005.
16) 松岡猛，川島よしみ，穐山浩ほか：ダイズ及びダイズ加工食品からの組換え遺伝子の検知法（第一報），食衛誌 1999 ; **40** ; 149 - 157.
17) A-HITBio (http://www.a-hitbio.com/)

3　γ-ポリグルタミン酸分解酵素欠損株の作出

　遺伝子組換え生物は自分の遺伝子以外に他の生物由来の遺伝子を持っている。ある遺伝子を欠損させるために抗生物質耐性遺伝子を挿入する場合も，該耐性遺伝子が別の生物由来であれば遺伝子組換え生物となる。ここでは，抗生物質耐性遺伝子を使ったγ-ポリグルタミン酸分解酵素（GGT）欠損変異株作成の実験例を紹介する。γ-ポリグルタミン酸は水溶性の生分解性高分子であり，凝集剤やドラックデリバリーの担体としての応用が見込まれている[1]。筆者らは，納豆菌自身が持っているγ-ポリグルタミン酸分解酵素（GGT）を欠損させることによるγ-ポリグルタミン酸の高生産・安定生産を目論んでこの変異株を作成した[2]。なお，得られたGGT欠損変異株の性質を利用して，遺伝子組換え技術によらないGGT変異株のスクリーニングを行ったところ，GGT遺伝子破壊株と同等の性質を持つ株もいくつか得ることができた[3]。

　分子生物学的な実験手法に関してはすでに多くの成書があり，また，写真付の実験マニュアルを公開している大学等のホームページも多数存在する。手技的な詳細についてはそれらを参照されたい。

（1）プラスミドの構築

　遺伝子破壊に使用するプラスミドは納豆菌細胞内で複製できないもの（グラム陽性細菌の複製起点を持たないもの）であればよいが，pUC系の大腸菌多コピープラスミドが通常使われる。また，抗生物質耐性遺伝子カセットは*Bacillus* Genetic Stock Center（http://www.bgsc.org/）[4]から購入することができる。

　著者らは，すでにGGT遺伝子とその周辺配列を決定していた。そこで，PCR（Polymerase Chain Reaction）法によってGGT遺伝子を増幅してpUC119の*Hinc*II部位へクローニングし，GGT遺伝子の中央付近にある*Stu*I部位へスペクチノマイシンカセット（Spc^R）を挿入した（図5-1A）。次いでダブルクロスオーバー組換えで遺伝子破壊をするため制限酵素処理によってプラスミドを直線化した（図5-1A）。形質転換時に円形のプラスミドが残っていると，シングルクロスオーバー組換えが起こって予定通りの遺伝子破壊がなされないことがある（図5-

3. γ-ポリグルタミン酸分解酵素欠損株の作出

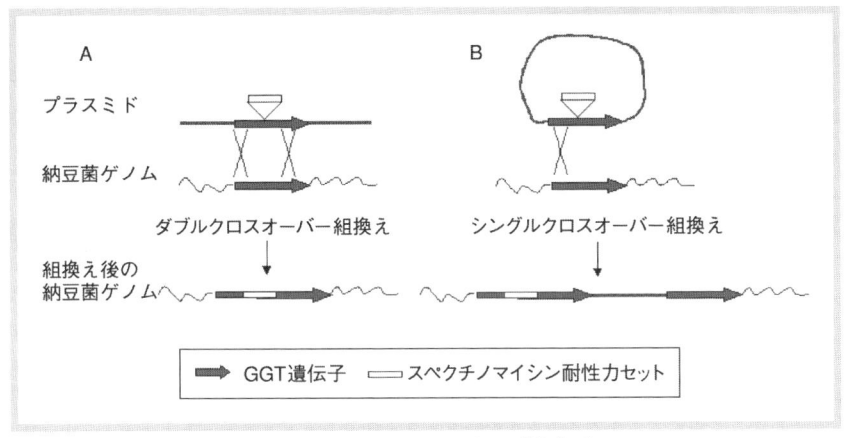

図5-1 GGT遺伝子の破壊（模式図）
ダブルクロスオーバー組換え（A）とシングルクロスオーバー組換え（B）

1B)。

（2）形 質 転 換

（1）で直線化したGGT破壊用プラスミドを用いて納豆菌を形質転換する。自然形質転換能を利用した形質転換法の詳細は第5章1節を参照されたい。著者は1回の形質転換実験に，通常1〜2 μgのプラスミドを使っている。

スペクチノマイシン耐性コロニーをいくつか拾い，GGT遺伝子が正しく破壊されたかどうかをサザンハイブリダイゼーションで確認する。PCR法は遺伝子の組換えが起こったことを確認する非常に簡便な方法である。しかし，前述のシングルクロスオーバー組換えと区別し，計画どおりの遺伝子破壊が起こったことを確認するためにサザンハイブリダイゼーションを行うことを薦める。

もしも目的の遺伝子が菌の生育に必須であれば，当然，遺伝子破壊株を得ることはできない。得られる形質転換体の数が極端に少ない，あるいは全く得られないときは必須遺伝子である可能性がある。このような場合，発現誘導可能なプロモーターを持つ枯草菌遺伝子破壊用プラスミド（pMUTIN）を使えばよい。これは納豆菌にも使える。発現誘導時のみ遺伝子破壊が可能であれば，その遺伝子は必須遺伝子である。著者らは，細胞壁ペプチドグリカン合成に必須なRacE（グルタミン酸ラセマーゼ）遺伝子の破壊にこの方法を利用した[5]。

（3）破壊株の性質と遺伝子組換えによらない変異株のスクリーニング

酵素としてのGGTはgamma-glutamyltranspeptidase（γ-GTP）ファミリーに含まれ，培地中へ分泌される。γ-GTP活性は呈色性の合成基質で測定できる（下記参照）ので，GGTの発現量は簡単に求められる。

GGT破壊株のγ-GTP活性を測定したところ，酵素活性が完全に失われていた。そこで，この性質を利用して変異原処理した納豆菌を1,000株ほどスクリーニングしたところγ-GTP活性のないものがいくつか得られた。これらの株ではGGTが発現せず，γ-PGAを分解する能力も失われていた[2, 3]。

〇γ-GTP活性の測定法

培養上清	0.2 mL
γ-グルタミルパラニトロアニリド	0.1 mM
トリス塩酸（pH 8）	100 mM
脱イオン水	全体で2 mLになるように調製

酵素活性があれば反応液は黄色になる。反応液を37℃に保持し，経時的に分光光度計で410nmの吸収を測定する。γ-グルタミルパラニトロアニリドは非常にゆっくりではあるが自然に加水分解されるので，培養上清のかわりに脱イオン水を加えたコントロールを必ずとる。

（木村　啓太郎）

● 文献 ●

1) Akagi T., Baba M., Akashi M.: Development of vaccine adjuvant using polymeric nanoparticles and their potencial applications for anti-HIV vaccine. Yakugaku Zasshi 2007 ; 127 ; 307 - 317.
2) Kimura K., Tran L-S., P., Uchida I. et al : Characterization of *Bacillus subtilis* γ-glutamyl-transferase and its involvement in the degradation of capsule poly-γ-glutamate. Microbiology 2003 ; 150 ; 4115 - 4123.
3) 木村啓太郎，伊藤義文：γ-ポリグルタミン酸分解酵素欠損変異株，その取得法及び該変異株を用いたγ-ポリグルタミン酸の製造法．日本国特許第3682435号，2005.
4) Guéout-Fleury A-M., Shazand K., Frandson N. et al : Antibiotic-resistance cassettes for *Bacillus subtilis*. Gene 1995 ; 167 ; 335 - 336.
5) Kimura K., Tran L-S. P., Itoh Y.: Roles and regulation of the glutamate racemase isogenes, *racE* and *yrpC*, in *Bacillus subtilis*. Microbiology 2004 ; 150 ; 2911 - 2920.

4 挿入配列

挿入配列（IS, insertion sequence）とは，ゲノムDNA上を移動可能な転移因子で，その因子内に転移に関わる遺伝子（transposase gene）以外の遺伝子を持っておらず，トランスポザーゼ遺伝子の両端に逆向き繰り返し配列（inverted repeat）を配置した構造をしている。一方，構造的にはより複雑で，内部に転移とは無関係の遺伝子（例えば，薬剤耐性遺伝子など）を持つ因子をトランスポゾンと呼んでいる。この節では，納豆菌の挿入配列IS4Bsu1について紹介する。

納豆菌のγ-PGA（γ-polyglutamate）生産能（いわゆる糸引き）は，継代培養保存中に高頻度で失われていくことはよく知られていた現象であった。著者らはその現象の解明を目的として，まずは納豆菌のγ-PGA生産に関わる遺伝子のクローニングを試みた。その結果，γ-PGA生産を制御している遺伝子をクローニングすることができた。この遺伝子はコンピテンシィに関わる遺伝子*comP*であった。次に，この*comP*遺伝子領域をプローブとして，γ-PGA生産性を失った菌株（γ-PGA$^-$株）の染色体DNAとその親株でγ-PGAを生産する菌株の染色体DNAをいくつかの制限酵素で切断し，サザンブロット解析を行った。*Bgl*IIで切断した染色体DNAを解析すると，γ-PGA$^-$株の*comP*領域のバンドが6.8kbから8.2kbへとちょうど1.4kb分だけ大きくなっていることがわかった（図5-2A）。同様に*Hind*IIIで切断した場合には，4.4kbの1本のバンドがγ-PGA$^-$株では，3.7kbと2.1kbの2本のバンドに分かれた。大きさの和は5.8kbで，やはり1.4kb分大きくなっていた（図5-2A）。このことから，γ-PGA$^-$株では，*comP*に大きさ1.4kbのなんらかの配列が挿入されていることがわかった（図5-2B）。挿入された領域の配列（INSD登録番号　AB031551）を調べてみると，ISが挿入されていることがわかった。以上のことから，高い頻度（％オーダー）で納豆菌のγ-PGA生産性が失われる原因は，ISがγ-PGA生産を制御している遺伝子に転移し，その機能を失わせるためであるということがわかった。

このISは*B. subtilis*では最初に発見されたISであり，IS4タイプのトランスポザーゼをコードしていることからIS4Bsu1と命名した。全長1,406bpで，両端に逆向き繰り返し配列を持ち，中央に374アミノ酸残基からなるトランスポザー

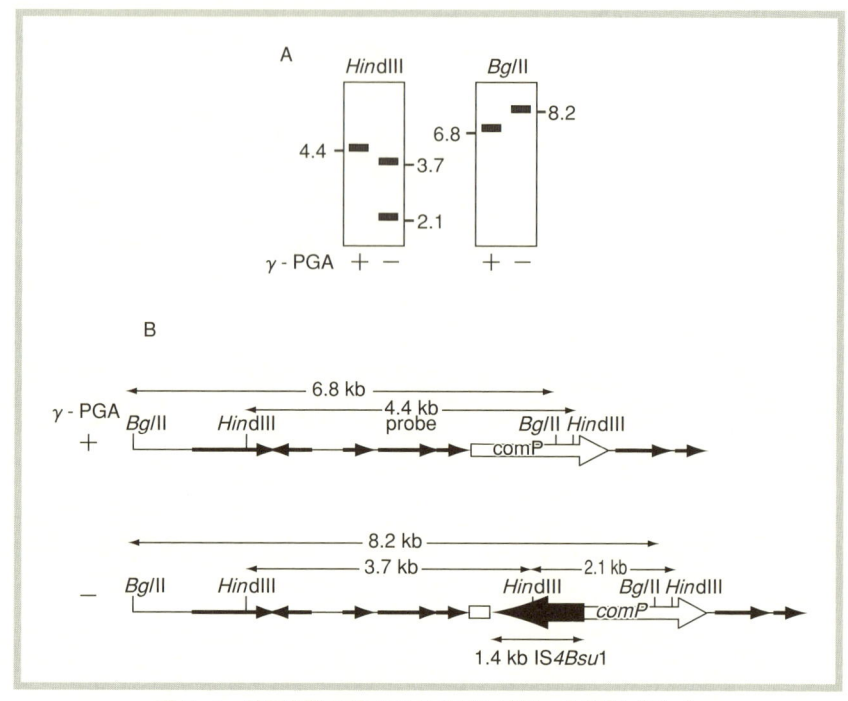

図 5-2　納豆菌染色体DNAのサザンブロット解析（A）と
　　　　納豆菌の挿入配列（B）

ゼ遺伝子（推定）を持つ（図5-3）。また，両端の繰り返し配列中にも，逆向きの繰り返し配列（図中の小さな矢印）が見られる。日本の納豆種菌の染色体DNAにはIS4Bsu1が数コピー存在している。海外（特に東南アジア）の大豆発酵食品から分離されたBacillus subtilisの染色体DNAにも，同様のISが存在していた。ISを持っていない株も存在した。

IS4Bsu1はターゲットサイト（コンセンサス配列はATNTWWWWW。N=A,T,G,C, W=A, T）に，自己のコピーを挿入する。従って，コピー元のIS4Bsu1は，染色体上のもとの場所にとどまることになる。すなわち，いったんIS4Bsu1が挿入されて変異してしまった遺伝子は，復帰しない，ということを意味する。このことから，納豆菌を保存する場合には，完全に細胞内の酵素反応を止めた凍結や凍結乾燥で行わなければなないことがわかる。納豆菌を繰り返し継代培養することは避けなければならない。

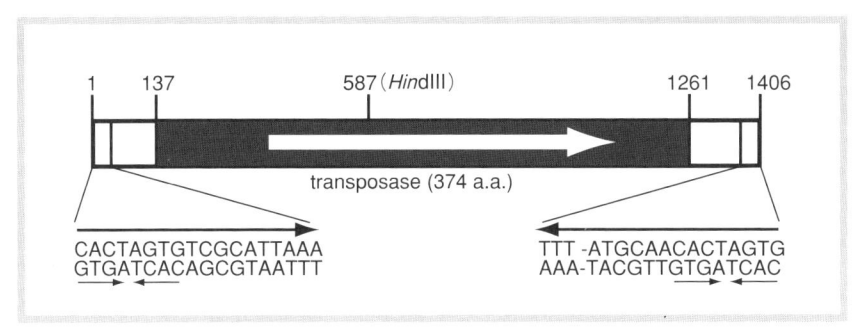

```
  1   137              587(HindIII)                    1261  1406
  ┌───┬────────────────────────────────────────────────┬─────┐
  │   │                                                │     │
  │   │         →  transposase (374 a.a.)              │     │
  └───┴────────────────────────────────────────────────┴─────┘
 CACTAGTGTCGCATTAAA                          TTT-ATGCAACACTAGTG
 GTGATCACAGCGTAATTT                          AAA-TACGTTGTGATCAC
```

図 5-3　納豆菌の挿入配列 IS4Bsu1

2007年に新たなISが見つかっており，それについては文献を参照していただきたい[3]。

(永井　利郎)

● 文献 ●

1) Nagai T., Tran L.-S. P., Inatsu Y. et al : A new IS4 family insertion sequence, IS4Bsu1, responsible for genetic instability poly-γ-glutamic acid production in Bacillus subtilis. J Bacteriol 2000 ; 182 ; 2387-2392.
2) Inatsu Y., Kimura K., Itoh Y. : Characterization of Bacillus subtilis strains isolated from fermented soybean foods in Southeast Asia: Comparison with B. subtilis（natto）starter strains. JARQ-Japan Agricultural Research Quarterly 2002 ; 36 ; 169-175.
3) Kimura K., Itoh Y. : Determination and characterization of IS4Bsu1-insertion loci and identification of a new insertion sequence of the IS256 family in a natto starter. Biosci Biotecnol Biochem 2007 ; in-press.

5　形質導入法

　形質導入法とはバクテリオファージを媒介として，宿主のDNAを別の宿主の染色体に導入することをいう。ファージが宿主に感染し，自己のDNAを頭部に取り込む際に，ごくまれに断片化された宿主の染色体DNAを取り込むことがある。放出後このファージは別の宿主細胞に吸着し，頭部のDNAを菌体内に注入する。注入されたDNA断片が宿主の染色体DNAと相同組換えを起こすと，その染色体DNAのある領域が，導入されたDNAに置き換わる。

　以下に具体例[1]を紹介したい。手順としては，まず形質導入に使用するファージの準備を行い，ついで形質導入実験を行うこととなる。

（1）ファージの準備

形質導入に用いるファージは φBN100（このファージは農業生物資源ジーンバンク［http://www.gene.affrc.go.jp/］で MAFF 270100 として入手可能）である。しかしながら，すべての納豆菌が φBN100 に感染するわけではないので，その点注意する必要がある。また，増殖には 10 mM のマグネシウムイオンが必要である。培地は LB 培地（1％ ペプトン［Difco］，0.5％ 酵母エキス［Difco］，1％ NaCl [1]）を基本とした。

宿主（例えば，MAFF118091）を 37℃で一晩振とう培養して得られた培養液 50 μL に，ファージ液約 5×10^7 PFU を加え，37℃で 20 分間保温する。更に，300 μL の 0.5 M MgSO$_4$ を加え，3 mL の上層寒天（LB培地＋0.5％ 寒天）を混合し，それを LB 寒天培地（10 mM MgSO$_4$ を含む）に重層する。37℃で一晩培養を行った後，寒天上に 4 mL の SM（0.1 M NaCl, 50 mM Tris・HCl〔pH 7.5〕，0.2％ MgSO$_4$・7H$_2$O, 0.01％ゼラチン[1]）と，数滴のクロロホルムを添加し，冷蔵庫に一晩静置した後，SM をパスツールピペットで回収する。回収した SM を遠心分離により除菌した後，0.2 μm の滅菌フィルターで濾過し，ファージ懸濁液とする。

なお，得られたファージ懸濁液中のファージの量を測定するには，SM で段階希釈したファージ懸濁液と宿主を混合し，上記のように重層法によりプラーク（溶菌斑）を作らせ，それを計数すればよい。

（2）形 質 導 入

受容菌を，LB 培地で一晩 37℃で培養する。この培養液 400 μL を，12 mL LB 培地（L字管を使用）に接種し，定常期直前（5時間培養）まで振とう培養する。遠心分離により集菌した後，ファージ懸濁液と SM を加える（合計 500 μL，ファージ終濃度 4×10^8 PFU/mL, 感染多重度約 1 ）。37℃で 20 分間保温した後，集菌し，菌体を 0.85％ NaCl（300 μL）に懸濁する。この懸濁液を適宜希釈し，選択培地（マグネシウムを添加しない）に塗布する。

一例として，*Bacillus subtilis*（*natto*）のアデニン要求株，ウラシル要求株及びロイシン要求株へ，栄養要求性を相補する遺伝子の形質導入を行ったところ，

表 5-4　φBN100の形質導入率

受容菌形質	形質導入率（形質導入株／ファージ粒子数）
アデニン要求性	3.8×10^{-8}
ウラシル要求性	3.6×10^{-7}
ロイシン要求性	1.6×10^{-6}

10^{-8}から10^{-6}の頻度（形質導入株／ファージ粒子数）で形質導入株が得られた（表5-4）。

（3）ファージの保存法

懸濁液の状態でも，冷蔵庫で1年以上保存可能である。真空凍結乾燥により保存する場合には，納豆菌の場合と同様である（詳細は第12章3節を参照）。

（永井　利郎）

●文献●
1) Maniatis T., Fritsc E. F., Sambrook J.: Molecular Cloning: A Laboratory Manual, Cold Spring Harbor Laboratory Press, Cold Spring Harbor, NY, 1982.
2) Nagai T., Itoh Y.: Characterization of a generalized transducing phage of poly-γ-glutamic acid-producing *Bacillus subtilis* and its application for analysis of Tn*917*-LTV1 insertional mutants defective in poly-γ-glutamic acid production. Appl Environ Microbiol 1997 ; **63** ; 4087 - 4089.

第6章　臭いに関する研究

1　低臭納豆菌の作出とその納豆製造（低級分岐脂肪酸の抑制）

（1）はじめに

　かつて納豆は，関東，東北地方を中心に食されている地方色のある食品であり，近畿地方を中心とした西日本では余り食されていなかった。現在では全国的に食されるようになってきているが，依然として西日本における納豆消費量は東日本に比べて多くない。西日本で納豆消費が増えないのは，納豆のネバネバ及び独特の臭いが敬遠されているためと一般に考えられている[1]。本稿では，納豆独特の臭いを生産しない納豆菌の育種とそれを用いた低臭納豆製造に関して著者らが行った開発事例を紹介する。

（2）低臭納豆開発の方向性

　低臭納豆の開発は，かなり古くから種々試みられており，その多くは，アンモニア臭を減らすという観点で検討が進められていた。しかし，アンモニア臭は適正な条件で発酵した納豆ではほとんど感じられない。アンモニアは，発酵管理が正しく行われずに過発酵になった場合や，製造後に，納豆に熱負荷がかかって品温が上昇し2次発酵が起こった場合に大量に発生し，異臭の原因となる。従って，アンモニア臭は，本来の納豆臭の主要構成要素とはいい難い。そのため，我々は，低アンモニア納豆の開発という手法は選ばなかった。

　納豆臭の原因物質としては，納豆菌が作り出すアセトイン，ジアセチル，低級分岐脂肪酸，ピラジン類等が知られており，おそらくこれらの成分が混合されて納豆臭が作り出されると理解されている。そこで，これらの化合物の臭いと納豆の臭いを比較し，最も納豆の臭いに影響を与えていると思われる物質と

第6章 臭いに関する研究

して低級分岐脂肪酸（特にイソ酪酸，イソ吉草酸，2-メチル酪酸，以後bcfaと略す）を選択し，その低含有納豆の開発を試みた。

（3） bcfa低生産納豆菌の開発

bcfa低含有納豆を実現するために，bcfa低生産納豆菌の開発を行った。開発に着手した時点では，納豆菌のbcfa合成経路は不明であったので，*Bacillus subtilis*における研究知見を参考に（納豆菌は分類学上*B. subtilis*に属す），バリン，ロイシン，イソロイシンから分岐脂肪酸の合成系を介し合成されると推定した（図6-1）。*B. subtilis*は，bcfa合成の第1ステップである分岐アミノ酸の酸化的脱アミノ反応を行う酵素を2種類持っている。LDH（Leucine Dehydrogenase，ロイシン脱水素酵素）及び分岐アミノ酸アミノトランスフェラーゼである。納豆菌ではどちらの酵素がbcfa生合成に関与しているのか明確にするため，相同組換

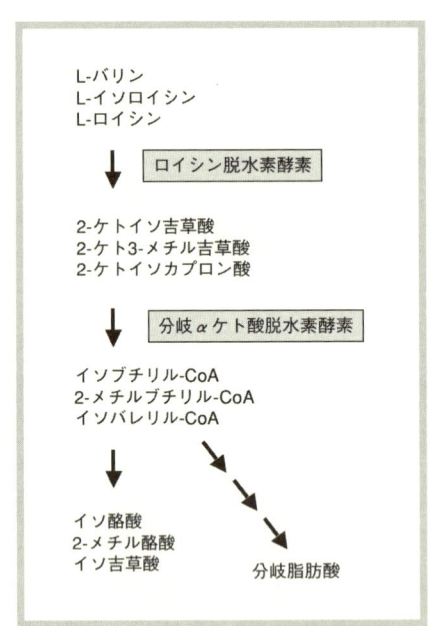

図6-1 低級分岐脂肪酸の合成経路
出典　竹村浩，安藤記子，塚本義則：短鎖分岐脂肪酸非生産納豆菌の育種と低臭納豆への利用．日本食品科学工学会誌 2000；47；773-779．

表6-1　ロイシン脱水素酵素遺伝子挿入変異株，分岐アミノ酸アミノトランスフェラーゼ挿入変異株の低級分岐脂肪酸生産量

菌株	低級分岐脂肪酸（mg/ℓ）		
	イソ酪酸	イソ吉草酸	合計
r22	91.8	176.2	268.0
yqiT1	22.7	25.8	48.5
ywaA1	125.5	162.7	288.1
培地	0.3	3.1	3.4

ブイヨン培地，37℃，24時間振とう培養
イソ吉草酸には2-メチル酪酸が含まれる
出典　竹村浩，安藤記子，塚本義則：短鎖分岐脂肪酸非生産納豆菌の育種と低臭納豆への利用．日本食品科学工学会誌 2000；47；773-779．

表6-2 納豆中の低級分岐脂肪酸含量

菌株	低級分岐脂肪酸 (mg/100g)		
	イソ酪酸	イソ吉草酸	合計
O-2	40.0	30.7	70.7
B2	0.3	0.4	0.7
N46	検出されず	検出されず	検出されず
N64	2.0	2.0	4.0
N103	0.6	0.4	1.0

イソ吉草酸には2-メチル酪酸が含まれる

出典 竹村浩,安藤記子,塚本義則:短鎖分岐脂肪酸非生産納豆菌の育種と低臭納豆への利用.日本食品科学工学会誌 2000;47;773-779.

え法を用いて両酵素遺伝子の破壊株を取得した。納豆菌r22株の分岐アミノ酸アミノトランスフェラーゼ遺伝子を破壊した株(ywaA1)と,LDH遺伝子を破壊した株(yqiT1)を100mLブイヨン培地(ywaA1株及びyqiT1株の培地には2mg/ℓのテトラサイクリンを添加)を含む500mL坂口フラスコで37℃,24時間培養し,培養液遠心上清中のbcfa量を測定した。ywaA1株は親株であるr22株と同等のbcfaを培地中に生産したのに対し,yqiT1株はr22株の1/5以下しか生産しなかった(表6-1)。この結果,納豆菌のbcfa合成系においては,LDHが本反応を触媒する主要な酵素であることが判明した(図6-1)[2]。

先に分離した,yqiT1株は,外来遺伝子を含む遺伝子組換え体であったので納豆の試作,試食が行えない。そこで,相同組換え及び納豆菌ファージφBN100を用いた形質導入により,自社保有納豆菌O-2株のLDH遺伝子欠失変異株B2を取得した。B2株は,LDH遺伝子ほぼ中央部の237bpを欠きLDH活性を失っているが,外来遺伝子は含んでいない。B2株を用いて製造した納豆のbcfa含量は,親株の70.7mg/100g納豆に対し,0.7mg/100g納豆であった(表6-2)。この結果より,B2株はbcfaをほとんど生産しないことが確認でき,所期の目的であるbcfa低含有納豆の生産が可能になった[2]。

(4) 低臭納豆としてのbcfa低含有納豆の品質

B2株を用いて作った納豆は,親株であるO-2株を用いて作った納豆と同等の外観,糸引き,味,食感等の品質を有していた。一方香りに関しては,O-2株で作った納豆に比べ納豆独特の臭いが明らかに弱かった。これらの結果に

より，B2株を用いて製造した納豆が，納豆としての基本的な品質を保持し，かつ所期の目的である「低臭納豆」というコンセプトを実現していることが確認できた。これにより，bcfa含量を減らすという手法が，低臭納豆開発に有効であること，さらに，bcfaが納豆臭の主要な成分であることが実証された。

（5）低臭納豆の工業生産

低臭納豆の工業生産には，上述のB2株を使用しなかった。その理由は，B2株が遺伝子組換え法を利用して分離された菌株だからである。上述のとおりB2株は，LDH遺伝子の一部を欠失しているだけで，外来遺伝子は含まない。従って，遺伝子組換え体ではない。しかし，B2株分離のために遺伝子組換え技術を使用している。日本の消費者は，遺伝子組換え食品の安全性に対しては否定的である。それを受けてほとんどの市販納豆には「遺伝子組換え大豆不使用」表示がされている。そのような状況下で，「遺伝子組換え技術を用いて育種した納豆菌」を使用した納豆が納豆ユーザーに正しく理解され受け入れられるとは思えなかった[3]。

そこで，B2と同じLDH欠損株を変異法で分離しなおすこととした。遺伝子組換え法に比べ変異法は従来から食品分野で使用されている育種法であり，納豆消費者の理解が得やすいと考えたからである。

LDH欠損株のスクリーニングはLDH欠損株が持つbcfa要求性を指標に実施した。納豆菌O-2株を変異剤であるN-メチル-N'-ニトロ-N-ニトロソグアニジン処理して得られた約20,000コロニーについて，bcfa要求性があること，納豆生産適性があること，LDH活性がないことを指標に選抜を行い，最終的に3株（N46，N64，N103）のLDH欠損株を得た。これらの株を用いて製造した納豆は何れもbcfa含量が低く，官能的にもB2を用いて製造した納豆と同等のものであった（表6-2）。そして，3変異株から最終的にN64を選択した。N64は，他の2株に比べると納豆のbcfa含量が若干高めであるが，bcfaの臭いは官能的には分からないレベルであり，かつ，香りを含めた納豆としての総合的な品質が最も優れていたからである[2]。

(6) 低臭納豆の商品化

2000年3月，N64を用いた低臭納豆を発売した。本納豆は，納豆の臭いが苦手な人でもおいしく食べられる「初心者向き納豆」としてだけでなく，食後の口臭を気にせず食べられる「便利な納豆」として広く市場に受け入れられている[3]。

(竹村　浩)

●文献●
1) 竹村浩：おいしさの基礎,開発,マーケティング6 短鎖分岐脂肪酸非生産納豆菌の取得と低臭納豆への利用．日本味と匂学会誌 2001；8；185 - 192.
2) 竹村浩, 安藤記子, 塚本義則：短鎖分岐脂肪酸非生産納豆菌の育種と低臭納豆への利用．食科工 2000；47；773 - 779.
3) 竹村浩：低臭納豆「金のつぶ・においわなっとう」．生物工学会誌 2004；82；116 - 117.

2　糸引き納豆における納豆臭のガスクロマトグラフィー

　糸引き納豆の臭い物質についてはいくつかの報告がなされており，過去においてはペーパークロマトグラフィーにより臭い物質の同定が行われていたが，近年はキャピラリーカラムを装着したGC（Gas Chromatography）とMS（Mass Spectrometer）により同定と定量が行われている。

(1) 臭い物質抽出濃縮方法

　食品中の臭い物質をはじめとする揮発性物質の抽出濃縮にはいくつかの方法があり，納豆においても種々の方法が試みられている。納豆菌培養液を吸着剤であるPorapak - Q[1]に通過させ，溶媒で臭い物質を溶出させた後に濃縮する方法や，納豆から発散する気体を吸着剤であるTenax - TA[2]に導き，吸着剤を急速に加熱することによりカラムへ注入する方法が報告されている。類似の方法として納豆そのものではないが，テンペから発散する臭い物質の濃縮にTenax - TAを，納豆室中に存在する揮発性物質の濃縮にTenax - GCを用いた例がある。食物から臭い物質を抽出する方法として多用されているSDE

(Simultaneous Steam Distillation Extraction, 連続水蒸気蒸留抽出）法[3]及び水蒸気蒸留と溶媒抽出を行う方法は，抽出液の濃縮率を大きくすることが可能であるので同定の目的には優れているが，操作が複雑であり試料調製に長時間を要するという欠点がある。また，抽出用有機溶媒の沸点より沸点の低い，または沸点が接近している物質は濃縮の段階で離散するという短所もある。近年開発された揮発性物質の濃縮とGCへの注入を行う方法であるSPME (Solid Phase Micro Extraction, 微量固相抽出）法[4]は，100μmのフューズドシリカチューブ表面に吸着剤を塗布したSPMEファイバーを使用する方法であり，操作が簡便で再現性も優れている。性質の異なる吸着剤を塗布した数種の抽出用ファイバーが市販されているため，分析対象に合わせてファイバーを選択できる。しかし，微量固相抽出法は抽出用ファイバーが細いために表面積が小さく吸着量が少ないという短所を持つため，吸着剤を塗布する担体の表面積を増加させた製品も市販されているが，吸着剤の種類が限定されている。

（2） GCカラム

ジメチルポリシロキサンを塗布した無極性カラム（DB-1; J&W社，SPB-1; Supelco社，HP-1; Agilent社など）または微極性カラム（DB-5,; J&W社，SPB-5; Supelco社，HP-5; Agilent社など）を使用すると，低分子脂肪酸ピークが大きくリーディングしていつくかのピークと重複するので，一般的にはカーボワックス系の強極性カラム（DB-WAX; J&W社，Carbowax PEG 20; Supelco社，HP-Wax; Agilent 社など）が納豆の臭い物質を分析するために適している。しかし，強極性カラムにおいては主要な臭い物質である2-メチル酪酸と 3-メチル酪酸（イソ吉草酸）のピークが重複する。超厚膜無極性カラム（VTF-MS; Quadrex社製）を用いるとこの2種の有機酸を分別定量できるようになる[5]。なお，ピークのRT（Retention Time）をn-アルカンのRTと比較したRI（Retention Index）に換算しておくと，RIは極性の等しいカラムにおいてはほとんど同一の値となるので文献間の比較が容易になる。

（3） 臭い物質の組成

納豆の揮発性物質としては，アンモニア，アルコール類，アルデヒド類，ケ

2．糸引き納豆における納豆臭のガスクロマトグラフィー　113

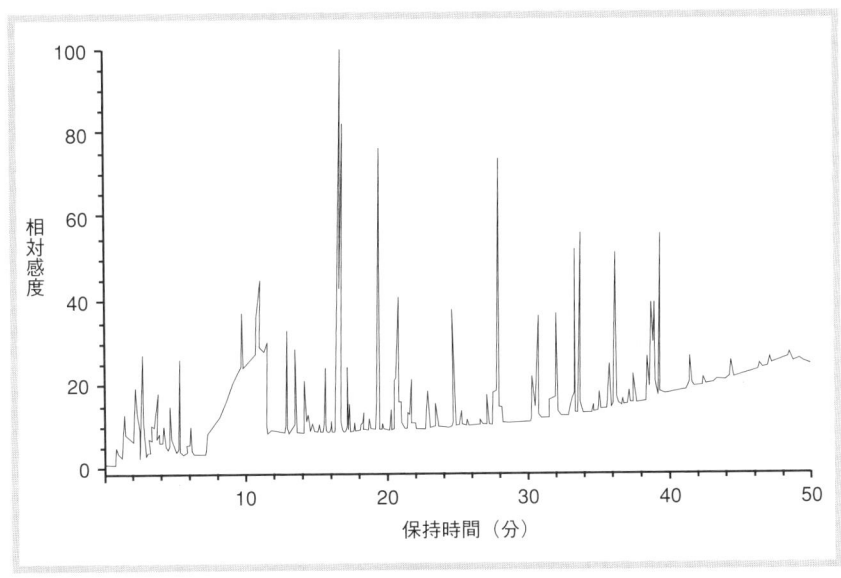

図6-2　糸引き納豆のクロマトグラム

抽出条件
　SPMEファイバー：ジビニルベンゼン／カーボキセン／ポリジメチルシロキサン（50μm/30μm）
　温度：50℃　　時間：60分
ガスクロマトグラフ条件：
　カラム；DB-WAX（内径0.25μm，長さ30m，膜厚0.25μm）
　初期温度；30℃（1分間保持）　昇温割合；4℃/分　注入温度；250℃
　注入モード；スプリットレス　インレットライナー；内径0.75mm
マス条件：
　スキャン時間；1秒　　スキャン範囲；15-500amu
出典　田中直義，山内智子，勝股理恵ほか：微量固相抽出―ガスクロマトグラフィーによる市販糸引納豆の揮発性成分の比較．食科工　2003；50；278-285．

トン類，エステル類，炭化水素類，ピラジン類，低分子有機酸類などこれまで約100種の物質が同定されており（図6-2，表6-3），このうちジアセチル，アセトイン，ピラジン，2-メチルピラジン，2,5-ジメチルピラジン，2,3,5-トリメチルピラジン，イソ酪酸，2-メチル酪酸，イソ吉草酸（3-メチル酪酸）などが主要な臭い物質とされている。しかし，製品が有する臭いの性質が製造者により異なること，また同一の製造者であっても製品によって差異があることなどから，SDEなどの方法により臭い物質抽出濃縮液を調製し，これを指数関数的に希釈した溶液をGCに注入し，カラム出口で臭い強度を検出するAEDA（Aroma Extract Dilution Analysis）法によりFD（Flavor dilution）factorを求め，

表6-3　糸引き納豆から同定された揮発性物質

A．炭化水素類：トルエン，エチルベンゼン，p-キシレン，o-キシレン，イソプロピルベンゼン，プロピルベンゼン，スチレン，リモネン，p-エチルトルエン，m-エチルトルエン，1,3,5-トリメチルベンゼン，1,2,4-トリメチルベンゼン，1,2,3-トリメチルベンゼン，1,2,3,4-テトラメチルベンゼン，1,2,4a,5,6,8a-ヘキサヒドロ-4,7-ジメチル-1-(1-メチルエチル)-ナフタレン，ナフタレン

B．アルコール類：メタノール，エタノール，1-プロパノール，2-メチル-1-プロパノール，2-メチル-2-ブタノール，1-ブタノール，1-ペンテン-3-オール，3-メチル-1-ブタノール，3-メチル-3-ブテン-1-オール，3-メチル-2-ブテン-1-オール，1-ヘキサノール，3-ヘキセン-1-オール，6-メチル-2-ヘプタノール，5-メチル-2-ヘプタノール，1-オクテン-3-オール，2-エチル-1-ヘキサノール，[R,R]-2,3-ブタンジオール，[S,S]-ブタンジオール，2-オクテン-1-オール，ベンゼンメタノール，ベンゼンエタノール，フルフリルアルコール，2-フランメタノール

C．アルデヒド類：フォルムアルデヒド，アセトアルデヒド，2-メチルプロパナール，ノナナール，デカナール，ベンズアルデヒド，フルフラール

D．ケトン類：アセトン，2-ブタノン，3-メチル-2-ブタノン，3-ブテン-2-オン，2-ペンタノン，ジアセチル，3-メチル-3-ブテン-2-オン，4-メチル-2-ペンタノン，3-メチル-2-ペンタノン，1-(2-フラニル)-エタノン，2,3-ペンタンジオン，2-ヘキサノン，5-メチル-2-ヘキサノン，2-ヘプタノン，6-メチル-2-ヘプタノン，3-ヒドロキシ-3-メチル-2-ブタノン，3-ヒドロキシ-2-ブタノン(アセトイン)，3-オクタノン，5-メチル-2-ヘプタノン，1-ヒドロキシ-2-プロパノン，4-(アルコキシ)-2-ブタノン，9-ヒドロキシ-2-ノナノン，2-ノナノン，6-メチル-7-オクテン-2-オン，6,10-ジメチル-2-ウンデカノン，3-ヒドロキシ-2-メチル-4H-ピラン-4-オン，2-ペンタデカノン，アセトフェノン

E．有機酸類：酢酸，プロピオン酸，イソ酪酸，酪酸，2-メチル酪酸，3-メチル酪酸，吉草酸，2-エチル酪酸，ヘキサン酸，2-メチルブテン酸，4-メチルヘキサン酸，ヘプタン酸，オクタン酸，ノナン酸，デカン酸

F．エステル類：蟻酸メチル，酢酸メチル，プロピオン酸メチル，酢酸エチル，イソ酪酸メチル，イソ酪酸エチル，2-メチル酪酸メチル，イソ吉草酸メチル，2-メチル酪酸エチル

G．窒素化合物：ピリジン，2,4,5-トリメチルオキサゾール，ピラジン，2-メチルピラジン，2,5-ジメチルピラジン，2,6-ジメチルピラジン，2-エチル-5 or 6-メチルピラジン，2,3,5-トリメチルピラジン，3-エチル-2,5-ジメチルピラジン，2-エチル-3,5-ジメチルピラジン，2-エチル-3,6-ジメチルピラジン，2,3,5,6-テトラメチルピラジン，2-エチル-3,5,6-トリメチルピラジン，2-メチル-5 or 6-ビニルピラジン，2-メチル-5-(1-プロピル)-ピラジン，2-メチル-6-(1-プロペニル)-ピラジン

H．フェノール類：フェノール，チモール，2-メトキシフェノール。

I．フラン類：　3-メチルフラン，2,5-ジメチルフラン，2-ペンチルフラン。

J．ピラン：　マルトール

K．イオウ化合物類：硫化水素，二硫化炭素，チオフェン，3,5-ジメチル-1,2,4-トリチオラン，チアルジン

L．その他：アンモニア

臭いに寄与している物質を詳細に検討した報告はないと思われる。

(4) 臭い物質の濃度

糸引き納豆中の臭い物質濃度は製品によって非常に差異が大きい。例えばアセトインは検出されないものから10,000ppm，ピラジン類では2-メチルピラジンが1ppm前後，2,5-ジメチルピラジンが100ppm前後，トリメチルピラジンがほとんど検出されないものから5ppm前後，イソ酪酸は100〜1,000ppm，2-メチル酪酸とイソ吉草酸の合計がほとんど検出されないものから10ppm前後まで存在する。臭い物質の1つである短鎖脂肪酸の生成を抑制する菌株が遺伝子工学によって開発されており（第6章1節参照），製品の臭いを変化させることに大きく寄与している。

(田中 直義)

●文献●
1) 菅原悦子，伊藤哲雄，米倉裕一ほか：合成培地での納豆菌によるピラジン化合物生成に対するアミノ酸（添加）の影響．日食工 1990；37；520-523.
2) Tanaka T., Muramatsu K., Kim H-r. et al : Comparison of volatile compounds from Chungkuk-Jang and Itohiki-Natto. Biosci Biotech Biochem 1998 ; 62 ; 1440-1444.
3) Sugawara E., Ito T., Odagiri S. et al : Comparison of compositions of odor components of Natto and cooked soybeans. Agric Biol Chem 1985 ; 49 ; 311-317.
4) 田中直義，山内智子，勝股理恵ほか：微量固相抽出-ガスクロマトグラフィーによる市販糸引き納豆の揮発性成分の比較．食科工 2003；50；278-285.
5) 田中直義，山内智子，村橋鮎美ほか：新規大豆醗酵食品に関する納豆菌についての基礎的研究．（第1報）微量固相抽出法と二次元ガスクロマトグラフィーによる納豆中の2-メチル酪酸と3-メチル酪酸の分別定量．共立女子大学総合文化研究所紀要 2005；11；81-85.

第7章　動物実験法

1　マウス・ラットの実験法

(1) 実験に際しての注意

　マウスやラットなどの動物を利用した方法（in vivo）は，試験管内の評価系（in vitro）と異なり，消化吸収など様々な要素が煩雑に入るため，ヒトに近い状態で研究を行うことができる。また，ヒトを対象とした研究を行う上で，その安全性を確認するためにも避けては通れない段階である。しかしながら，その反面，マウスやラットの気質や健康状態などに実験結果が左右されやすく，結果が大きくばらつくことがある。そのため，マウスやラットの管理，経過観察及び実験結果の扱いは慎重にしなければならない。とくにマウスやラットは時に病害動物になるとはいえ，貴重な命を持った個体である。安易な計画で実験を行い，多くを無駄にすることは避けなければいけない。

　実験動物の管理は「動物の愛護及び管理に関する法律」（昭和48年10月1日法律第105号の改正）等の動物愛護に関連する法律に基づいて，適正な管理が行われなければならない。また，実験動物には「実験動物の飼養及び保管並びに苦痛の軽減に関する基準」（環境省告示第88号）が適用される。動物実験の適正な運用は各省庁の基本指針や日本学術会議が定めている「動物実験の適正な実施に向けたガイドライン」に基づいた各機関の自主管理により進める必要がある。各機関は動物実験委員会を設置し，動物実験の計画を審査しなければならない。また，その結果の把握，教育訓練の実施，飼養保管施設の把握などを，研究機関の長の責任下で行わなければならない。

　また，動物の福祉を考え，実験動物の飼育環境も整備する必要がある。先に述べたようにマウスやラットを用いた実験は用いた動物の気質や健康状態など

に実験結果が左右される。安定な再現性の高い研究結果を得るためにも，これらの実験動物の環境整備についても気を配る必要がある。さらに，近年の健康増進法や労働環境法などにも考慮し，アレルゲンの暴露を避け，実験者の健康に配慮した施設が必要である。

(2) マウス・ラット

マウスは成熟期で体重が30〜60gであるのに対し，ラットは，体重が200g以上になる。両者はよく似ているものの，解剖学的に多少の違いがある。そのため，実験の結果に両者で違いが生じることがあるので，種間の違いをよく考慮して研究を行う必要がある。マウスはラットに比べて小型であるため，実験動物として多く利用されている。1つのケージに複数の個体を飼育することが可能で，飼料摂取量も少ないため，長期間飼育していたとしてもラットに比べて実験者の負担が少ない。しかしながら，小型であるため実験サンプル（臓器等）が十分にとれないこと，集団飼育を行った場合，ケージ内の社会性が実験の結果に影響することもある。また系統によっては攻撃性の高いものもあり，闘争（ファイティング）により損傷や死亡が発生し，実験結果に影響することもある。このような系統を使用する場合は，個別で飼育を行わなければならない。

一方，ラットはマウスに比べて個体が大きいので，臓器等の採取には最適である。また，マウスに比べて個体管理は行いやすい。ラットは元々生理学的な研究で実験動物化された経緯があるため，マウスに比べてラットの生理学的研究は多い。これらの実験動物の4〜8週齢までの個体は，業者より容易に入手可能である。しかし，これを越える年齢の個体は事前の手配が必要となり，業者購入も容易でない。そのため，高齢の個体で研究を行う場合は，ある程度の死亡数を見越して購入し，目的の週齢まで飼育する必要がある。実験を行う上で，実験動物の年齢にも十分な配慮が必要である。若齢の動物は発達が活発であり，効果が出やすい傾向にあるが，それが成長の阻害である場合がある。また，成長や老化に伴い体成分も変動するので，実験の目的に応じた年齢の個体を選択しなければならない。生活習慣病の研究であるならば，できる限り状態の安定した16週以上のものを使うほうがよいと思われる。また，長期間の実験飼育を行う場合は，飼育期間終了時点で生存数が半分以下になっていることも

ある。そのため，使用する実験動物の年齢ごとの死亡率を，メーカーに確認するなどして計画的に購入したほうがよい。

　近年，メタボリックシンドロームに対応した，様々な病態モデルマウスが作成されている。実験の目的に応じて，それらを使用することも選択の1つである。しかしながら，モデル動物と人間の病気の発症機構が必ずしも同じとは限らない。病態モデル動物の病気の発症機構も必ずしも全て明らかにされているわけでもない。これらのことを十分に考慮して，研究を行うべきである。

(3) 飼料及び飼育

　動物実験を行う上で，飼育飼料や実験飼料は重要な要素である。従って飼養する実験動物の特性を考慮し，適正な実験飼料を実験動物に給与する必要がある。マウス及びラットは雑食性であり，実験飼料に大きな違いはない。しかし，実験動物の使用目的などで栄養素は異なるので注意が必要である。実験飼料の効果を見るために，実験動物飼育用の飼料には，由来が明確な純化された材料を用いる必要がある。実験飼料は固形（ペレット）化することも可能であるが，粉末での給飼の方が摂取量の管理がしやすい。広く使われる標準的な実験飼料の組成はアメリカ国立栄養研究所（AIN, American Institute of Nutrition）が発表したAIN-76，AIN-93G及びAIN-93Mがある。AIN-76は1977年にAINから発表されたもので[1]，AIN-93G及びAIN-93MはAIN-76をもとに改良したものである[2]。最近ではAIN-93G及びAIN-93Mの組成の飼料が使われ始めている。これらの飼料組成については表7-1にまとめた。なお，デキストリン化コーンスターチは現在のところ国内で手に入れにくいので，多くの研究ではα-コーンスターチで代替されている。

　実験試料を実験飼料に添加する量は，十分な検討の上，決定する必要がある。現実ではあり得ない添加量での実験は，結果の受け手に深刻な誤解を生じかねない。ヒトは1日当り乾物で450〜500gの食事を摂取している。これを基準に実験試料添加量を決めると良い[3]。例えば，納豆の場合は1日1パックから2パック（100g前後）が妥当であると思う。納豆に含まれる食品成分を飼料に混合する場合は，1％以下ならコーンスターチなど炭水化物と置き換え，添加量が多くなる場合は，事前に実験目的の食品成分の一般成分を分析して，その成

表7-1 研究に使われる標準的な餌の組成

AIN-76組成 (g/kg)		AIN-93G組成 (g/kg)		AIN-93M組成 (g/kg)	
コーンスターチ	150	コーンスターチ	397.486	コーンスターチ	465.692
カゼイン	200	カゼイン	200.000	カゼイン	140.000
		デキストリン化コーンスターチ	132.000	デキストリン化コーンスターチ	155.000
スクロース	500	スクロース	100.000	スクロース	100.000
トウモロコシ油	50	大豆油	70.000	大豆油	40.000
セルロース	50	セルロース	50.000	セルロース	50.000
AIN-76ミネラル混合物	35	AIN-93Gミネラル混合物	35.000	AIN-93Mミネラル混合物	35.000
AIN-76ビタミン混合物	10	AIN-93Gビタミン混合物	10.000	AIN-93Mビタミン混合物	10.000
DL-メチオニン	3	L-システイン	3.000	L-システイン	1.800
重酒石酸コリン	2	重酒石酸コリン	2.500	重酒石酸コリン	2.500
		BHT	0.014	BHT	0.008

＊BHT, Butylated hydroxytoluene

分組成に応じて飼料調製を行う。そこで，納豆で実際に実験を行う場合は次のように考えられる。五訂増補日本食品標準成分表によれば，糸引き納豆の場合，水分59.5%，タンパク質16.5%，脂質10.0%，炭水化物12.1%である。炭水化物は五訂増補日本食品標準成分表において「差し引き法による炭水化物」で示されているので，食物繊維が含まれている。そのため，食物繊維を差し引く必要がある。食物繊維は6.7%であるので，食物繊維を除いた炭水化物量は5.4%である。1パック（50g）を1日摂取すると想定した飼料を作成する場合，乾物の糸引き納豆は約20gであり，4～4.5%の飼料添加量になる。この場合は摂取エネルギーに影響が出てくるので，飼料の組成の調整を行わなければならない。計算上の乾燥糸引き納豆のタンパク質，脂質，炭水化物，食物繊維は，それぞれ40.7%，24.7%，13.3%，16.5%になり，タンパク質1.6～1.8%，脂質1.0～1.1%，炭水化物0.5～0.6%，食物繊維0.7%の補正を行う必要がある。表7-2に0%，2%，4%飼料の場合のAIN-93G組成を例として示した。2%の飼料は2日に1パック摂取する場合を想定している。乾燥実験試料及び飼料素材ともに，水分が多少含まれているが，水分は計算に含んでいない。またこのケースの場合，灰分も少ないので同様に計算に入れていない。しかし，研究目的によっては，これらの成分を計算に含む必要もあるので，飼料調製の前に慎重な検討が必要である。

1．マウス・ラットの実験法　121

表7-2　乾燥納豆試料を含む実験飼料の作成例

1000g中のg数	0%	2%	4%
コーンスターチ	397.5	394.7	391.9
カゼイン	200.0	191.5	182.9
デキストリン化コーンスターチ	132.0	132.0	132.0
スクロース	100.0	100.0	100.0
大豆油	70.0	64.8	59.6
セルロース	50.0	46.5	43.1
AIN-93Gミネラル混合物	35.0	35.0	35.0
AIN-93Gビタミン混合物	10.0	10.0	10.0
L-システイン	3.0	3.0	3.0
重酒石酸コリン	2.5	2.5	2.5
BHT	0.0	0.0	0.0
乾燥納豆試料	0.0	20.0	40.0

＊BHT, Butylated hydroxytoluene

　購入した動物は，飼育環境に慣らすために，実験飼育と同じ環境下で，市販固形飼料にて2週間以上予備飼育する．試験動物は各試験群で同じ体重になるように分ける．基本的に，各試験群でカロリー摂取量を等しくするため，各試験群の餌の総摂取量は，同じ量になるように与える．特に長期飼育の場合は餌の嗜好により摂取量に差が出ることがあるので注意が必要である．特に，実験動物の体重の測定は動物管理の点で重要である．体重は1日のうちでも変化し，とくに食餌摂取の影響が大きくでる．自由摂取（不断給飼）や制限給飼いずれの場合でも食餌摂取の影響の少ない同じ時刻で体重の測定を行ったほうがよい．もし極端な体重の減少が起きている場合は餌の組成を含めて実験系の見直しが必要になる．

　実験の飼育期間は実験の目的により大きく変わる．酵素活性や遺伝子発現の変化は，比較的短期間（1～2週間程度）で食品成分により影響が現れる傾向にある．従って，この場合は短期間の飼育期間でもよいと思われる．その一方で，短期間では変化が現れないものもある（図7-1）[4]．とくに飼育初期は，飼料の変化への戸惑いから摂餌量が減る傾向があり，血中脂質に影響が出ることもある．また，食品は薬と異なるものであり，短期間で結果を求めるものではない．さらに，体重変化などは，短期間で結果が出るものではない．短期間の飼育で体重の変化が現れる食品は，経口摂取するものとしてむしろ危険である．近年，

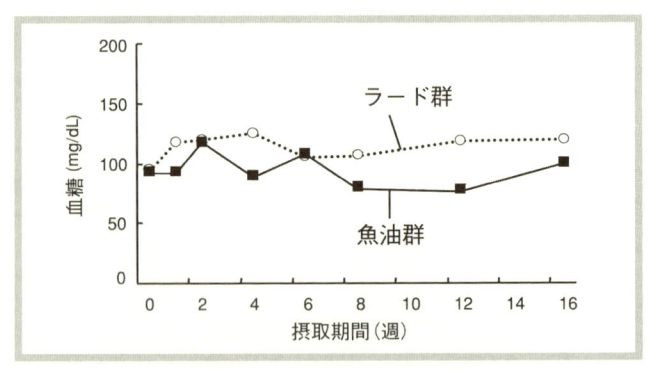

図7-1　魚油とラード摂取による血糖値の変化
出典　Higuchi T.,Shirai N., Suzuki H. : Reduction in plasma glucose after lipid changes in mice fed fish oil, docosahexaenoic acid, and eicosapentaenoic acid diets. Ann Nutr Metab 2006 ; 50 ; 147-154.

食の安全が叫ばれ，効果だけを高らかに広告することは難しくなっている。短期間の実験で出た効果を根拠として，食品の効能を広報することは非常に危険である。食の安全を考えた場合，少なくとも3か月以上の飼育期間が必要であろう。

（4）マウス・ラットにおける評価系

1）血　　圧

日本人は高血圧者の割合が高いことから，血圧への影響は注目度の高い評価項目である。また，動物の健康を見るのにも重要なバイタルサインの1つであるが，基本的に非麻酔下で測定を行うため測定は容易ではなく，動物の健康管理に使うのは難しい。血圧は実験動物の心理状態にも大きく左右され，正確な測定には動物が落ち着ける環境の確保が必要である。また，日周変化（サーカディアンリズム）があるので，体重測定と同様に，測定の時間を一定にしなければならない。血圧の測定方法には血管内にセンサーなどを挿入する観血式とカフ帯などをつけて皮膚の上から測定する非観血式の測定方法があるが，一般的に販売されている血圧計は非観血式のものが主である。マウスの場合は小型であるため，扱いが難しく，血圧は安定しにくい。それに対して，ラットはマウスに比べて大型であり，高血圧自然発症ラット（spontaneously hypertensive rat, SHR）が系統だてられるなど，血圧に対する評価は，ラットのほうが行いやす

2） 動物行動による評価

　動物の行動を利用した実験系は主に医薬品の分野で用いられ，様々な手法がある。これらの実験技法は，食品の研究にも用いることができる。ここでは詳細を省くが，マウスやラットの情動変化を見るにはオープンフィールドテストや高架式プラスメイズ，学習能力の変化を見るには水迷路や放射状迷路及びその他の迷路，運動能力を比較するにはトレッドミルや握力装置などがある。しかし，測定方法によっては動物の気まぐれや，気質により結果が変化するものもある。そのため，動物行動による評価系の利用には事前に十分な検討が必要である。また，マウスやラットは元来臆病な動物であり，環境の変化には敏感である。実験時の測定環境の整備や実験者とのなれ合いも必要である。先の血圧と同様にこれら動物の行動を用いた評価結果は慎重な判断を必要とする。

3） 血液による評価

　血液の性状分析は，食品成分の生理的影響を明らかにする上で，最初の重要な段階である。マウス及びラットの採血方法は麻酔下で解剖して採血する全採血か，採血した後も生存させる一部採血がある。前者の場合は屠殺方法にも左右されるが，採血量が多く得られるのが特徴である。一方，後者の場合は生存させることが優先であるため，それほど多く血液を採取できない。特にマウスの場合は顕著である。マウス及びラットに用いられる採血方法と採血量を表7-3にまとめた。一部採血の方法には，眼窩静脈から採血する方法や尾静脈より採血する方法がある。眼窩静脈採血の場合，慣れないとマウスの目をつぶしてしまう危険があり，後の結果にも影響する場合もあるので注意が必要である。一方，尾静脈採血は保定さえしっかりできればカミソリで尾表面を切るだけなので比較的楽である。しかし，この場合も衛生管理などをしっかりしないと尾が壊疽を起こすことがある

表7-3　マウス及びラットの主な採血方法と採血量

	マウス	ラット
一部採血		
尾静脈	0.03～0.05mL	0.3～0.5mL
眼窩静脈	約0.3mL	約0.5mL
全採血		
頸静脈	0.3～0.5mL	3～5mL
心　臓	0.3～0.8mL	
後大静脈	0.3～1.0mL	8～12mL

採血量はあくまで目安である。動物の大きさや実験者の技量により大きく変動する。

表7-4 血液の成分分析に用いられる主な項目

脂質	総コレステロール
	HDLコレステロール
	LDLコレステロール
	中性脂肪
	遊離脂肪酸
糖	血糖（Glu）
	ヘモグロビンA1c(HbA1c)
	フルクトサミン
	インスリン
アディポサイトカイン	レプチン
	アディポネクチン
	レジスチン
肝機能関連	乳酸脱水素酵素（LDH）
	アスパラギン酸アミノトランスフェラーゼ（AST）
	アラニンアミノトランスフェラーゼ（ALT）
	γ-グルタミルトランスフェラーゼ（GGT）
	クレアチンキナーゼ（CPK）
	アルカリフォスファターゼ（ALP）

ので注意が必要である。これらの採血には一般的にパスツールピペットやキャピラリー管が使われる。いずれの方法を用いるにしても，動物福祉を考え，実験の目的に応じた血液量と回数を考えなければならない。

　採血した血液は，測定項目の目的により全血や血漿または血清を分離して分析を行う。血漿または血清を分離する間に変化する測定項目がある場合は，目的に応じた阻害剤や防止剤を入れる必要がある。いずれにしろ，その場合は速やかな血漿または血清の分離を行うのが望ましい。一般的に用いられる血液の測定項目を表7-4にまとめた。これらの測定項目はヒトでも一般的なものであり，測定装置や測定キットが各メーカーより販売されている。近年，生理活性物質の高感度測定が可能なキットが販売されている。しかし，反応性がメーカーにより異なる場合がある。また，中には何に反応しているのか不明なキットもある。これらのキットのほとんどは高価なものである。従って，安易にキットを信用せず，購入や使用には事前に慎重な検討が必要である。

　動物実験の結果は統計学的手法により有意差検定が行われる（第8章6節参照）。統計手法には様々な方法があり，実験系や目的により異なるので，専門

書を読んでよく理解する必要がある。一般に使われるのは一元配置の分散分析(One-Way Analysis of Variance, One-Way ANOVA)である。三群以上の異なった飼料群の単純な比較にはこの方法がよく用いられる。しかし，この方法以外にも様々な方法があるので，条件に合ったものを用いなければならない。近年は様々なメーカーから統計用ソフトウェアが販売されるようになり，実験者の計算負担はかなり軽減された。一方で，メーカーのプログラムの微妙な差異から，統計結果が変化することもあるので実験者は安易にソフトウェアを変更することは避けなければならない。しかし，統計はあくまでも統計学的に客観的な差を示すだけである。統計手法により実験結果に差がある場合とない場合がある。統計結果だけに振り回されて，データの本質と研究の目的を見失わないように，研究者がしっかりと判断しなければならない。

(白井 展也・鈴木 平光)

● 文献 ●

1) American Institute of Nutrition : Report of the American Institute of Nutrition Ad Hoc Committee on Standards for Nutritional Studies. J Nutr 1977 ; 107 ; 1340 - 1348.
2) Reeves R. G., Nielsen F. H., Fahey G. C. Jr. : AIN-93 Purified diets for laboratory rodents: Final Report of the American Institute of Nutrition Ad Hoc Writing Committee on the Reformulation of the AIN-76A Rodent Diet. J Nutr 1993 ; 123 ; 1939 - 1951.
3) 鈴木平光 : 付録．水産食品栄養学—基礎からヒトへ—（鈴木平光，和田 俊，三浦理代 編著），技報堂，2004，p325 - 348.
4) Higuchi T., Shirai N., Suzuki H. : Reduction in plasma glucose after lipid changes in mice fed fish oil, docosahexaenoic acid, and eicosapentaenoic acid diets. Ann Nutr Metab 2006 ; 50 ; 147 - 154.

2　動物培養細胞の実験法

　動物培養細胞を用いる実験は，特定の細胞に対する作用を検討できることから，生理活性成分の作用機構の研究に多く用いられている。また，動物実験に比べて簡便で，再現性がよいことから，生理活性成分のスクリーニングにもしばしば用いられる。動物組織より初代培養した細胞を用いる場合もあるが，細胞バンクより細胞株を入手することもできる。細胞バンクには様々ながん細胞や線維芽細胞等の細胞株（図7-2）が保存されている。主な細胞バンクは，American Type Culture Collection（ATCC，http://www.atcc.org/ [Manassas,

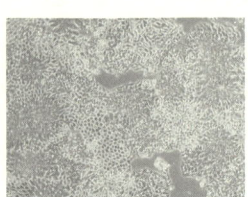

HL60ヒト白血病細胞　　HT29ヒト結腸線癌細胞　　WI38ヒト肺線維芽細胞
（JCRB0085）　　　　（ACTT HTB38）　　　　（JCRB9017）

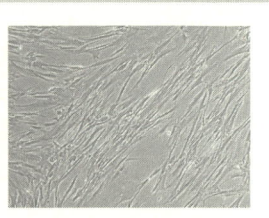

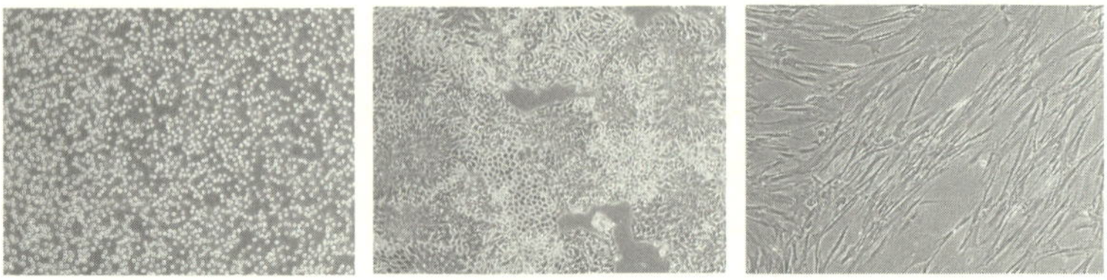

図7-2　様々な細胞株

VA, USA］），JCRB細胞バンク（独立行政法人・医薬基盤研究所，http://cellbank.nibio.go.jp/，分譲窓口はヒューマンサイエンス研究資源バンク［財団法人ヒューマンサイエンス振興財団］），理研バイオリソースセンター セルバンク（独立行政法人・理化学研究所，http://www.brc.riken.go.jp/）等であり，細胞株の情報や分譲依頼方法等はインターネットで検索することができる。また，限られた期間培養可能な正常細胞は試薬会社から購入することができる。

　培養中の細胞は生体と異なる環境にある。そのため，納豆等の食品成分の機能性を検討する際には，対象とする成分の構造やその特徴を考慮に入れる必要がある。すなわち，対象とする成分は培地中で安定か，細胞に取り込まれやすいか，生体に吸収されて目的とする細胞に到達するか等を考慮して，実験を行う。細胞株毎に特有の性質もあり，同種の組織の他の細胞株との比較や，動物やヒトでの実験により作用を確認することも必要である。また，イソフラボン等の成分については，動物細胞培養を用いた研究論文が多数発表されているので，実験開始前に十分な論文調査を行うことが重要である。

（1）動物培養細胞実験の準備

1）細胞培養に必要な機器類

動物細胞培養の実験に必要な機器は，以下の通りである。

　a. クリーンベンチ　　吸引アスピレーター（培地の除去に用いる）及びオートピペット（ピペットエイド等。培地の添加や細胞の播種に用いる）を設置する。

　b. CO_2インキュベーター（CO_2ボンベ［レギュレーター付き］）　　動物細胞は5％CO_2存在下，37℃で培養する。培地のpHは培地中の$NaHCO_3$及びCO_2ガスによ

り保たれる。またCO₂インキュベーター内には滅菌水を入れたトレーを置き，ほぼ100％の湿度で培養を行う。

 c. 倒立顕微鏡（位相差。細胞観察用）　倒立型位相差顕微鏡は，ほぼ無色透明で深度の異なる培養中の動物細胞の観察に適している。

 d. 卓上遠心機（スイングローター。50mL，15mLチューブ用。細胞の回収に用いる。）

 e. 冷蔵庫（培地等保存用）　a から e の機器類は同一室内に近接して配置する。培養中の動物細胞は，バクテリア，カビ，マイコプラズマ等に汚染されやすいので，クリーンベンチ内での無菌操作を注意深く行い，CO₂インキュベーター内及び周囲の環境を清潔に保つことが必要である。

 f. ディープフリーザー（－80℃，細胞を一時保存）

 g. 液体窒素容器（細胞を保管）

 h. フリーザー（－20～－30℃，血清やサンプルを保存）

 i. オートクレーブ（ディスポーザブル器具廃棄用）

　2）その他の器具類

　① 培養ピペット（培地の添加，細胞の播種に用いる。滅菌済みディスポーザブルピペットまたはガラスピペットを滅菌缶に入れ乾熱滅菌したもの），② パスツールピペット（培地の除去に用いる。滅菌缶に入れ乾熱滅菌したもの），③ セルカルチャーディッシュ（BD Falcon 100mmスタンダードディッシュ等），④ コニカルチューブ（BD Falcon 352070, 352096等），⑤ 血球計算盤，⑥ マイクロピペット（0.5μL～1,000μLで使用。血球計算盤で測定する細胞溶液の調整，サンプルの添加等に用いる），⑦ ピペットチップ（滅菌済み，またはオートクレーブ滅菌したもの），⑧ 凍結保存用チューブ（2mL程度。各種市販されている），⑨ オートクレーブバッグ（ディスポーザブル器具廃棄用）等である。

　3）培地及び血清等

　細胞バンクには細胞株毎に用いる培地等が記載されているので，予め購入しておく。また，通常10％程度のウシ胎児血清（FCS, Fetal Calf Serum）あるいは仔牛血清を添加して培養するので，必要な血清を準備しておく。血清はまとめて購入し，実験の途中でロットが変わらないようにする。数種類のロットで，増殖等を比較するロットチェックを行ったほうがよい。56℃で30分間非働化したのち，50mLのコニカルチューブに小分けして，フリーザーで凍結保存

する。使用前日には冷蔵庫に移して解凍しておく。

接着細胞の場合は，細胞を剥離するため，トリプシン-EDTA，生理的リン酸緩衝液PBS（-）等が必要である。これらも細胞培養用に調整させたものが市販されているので，予め購入しておく。

また，血球計算盤による細胞数の測定はトリパンブルー染色液（0.4%，Invitrogen等）で細胞溶液を希釈してから行う（トリパンブルーの終濃度は0.1%）。青く染色された死細胞を除く生細胞数を計測する。

（2）細胞の入手及び保存

細胞バンクに保存されている細胞株のリストは前出の各細胞バンクのホームページから検索することができる。また，分譲手続も記載されているので，記載事項に従って依頼する。国外の細胞バンクにある細胞株や正常細胞等は試薬会社から購入できるものもあるので，インターネット等で確認するとよい。細胞は凍結された状態で送られてくることが多いので，添付のマニュアルに従って融解し，培養を開始する。細胞が増えたら継代し，ディッシュの枚数が増えたら使用する一部を残して，凍結保存する。凍結保存は，10^6〜10^7個程度の細胞を10% DMSO（dimethyl sulfoxide）及び20%血清を含む培地，あるいは市販の凍結保存液（セルバンカー［三菱化学ヤトロン］等）1 mL程度に懸濁させ，細胞保存用チューブに入れた後，手早く-80℃ディープフリーザーに入れて行う。長期培養により細胞の形質が変化する場合があるので，長期培養は避け，一定期間毎に，あるいは，顕微鏡下で細胞の様子に変化が見られた場合には，継代回数の少ない凍結保存細胞を融解して使用する。

（3）実　験　例

基本的な実験として，HL60ヒト前骨髄性白血病細胞を用いた生存率（バイアビリティ）の測定法を示す。食品成分ががん細胞及び正常細胞のバイアビリティに及ぼす影響を検討することによって，食品成分のがん細胞の増殖抑制効果等が明らかになる。また，動物細胞を用いるその他の実験においても，同時にバイアビリティを測定しておくことによって，その作用がバイアビリティの低下等による見かけ上の作用でないかどうかを確認することができる。

1）必要な器具及び試薬

本実験では，すでに述べた器具等の他に，次の器具及び試薬が必要である。①マイクロプレートリーダー（測定波長400〜450nm，参照波長600nm以上で測定できるもの），②96ウェルマイクロプレート（BD Falcon 353072等），③マルチチャンネルピペット（8チャンネル。10μLが分注可能なもの。50〜200μLが分注可能なもの），④ピペッティングリザーバー（8チャンネルピペットで細胞を播種する際等に使用），⑤1.5mLマイクロチューブ（サンプル濃度調製用。オートクレーブ滅菌したもの），⑥試験管ミキサー（マイクロチューブに調製したサンプルの攪拌に用いる），⑦Cell Counting Kit-1（WST-1試薬）（和光純薬 345-06463）。

2）サンプルの調製

抽出物の場合は遠心濃縮あるいは凍結乾燥により抽出溶媒を除去し，サンプルの重量を測定する。サンプルはDMSOに溶解して，ストック溶液とする。DMSOに溶けない場合は，PBS，アルコール等に溶解するが，アルコールは揮発により保存中に濃度が変わりやすい欠点がある。また，PBSに溶解した場合は0.2μmのフィルターを通して滅菌する。サンプルのストック溶液は抽出物で50〜100mg/mL程度とし，超音波洗浄機に浸ける，試験管ミキサーで攪拌する等してよく溶解する。不溶物が残る場合は，わずかであればよく懸濁して用いるか，遠心除去してから用いる。

それぞれのサンプルを培地（RPMI1640培地＋10% FCS）で最終濃度の2倍に希釈し，96ウェルマイクロプレートの各ウェルに50μLずつ添加する。最終濃度ではDMSO濃度が0.1%以下になるようにする。DMSO濃度が0.1%を超えるときは，DMSOのみ添加したコントロールをおき，DMSOの影響がないことを確認する。

3）細胞懸濁液の調製

培養中のカルチャーディッシュから，15mLコニカルチューブに細胞懸濁液を回収し，1,000rpmで5分間遠心する。パスツールピペットで上清を除去した後，新たに培地を添加して細胞を懸濁する。血球計算盤を用いて細胞数を計測し，最終濃度（1〜2×10^5 cells/mL程度）の2倍濃度の溶液を調製する。

4）細胞の分注

よく攪拌した細胞懸濁液をリザーバーに移し，8チャンネルピペットを用い

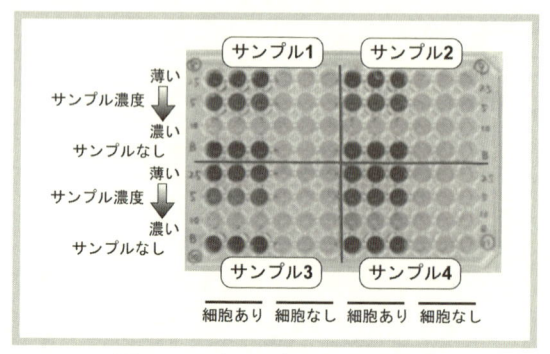

図7-3 バイアビリティの測定例

て，サンプルを分注した96ウェルマイクロプレートの各ウェルに50μLずつ手早く分注した後，軽く揺すって撹拌する。細胞なしのブランクのウェルも調整する。培養を開始する前に，顕微鏡下で細胞及びサンプルの状態を確認しておく。抽出物では析出物がないか確認する。

5）バイアビリティの測定

一定時間（数時間～数日）培養後にWST-1試薬（Cell Counting Kit-1）10μℓ/ウェルを添加して，1時間培養する。WST-1試薬の添加前後には，顕微鏡で細胞の状態を観察し，測定結果を確認する。ウェルに残っている気泡を，チップの先等で除いた後，分光光度計で450nm（405～450nm，参照波長は600nm以上）の吸光度を測定する（図7-3）。サンプルを添加していないコントロールを100%として各濃度でのバイアビリティを計算し，計算値をグラフにして結果を考察する。

接着細胞では，トリプシン-EDTA等により細胞を剥離することによって，浮遊細胞と同様の操作を行うことができる。細胞を播種した後，一晩～24時間前培養して，細胞が接着した後，同様の実験を行う。

この他，様々な機能性評価法があるので，詳しくは，他書[1,2]や論文を参照していただきたい。

（小堀 真珠子）

●文献●
1) 渡邊利雄：バイオ実験イラストレイテッド（6）すくすく育て 細胞培養．秀潤社，1996.
2) 黒木登志夫，許南浩 編：培養細胞実験ハンドブック 細胞培養の基本と解析法のすべて．羊土社，2004.

3 ヒト試験法

　食品の機能性に関する研究においては，最終的にヒト試験による保健的効果の実証が求められる．培養細胞や動物を用いた実験は，実験環境を厳格に制御した精密実験として実施することにより，ヒトで実施困難な，普遍的機能性発現機構の論理的解釈を与える成果をもたらす方法として評価されているが，その多くは簡便な機能性評価系としても活用され，ヒト試験に至る前段の実験として位置づけられている．納豆においても，培養細胞や動物実験による生理的機能性の解明が数多く実施されているが，ここではこれまでに実施されたものの中から代表的なヒト試験について記述する．

（1）ヒト試験の分類

　ヒト試験には，医薬品あるいは特定保健用食品など具体的な製品の有効性・安全性を調べるために行われる臨床試験 (Clinical Study) と，人間集団における有効性・安全性を評価するための疫学研究がある．疫学研究は，疾病の罹患をはじめ健康に関する事象の頻度や分布を調査し，その要因を明らかにする科学研究であり，疾病の成因を探り，疾病の予防法や治療法の有効性を検証し，または環境や生活習慣と健康との関わりを明らかにすることを目的とした研究である．疫学研究は，その研究デザインに基づき無作為割付臨床試験，コホート研究（前向き研究，後ろ向き研究），症例対照（ケースコントロール）研究，地域相関研究，断面研究などに分類されている．一般的に，結果の信頼性は，無作為割付臨床試験が最も高く，次いでコホート研究が高い．症例対照研究，地域相関研究，断面研究の信頼性は相対的に低いといえる．信頼性は研究の実施の難易と比例しており，無作為割付臨床試験が最も困難で，コホート研究がそれに次ぎ，症例対照研究，地域相関研究，断面研究の実施は相対的に容易である．

　納豆においては，すでにメナキノン (MK) やポリグルタミン酸 (γ-PGA)，納豆菌を有効成分等とする特定保健用食品も開発されており，開発商品に対する臨床試験が行われるとともに，関与する成分に着目した疫学研究も一部実施されているので以下に記述する．

（2）納豆成分に着目したヒト試験

1）納豆由来のビタミンK_2（メナキノン）の骨形成促進作用

納豆菌がビタミンK_2を生産する性質を持つことは古くから知られている。骨形成は骨へのカルシウム沈着の促進によってもたらされるが，このカルシウム沈着を担うタンパク質がγ-カルボキシオステオカルシン（活性型オステオカルシン）である。49個のアミノ酸からなるオステオカルシンは，骨芽細胞によって産生され，5分子のグルタミン酸残基を持っている。これらのうちN末端から17，21，24番目のグルタミン酸のγ位がカルボキシル化されたγ-カルボキシオステオカルシンは，カルシウムとの結合性が高まり，骨組織にカルシウムを運び骨形成を促進する（図7-4）。ビタミンK_2はこのグルタミン酸残基のγ-カルボキシル化を担う酵素であるオステオカルシンγ-カルボキシラーゼの補酵素として重要な役割を果たしていることが明らかにされている。これらのことから，ビタミンK_2関連化合物は治験を経て骨粗鬆証の治療薬として認可・利用されるとともに，ビタミンK_2を高度に含有する新規の納豆もヒト試験による有効性・安全性試験を終え特定保健用食品の許可を得るまでになった。

a．納豆由来のビタミンK_2に関する臨床試験　　20〜40歳代の健常人を，各群13人の3群に分け，コントロール食，通常納豆食，MK-7（メナキノン-7）高含

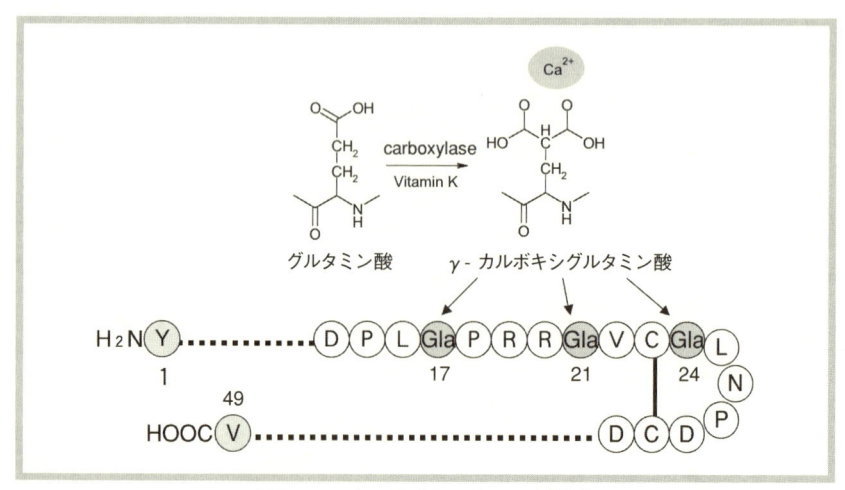

図7-4　オステオカルシンの活性化

有納豆食を14日間摂取させ，その間の血清中のMK-7及びγ-カルボキシオステオカルシン濃度の変動を測定する臨床試験が塚本ら[1]によって実施された。それによると，納豆食群では摂食中のMK-7の血中濃度が上昇し，さらにMK-7高含有納豆食はやはり通常納豆食に勝っていた。また，γ-カルボキシオステオカルシンの濃度も上昇し，14日目には高含有納豆食が通常納豆食に比べ有意に高くなることも明らかになっている。

納豆のビタミンK_2については，わが国において「メナキノン抽出物」がすでに食品添加物として認可されており，その安全性に関わる食経験は十分であると判断されている。また，MK-7は体内ではMK-4（メナキノン-4）に変換されているといわれているため，このMK-4に関する女性45名に対する12週間の長期摂取試験及び男女15名に対する4週間の過剰摂取試験（目安量の5倍）も実施され，安全性に問題がないことなどから，MK-7高含有納豆は特定保健用食品としての許可を得ることとなった。

b．納豆と骨形成に関する疫学研究　納豆の摂取と骨密度や骨折への影響に関する疫学研究も実施されており，50歳以上の骨粗鬆症検診を受診した女性565人を対象とした断面調査研究では，納豆摂取量が少ないと骨密度は低下しているとの結果[2]が出ている。また，納豆消費の大腿骨骨折発生に対する影響に関する地域相関研究では，納豆摂取が少ないと大腿骨骨折の罹患率が上昇するとの結果[3]も得られている。

2）納豆由来の他の成分の生理的機能

a．γ-ポリグルタミン酸のカルシウム吸収促進作用　谷本ら[4]は，カルシウムサプリメントとともに，納豆由来の粘質物質であるγ-ポリグルタミン酸（γ-PGA）のカルシウム吸収促進作用について，男女計15人の健常人による臨床試験を実施した。その結果女性においては，γ-PGAの摂取に伴う有意なカルシウム吸収の上昇が認められている。カルシウム製剤とともにγ-PGAを投与したラットの試験では，明らかに小腸内の可溶性カルシウム濃度が高まることが知られていることから，ヒトでも同様の現象が生じているものと推定されている。

b．納豆菌の整腸作用　新たに開発した納豆菌（*Bacillus subtilis* K-2）を用いて製造した納豆50gを便秘傾向の被験者に2週間摂取させることによって，排便回数や排便日数，排便量が優位に増加すること[5]が確認されており，その作

用機序としては*Bifidobacterium*の増殖促進作用が明らかになっている。なお，安全性評価に関するヒト試験としては，当該納豆50g（K-2株芽胞30億個以上）を1日に3パック（毎食時），便秘傾向の男女45名に4週間連続摂取させる試験が行われ，問題となる臨床検査値の変動や有害事象は観察されていない。

(3) 納豆そのものに着目したヒト試験

国立循環器病センター等が納豆による生活習慣病予防効果に関する地域介入研究を行った。佐賀県有田町において健康診査を受診済みであり，血圧・脂質・血糖・肥満のいずれかがメタボリックシンドロームの基準値の境界域に該当する男女52名（男性14名，女性38名，平均年齢65歳）に，納豆1パック（30g）を4週間，毎朝食時に継続して摂取して頂く試験である。対照群としては納豆非摂取群（9名）を設定した。その結果，納豆摂取群が非摂食群に比べ，血中総コレステロール値，血中LDLコレステロール値を10%以上低下させることはなかった。また，BMI（Body Mass Index），ウエスト・ヒップ比，腹囲，体脂肪率，血圧（安静座位），空腹時血糖値，HbA1c値，インスリン値，尿酸値，アディポネクチン値，NOx値についても10%以上の改善は認められなかった。しかしコレステロール値の高い群や中性脂肪の高い群については，それぞれの臨床検査値の有意な改善が認められた。また納豆を継続的に摂取することにより便秘の改善等のQOL（Quality of Life）の向上が認められている。

（津志田　藤二郎）

●文献

1) Tsukamoto Y., Ichise H., Kakuda H., et al : Intake of soybean (natto) increases circulation vitamin K_2 (menaquinone-7) and gamma-carboxylated osteocalcin concentration in normal individuals. J Bone Miner Metab 2000 ; 18 ; 216 - 222.
2) 茂手木甲壽夫，豊川智之，西川浩昭ほか： 納豆摂取および血中ビタミンKと骨密度との関連に関する疫学調査研究. 医学と生物学 2001 ; 142 ; 31 - 34.
3) Kaneki M., Hedges S. J., Hosoi T., et al : Japanese fermented soybean food as the major determinant of the large geographic difference in circulating levels of vitamin K_2 : possible implications for hip-fracture risk. Nutrition 2001 ; 17 ; 315 - 321.
4) 谷本浩之，野沢浩子，岡田享子ほか：ポリグルタミン酸配合カルシウムサプリメントのヒトカルシウム吸収促進効果. 農化 2003 ; 77 ; 504 - 507.
5) 三ツ井陳雄，梶本修身，塚原未央ほか：*Bacillus subtilis* K-2株（芽胞）含有納豆が健常成人の排便状態および糞便内菌叢に及ぼす影響ならびに過剰摂取による安全性の検討. 薬理と治療 2006 ; 34 ; 135 - 148.

第8章　アンケート調査・官能評価法

1　アンケート調査

（1）アンケートとは

　「アンケート」は，フランス語の enquête に由来する。日本では，アンケートは，調査に関係する様々な意味で用いられてきた[1]。「専門家など特定の人々に意見を聞くこと」，「質問紙（調査用紙，調査票ともいう）」，「質問紙を使った調査」，「質問紙調査の中の郵送調査」，「簡易の調査」等の使われ方がある。本章では，質問紙（questionnaire）をアンケートとし，質問紙を用いた調査をアンケート調査（questionnaire survey）とする。

　アンケート調査は，大勢の人の意見や好みを知るのに有用なデータがとれる。例えば，顧客の満足度，消費者の好みの動向，開発中の製品の好ましさ等を調べる際に行われる。

　アンケート調査を行う際には，十分な企画と予備調査が必要である。目的を明確にし，誰に，いつ，どのような質問を，どのような方法で調査するのかを十分に練っておく必要がある。また，集計や解析方法も計画段階で十分に検討しておかなければならない。実施にあたっては成書も参考にして頂きたい[2-4]。

（2）調査対象者

　アンケートの目的に応じて調査対象者を定義する。まず，調査対象の構成単位は個人，世帯，団体のいずれであるかを決定し，次いで，調査目的に応じた必要条件を定める。例えば，性，年齢，ある商品のユーザー等である。また，東京40km圏内に居住する人等，地理的条件を定める場合も多い[5]。

　定義した調査対象者からアンケートの記入を依頼する人を選ぶ。全員に依頼

する場合を全数調査または悉皆調査という。調査対象者を母集団とし，母集団のリスト（例えば住民基本台帳，選挙人名簿，顧客名簿等）があれば，そこから標本を無作為に抽出して標本調査を行うことができる。リストがない場合は，例えば，ある会場でアンケート調査を行ったり，広告を通じて調査に参加する人を募集したりする[5]。このような調査の場合には，回答者が調査対象の母集団から偏る可能性があることに注意が必要である。

何人に回答を依頼するかは，結果に要求される精度によって決まる。例えば，ある製品を好きか嫌いかの質問をして，50％の人が好きだと答えたとき，その誤差を10％まで許容するか，1％まで許容するかによって必要な人数は異なる。具体的な人数の計算方法については，専門書[6,7]を参照されたい。

必要な人数が決まったら，予想される回収率も加味して依頼する人数を設定する。また，依頼する人数によって費用が大きく異なるので，現実的には，精度と予算を勘案して決められることが多い。

（3）調　査　法[5,8]

1）訪問面接調査法（個人面接調査法）(face-to-face interview)

調査員が対象者宅を訪問し，質問紙を読み上げて回答を聞く方法。回答者の誤解によるミスが少なく，複雑な質問をすることができる。しかし，調査員が対面で質問するので，プライバシーに関連する項目を聞きにくい，本心を回答しない可能性がある，等のデメリットがある。また，調査には膨大な時間と費用がかかる。

2）留置調査法（配付回収法）(placement method)

調査員が回答者に質問紙を配付し，後日回収する方法。対象者は自由な時間に回答するので，比較的大量の質問をすることができる。ただし，対象者本人が記入したか否かについては確認できない。

3）郵送調査法 (mail survey)

アンケートを対象者に郵送し，記入後，返送してもらう方法。安価であり，調査員，回答者ともに負担は小さいが，回収率が低くなりがちである。また，質問の意味を正しく解釈したか，対象者本人が記入したかについて確認がとれないというデメリットもある。

4）集合調査（central location test）

大勢の人が集まっている場所でアンケート調査を行う方法。一度に多数のデータが取れるので，安価であるが，データが調査対象者を代表しておらず，偏っている場合がある。

（4）質問紙の設計

1）質問項目[8, 9]

アンケート調査の目的を明確にした上で，既存の資料，予備調査結果，グループインタビュー結果，有識者のヒアリング結果等から質問項目を決定する。質問項目が決まったら，質問の流れ，質問項目間の関係，答えやすさを考慮して質問の順番を決める。通常，一般的な質問から具体的な質問，答えやすい質問から難しい質問，事実を聞く質問から意識を聞く質問に並べる。また，重要な質問ははじめのうちに質問しておいたほうがよい。

最後に，回答者の属性（demographics）に関する質問をすることも多い。例えば，性，年齢，職業，家族構成，学歴等である。立ち入ったことを質問すると回答者が不快に思ったり，警戒したりすることもあるので，調査の目的を考えて必要な項目に絞り込むことが望ましい。

2）質問文

質問文は簡潔にすることが重要である。不鮮明な質問文，複数の意味に解釈できる質問文，複数のことを同時に聞く質問文等は避けるべきである。例えば，「納豆にカラシやネギをいれるのが好きですか？」という質問にYesかNoで答えさせる質問は，ネギは嫌いだが，カラシが好きな人もいるかもしれないので，適切ではない。「納豆をどのくらい食べますか」という質問も，頻度のことか一度に食べる量のことか不鮮明である。

また，回答を誘導するような質問文も避けるべきである。例えば「納豆は健康によいと言われています。あなたは納豆を食生活に積極的に取り入れたいと思いますか」といった質問文は回答を誘導する可能性があるので適切ではない。質問文には回答者全員が理解できるような平易な言葉を使い，難しい漢字，専門用語等は使わないことが望ましい。

第8章 アンケート調査・官能評価法

自由記述式
問．納豆の食感を表現する言葉を思いつくだけ挙げてください。

　　　　　　　　　　　　　　　　　　　　　　　　

プリコード式・二項目選択の例
　1．男性　　　2．女性

プリコード式・多項目選択・単一回答の例
問．あなたは納豆が好きですか？
　　次のうちからあてはまるものを一つ選んでください。
　　　1．非常に好き　　2．やや好き　　3．好きでも嫌いでもない
　　　4．やや嫌い　　5．非常に嫌い

プリコード式・多項目選択・複数回答の例
問．あなたは納豆に何を混ぜて食べますか？
　　次のうちからあてはまるものを選んでください。（いくつでも）
　　　1．醤油　　2．たれ　　3．カラシ　　4．七味トウガラシ
　　　5．ネギ　　6．青のり　　7．生卵　　8．ごま

図8-1　回答の形式と選択肢の例

3）回答の形式

　回答の形式には，自由に回答してもらう自由記述式と，番号や記号をつけた選択肢から回答を選んでもらうプリコード式がある。プリコード式には二項目選択と多項目選択があり，さらに，多項目選択の場合は単一回答と複数回答がある。図8-1に回答の形式と選択肢の例を示す。

（5）集計・解析

　データの集計・解析法には，単純集計を行って頻度や割合を求めるような簡単なまとめ方もあるし，クロス集計によってχ^2（カイ二乗）検定を行い，項目間の関連性を調べることもある。また，主成分分析，コレスポンデンス分析等の多変量解析を適用することもある。いずれにしても，アンケートを実施する前に統計解析の方法まで計画しておくことが重要である。詳細は，本章「6節 統計解析手法」を参照されたい。

（早川 文代）

●文献●
1) 小林和夫：用語：アンケート．世論調査事典（NHK放送文化研究所編），大空社，1996，p17-19．
2) 飽戸 弘：社会調査ハンドブック．日本経済新聞社，1987．
3) 指方一郎：誰にでもカンタンにアンケート調査ができる本．同文館出版，2001．
4) 内田 治，醍醐朝美：実践アンケート調査入門．日本経済新聞社，2003．
5) 酒井 隆：アンケート調査の進め方．日本経済新聞社，2001，p40-50．
6) 馬場康維：言語データは取扱注意2 標本抽出数をどう決めるか．言語 2005；34（8）；82-89．
7) 鈴木達三，寺内一成：サンプリング．世論調査事典（NHK放送文化研究所編），大空社，1996，p43-47．
8) 池田謙一：調査方法・質問紙．世論調査事典（NHK放送文化研究所編），大空社，1996，p63-106．
9) 酒井 隆：アンケート調査の進め方．日本経済新聞社，2001，p75-94．

2　アンケート調査実施例1

　納豆のアンケート調査は，全国納豆共同組合連合会の納豆PRセンターで数年前からインターネット上で年に1回ずつ行われ，結果を公開している．この調査は一定期間に不特定多数の人々に行っている方法である．PR提供として，また，今後納豆のアンケートを行う上で1つのよい参考資料である．
　本実施例は，2005年10月に女子大学生を対象に行った調査である．

(1) 糸引納豆に関するアンケート調査

1) 目　　的
　「若い女性（20歳前後）は，納豆の何に注目して購入しているのか？　納豆はあまり好かれていないのではないか？　また，納豆に対するブランド嗜好はなく，価格の安い商品を購入する傾向にあるのではないか？」を予測した．さらに消費動向から，新たな機能性食品のニーズを模索したい．

2) 調査票作成の検討[1]
　調査項目（① 納豆の嗜好，② 食事頻度と量，③ 調理形態，④ 購入価値観，⑤ 納豆の効能，⑥ 特定保健用食品の認識等）を検討し，新しい納豆の商品開発に役立てるために調査票を作成した（図8-2）．調査票作成にはきのこの嗜好調査票[2]などが参考になる．特にこの調査票は英文表記がなされており，外国人を対象と

140　第8章　アンケート調査・官能評価法

平成○年○月○日

＜糸引き納豆に関するアンケート調査＞

　私は，新規納豆の開発等に興味をもち納豆の機能性の研究を行っています。納豆の嗜好に関する調査は少なく，特に若い女性の納豆に対しどのような嗜好（考え）を持っているのか等の調査は見あたりません。今後，若い女性の嗜好調査をもとに新しい納豆の機能性を見いだしたいと考えています。
　ご回答内容は研究以外の目的に使用することはありません。調査は無記名で行います。個人の回答内容が外部にもれることは絶対にありません。納豆の嗜好調査にご協力をお願いします。

◎ 記入についてのお願い
　1. 回答にあたり，他の方と相談されることなく，必ず一人でお答えください。
　2. 回答が終わりましたら，回答すべきところに記入漏れがないか，再度ご確認ください。

　　　　　　　　　　　連絡先
　　　　　　　　　　　○○大学○○学部○○学科○○研究室
　　　　　　　　　　　△村 □×子
　　　　　　　　　　　〒111-1111　東京都○○区○○1-1-1
　　　　　　　　　　　TEL；03-0000-0000（月～金；10時～16時）

図8-2　調　査　票

する調査には有益である。

3）調　査　方　法

　調査地域ごとのパネルの女子大学生に調査趣旨を説明後，調査票を配付し，その場で記入していただき回収した。図8-3に論文中での調査方法記載例を示す。

　調査対象者は新潟県内の女子大学生97名と千葉県内の女子大学生100名および東京都内の女子大学生200名，合計397名であった。全国納豆組合連合会による納豆調査レポートを参考に「糸引き納豆に関するアンケート」を作成した後，調査対象者に配付し回答を得た。アンケートの項目は，① 納豆の嗜好，② 食事頻度と量，③ 調理形態，④ 納豆の効能，⑤ 特定保健用食品の認識等について質問した。統計ソフト（SPSS）により，各地域および全ての調査地域をまとめた全体を各項目について比較（一元配置の分散分析；シェフェの検定）検討した。

図8-3　論文例1（調査方法）

2．アンケート調査実施例1

＜糸引き納豆に関するアンケート調査＞

性別；男・女　　年齢；　　　　歳　出身地；　　　　　　都・道・府・県

　糸引き納豆（以下納豆と省略します）に関する嗜好と認識調査です。下記の選択肢の番号に○をつけてください。または番号を記入してください。

Q1. 納豆は，好きですか。

| 1. とても好き　2. 好き　3. ふつう　4. あまり好きではない　5. 嫌い |

Q1.で「嫌い」と答えた方はQ19.へ進んでください。

＜中間　Q.2～19　省略＞

＜全員お答えください＞
Q20. 特定保健用食品を知っていますか。

| 1. 知っている　2. 知らない |

お疲れ様でした。
長い質問調査にご協力いただき，ありがとうございました。

図 8-2　調査票（続き）

4）結　　果（まとめ）

図8-4，8-5（論文例2，3）にアンケート調査結果例を示す。詳細に関しては，筆者が学会誌等に掲載した論文[2,4]および報告書[3]を参考にしてほしい。

（村松　芳多子）

調査対象者397名のうち有効回答数349名，有効回答率89.7%であった。平均年齢は19.8歳±2.0であった。東京及び千葉での調査地域の出身者は，広範囲にわたっていたが，主に関東地区（東京，千葉，神奈川，埼玉，茨城，栃木等）の出身者が大半を占めていた（図1）。

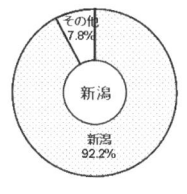

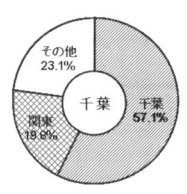

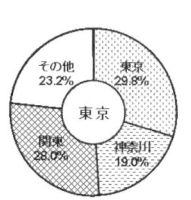

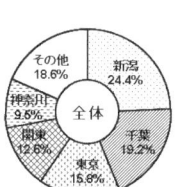

図1　調査地域別出身地

図 8-4　論文例2（結果1）

表1に納豆の嗜好の地域別の相違を示した。納豆が「とても好き」または「好き」と答えた人が最も多く，全体で約74％であった。「嫌い」と答えた人は約8％であった。地域間の有意差は見られなかった。

表1　各地域による納豆嗜好の相違

	新潟（%）	千葉（%）	東京（%）	全体（%）
とても好き	41.2 (40)	30.0 (30)	33.8 (52)	34.5 (122)
好き	40.2 (39)	42.0 (42)	37.6 (58)	39.3 (139)
ふつう	10.3 (10)	23.0 (23)	14.3 (22)	16.4 (58)
あまり好きではない	5.2 (5)	0.0 (0)	1.9 (3)	2.6 (8)
嫌い	3.1 (3)	5.0 (5)	12.3 (19)	7.6 (27)

（　）内は人数

図8-5　論文例3（結果2）

●文献●
1) 加藤千恵子，盧志和，石村貞夫：SPSSでやさしく学ぶアンケート処理．東京図書（株），2003, p2-35.
2) 村松芳多子，鈴木亜夕帆，寺嶋芳江ほか：きのこに関する嗜好調査（2001年千葉県内調査）―女子学生と同居する家事担当者の場合―．日本家政学会誌 2004；55；725-732.
3) 村松芳多子，中林由紀，三星沙織ほか：女子大生における納豆の嗜好調査．新潟の生活文化 2007；13；11-12.
4) 村松芳多子，鈴木亜夕帆，内藤準哉ほか：自記式食歴法質問票の事後評価．千葉県立衛生短期大学紀要 2004；22；65-74.

3　アンケート調査実施例2

このアンケート調査は，平成12年度地域産学官連携技術開発事業により，栃木県産大豆の振興と栃木県で開発した「色が白く品質変化の少ない納豆」（第11章7節参照）のできる納豆菌（日本国特許第2881302号）の実用化試験の一環として行われたものである[1]。

（1）アンケート調査の目的

「色が白く品質変化の少ない納豆」のできる納豆菌を用い，栃木県産大豆タチナガハの小粒及び中粒を用いて製造した納豆に対する消費者の評価を知るために実施した。

（2）アンケート調査の実施方法

趣旨に賛同した栃木県内の納豆製造企業6社が参加し，栃木県産大豆タチナガハの小粒及び中粒を用い，「色が白く品質変化の少ない納豆」のできる納豆菌TK-1株により納豆を製造した。なお，納豆の製造条件等については，事前に打ち合わせを行い，試作試験により品質を確認している。

アンケート調査は，納豆を製造した企業が，直接消費者に依頼して，後日回収する留置調査法を用いた。調査は，2001（平成13）年2月中旬～3月に実施した。

（3）アンケート調査結果

1）アンケート回答者について

a．回答者の性別　アンケート回答者総数は175名で，回答者の約6割(62.9%)が女性，約4割(37.1%)が男性で女性のほうが多かった。

b．回答者の年齢　回答者の年齢層は高めで，50代，60代以上を合わせると46.9%，回答者の70.5%が40代以上の年齢であった。

c．朝食について　回答者全体の70.1%が毎日朝食を取っていた。年代別で見ても朝食を毎日取っている人が最も多かった。「全く食べない」と回答した人は，5名のうち4名が20代であった。

d．食事の好み　和食系と洋食系では，「どちらかといえば」という人を含めると93%が和食系の食事を好んで食べていた。

2）普段食べている納豆について

a．納豆の好き嫌い　「どちらかといえば好き」という人を含めると96.6%の回答者が納豆好きの人であった。

b．納豆を好きな理由（複数回答）　一番多いのは「健康によい」で回答者の68.6%があげており，健康的な食品としての認知度が高かった。次に多いのは「おいしい」で回答者の38.3%があげていた。

c．納豆を食べる回数　週2～3回が40.2%で最も多く，毎日（21.8%），週1回（21.3%），週4～5回（15.5%）の順であった。年代別でも週2～3回が最も多いが，毎日納豆を食べる人は50代，60代以上で多く，20代～40代ではその比

率は低かった。

　d．納豆をいつ食べるか（複数回答）　　朝食が最も多く回答の56.9%，夕食は30.5%で，昼食で食べる人は12.6%と少なかった。年代別に見ると20代では朝食，昼食よりも夕食で食べる人の比率が高く58.6%となっていた。

　e．納豆を食べる回数の増減　　「変わらない」が74.1%で最も多かった。「増えた」が20.7%，「減った」が5.2%で，正味15.5%の回答者で納豆を食べる回数が増えていた。年代別では，20代では他の年代に比べて「増えた」と回答した人の比率が高かった。

3）栃木県産大豆及び県独自の納豆菌で作った納豆について

　a．納豆の粒の大きさ　　「大きすぎる」，「やや大きい」を合わせて回答者の51.7%が「粒が大きい」との回答であった。通常納豆に用いられている大豆は極小粒〜小粒のため，中粒の県産大豆は「大きい」という印象になったと思われる。

　b．納豆の香り　　「普通」が63.2%と多いが，「強い，やや強い」の合計は16.4%，「弱い，やや弱い」の合計は20.4%で，「普通」以外の回答者では「弱い，やや弱い」の回答が多かった。

　c．納豆の粘り　　「普通」が55.2%と多いが，「強い，やや強い」の合計は29.9%，「弱い，やや弱い」の合計は14.9%で，「普通」以外の回答者では「強い，やや強い」の回答が多かった。

　d．納豆の色　　「普通」が65.5%と多いが，「白い，やや白い」の合計は26.4%，「濃い，やや濃い」の合計は8.0%で，「普通」以外の回答者では「白い，やや白い」の回答が多かった。

　e．納豆の味（おいしさ）　　「普通」が41.4%，「非常に」「やや」を合わせて「うまい」が47.7%であったが，「ややまずい，まずい」の合計も10.9%あった。

　f．納豆を食べた時期　　早い時期に食べた人のほうが多いが，4日目以降に食べた人も6.9%いた。

　g．納豆の全体的評価　　「とても」「どちらかといえば」を合わせて「よい」の合計が44.3%，「普通」が同数で44.3%，「どちらかといえば」を含めて「悪い」が11.5%であった。全体評価がよい場合には，納豆の粒の大きさを「ちょうどよい」とした回答者が多く，全体評価が悪い場合は「大きすぎる」とした回答

者が多かった。

　h．市販された場合の評価　　「是非食べたい」が12.9%,「食べたい」が41.5%で，両者の合計54.4%は積極的に購入を考えているのではないかと思われた。「それほどでもない」は37.4%,「食べたいとは思わない」が8.2%であった。「是非食べたい」,「食べたい」と回答した積極的に購入を考えていると思われる回答者では，納豆の粒の大きさを「やや大きい」「大きすぎる」との評価は少な目であったが，「それほどでもない」「食べたいとは思わない」とした回答者では「やや大きい」「大きすぎる」と評価した比率が高かった。

（4）アンケート調査，その後

　アンケート調査に参加した納豆製造企業のうちの1社が特許の使用許諾を受け，実際に「色が白く品質変化の少ない納豆」は市場に出ることとなった。

（古口　久美子・菊地　恭二）

● 文献 ●
1)（社）栃木県食品産業協会：平成12年度地域産学官連携技術開発事業調査報告書．

4　官能評価法

（1）官能評価とは

1）官能評価の定義

　官能評価は，人間の感覚を用いて対象物の品質を測定，解析，解釈することをいう。JIS[1]では，官能評価分析を「官能特性（人の感覚器官が感知できる属性）を人の感覚器官（受容器を含む生体組織。目，耳，口，鼻，皮膚などの総称）によって調べることの総称」と定義している。納豆の官能評価の場合，納豆のにおいやテクスチャーを明らかにしたり，消費者の納豆の好みを調べたりするときなどに用いられる。食べ物以外でも，例えばディスプレイの見やすさ，椅子の座り心地など，官能評価は幅広く使われている。実施にあたっては成書も参考にしていただきたい[2-4]。

2）官能評価の特徴

官能評価は人間の感覚をセンサとして用いる。したがって，人間にしか判断できないこと，人間が得意とする判断を要する場合に，官能評価は極めて有効な手段である。例えば，「食塩含量」と「しおからさ」は違うし，「好き・嫌い」も人間ならではの評価である。

一方で，官能評価には短所もある。人間の感覚をセンサとして用いるので，評価には，感覚感度，経験，興味などに起因する個人差が含まれる。また，同一個人内でも評価にばらつきがある。そのうえ，温湿度，食器など外部環境の影響も受けやすい。従って，誰が，どのように評価した結果であるかを明示する必要がある。さらに，人間が知覚した内容を絶対値で示すことが難しく，相対的な評価になることが多い。

3）官能評価の種類

官能評価は大きく2つの型がある。分析型官能評価と嗜好型官能評価である。分析型官能評価では，選抜，訓練された少人数の評価者を分析機器に見たてて試料を分析する。

嗜好型官能評価では，大人数の人が試料の好き嫌いを評価する。評価の主な目的は試料に対する人の好みを調べることにある。数十人を対象に行う研究室レベルの評価から数千人を対象に行う市場調査まで，評価の規模は様々である。

(2) パ ネ ル

官能評価に評価者として参加する人をパネリストといい，パネリストの集団をパネルという。なお，「パネラー」は和製英語である。

パネルには，選抜・訓練された少人数で構成される分析型パネルと，大人数で構成される嗜好型パネルがある。それぞれ，分析型の官能評価，嗜好型の官能評価に用いられる。

分析型パネルの選抜は，意欲，健康状態，参加しやすさ，試料食品に対する識別能力，味覚・嗅覚感度，テクスチャー描写力等による。実際に試料とする食品で選抜，訓練するのが効果的である。必要な人数は，パネルの訓練の程度や方法によって異なる。例えば，2点識別試験法では，高度に訓練されていないパネルで20人以上，高度な訓練を受けた専門家で7人以上とされている。詳

細はJIS Z9080[5]，ISO 6658[6] 等を参照されたい。

　嗜好型パネルの選抜は，調査対象とする集団を代表したパネルをサンプリングしなければならない。研究室で予備的に行う場合のパネルでも40〜50人は確保したい。また，米，日本酒などのように，食品によっては，「良い・悪い」の基準が確立されている場合もある。そのような場合は，高度に訓練された専門家数名が嗜好型の評価を行うこともある。

（3）手法の例[5-7]

1）2点試験法
2種類の試料をパネリストに呈示し，それらの属性または優劣を比較する。

2）1：2点試験法
基準となる試料（A）をパネリストに呈示し，さらに，これと同じ試料（A）及びこれと比較すべき試料（B）をそれぞれコード化して呈示し，これらコード化された試料の中から基準となる試料と同一のものを選ばせる。

3）3点試験法
同じ試料（A）2点と，それとは異なる試料（B）1点とをコード化して同時にパネリストに呈示し，性質が異なる1試料を選ばせる。

4）順位法
複数の試料をパネリストに呈示し，指定した官能特性について，強度の順序をつける。

5）採点法
試料の特性の強度を，あらかじめ用意された尺度に従って評価する方法。試料は単独呈示される場合と，複数呈示される場合がある。使用する尺度には，間隔尺度，線尺度，比尺度などがある。図8-6に尺度の例を示す。

6）定量的記述分析（QDA法）
訓練されたパネルが討議によって試料の特性を反映する評価用語を選定し，十分な訓練の後，個々のパネリストが試料の特性を線尺度を用いて評価する。データには分散分析，主成分分析などが適用される。

7）タイムインテンシティ法（Time-Intensity method）
ある特性の強さの時間変化を測定する方法。例えば，試料を食べ始めてから

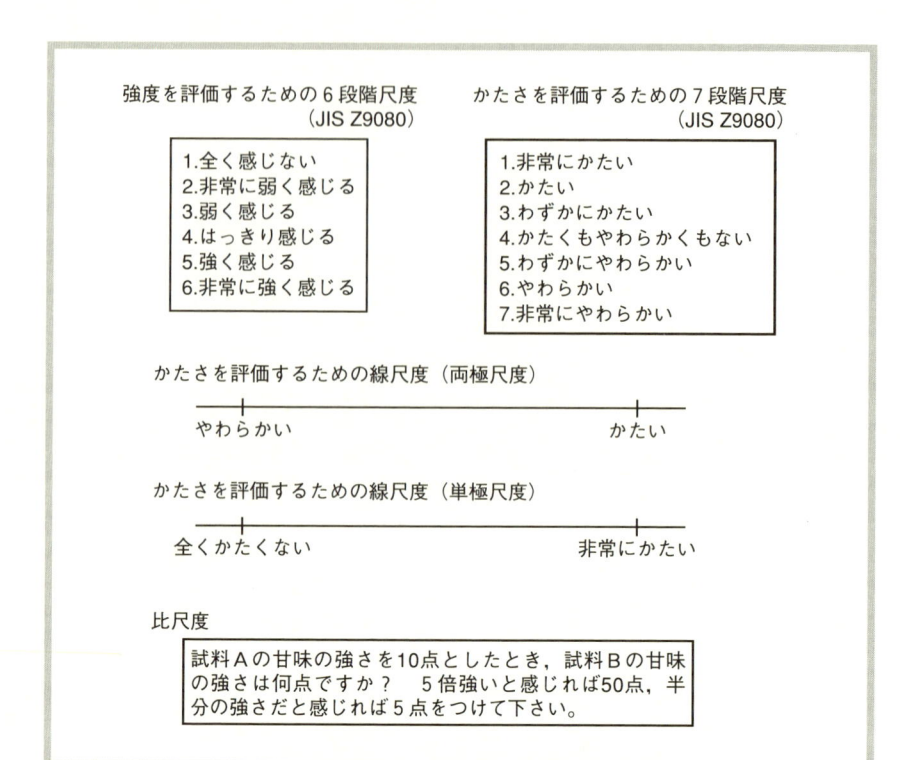

```
強度を評価するための6段階尺度         かたさを評価するための7段階尺度
       (JIS Z9080)                        (JIS Z9080)
  ┌─────────────────┐         ┌─────────────────────┐
  │ 1. 全く感じない     │         │ 1. 非常にかたい         │
  │ 2. 非常に弱く感じる │         │ 2. かたい              │
  │ 3. 弱く感じる       │         │ 3. わずかにかたい       │
  │ 4. はっきり感じる   │         │ 4. かたくもやわらかくもない │
  │ 5. 強く感じる       │         │ 5. わずかにやわらかい   │
  │ 6. 非常に強く感じる │         │ 6. やわらかい          │
  └─────────────────┘         │ 7. 非常にやわらかい      │
                                └─────────────────────┘
```

かたさを評価するための線尺度（両極尺度）

|―――――――――――――――――――――|
やわらかい   かたい

かたさを評価するための線尺度（単極尺度）

|―――――――――――――――――――――|
全くかたくない   非常にかたい

比尺度

試料Aの甘味の強さを10点としたとき，試料Bの甘味の強さは何点ですか？ 5倍強いと感じれば50点，半分の強さだと感じれば5点をつけて下さい。

図8-6　官能評価の尺度の例

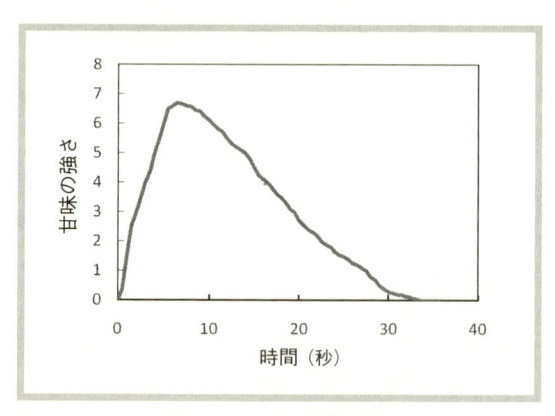

図8-7　T-I曲線の例

飲み込んだ後までの甘味の強さを時間経過とともに採点する．結果は，横軸に時間，縦軸に強さをとったグラフに表され，得られた時間強度曲線の最大値，

図8-8　ブースでの官能評価　　　図8-9　円卓での官能評価

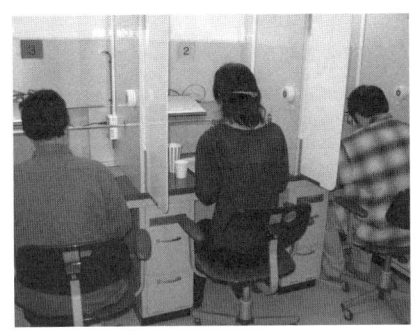

最大値までの時間，最大値の後の時間などがパラメータとして用いられる。時間強度曲線（T-I曲線）の例を図8-7に示す。

（4）評　価　環　境

各パネリストが独立して評価に専念できるブースでの評価（図8-8），協議しながら評価する円卓での評価（図8-9）がある。いずれの場合も，温度，湿度，照明により評価が影響されることがあるので，これらがコントロールできる環境での評価がよい。

（5）データ解析

データ解析はデータを取ってからではなく，計画段階で検討しておく必要がある。詳細は本章「6節　統計解析手法」を参照されたい。

（早川　文代）

●文献●
1) JIS Z8144　官能評価分析―用語．2004．
2) 古川秀子：おいしさを測る．幸書房，1994．
3) Meilgaard M., Civille G. V., Carr B. T.: Sensory Evaluation Techniques (4th ed.). CRC Press, 2006.
4) Stone H., Sidel J. L.: Sensory Evaluation Practices (3rd ed.). Elsevier Academic Press, 2004.
5) JIS Z9080　官能評価分析―方法．2004．
6) ISO 6658　Sensory analysis - Methodology - General guidance (2nd ed.). 2005.
7) 内藤成弘：正しい食品官能評価法．缶詰技術研究会，1998．

5 官能評価実施例

(1) 研究室での官能評価例

筆者の勤務する共立女子大学食品加工学研究室では，介護食品用の新規納豆として「軟らかい納豆」の開発を行った[1]。その際に，異なる温度プログラムで製造した納豆について官能評価を行った例を紹介する。

当研究室では，納豆試験法[2]を参考にして官能評価を行っている。評価項目は，菌の被り，溶菌状態，豆の色，豆の割れ・つぶれ，糸引き，香り（納豆らしさ），臭い（前項以外），硬さ，旨み，豆の味，渋み・苦み，総合評価，嗜好の13項目を設定した。評価は某ブランド品を対照として段階4とし，7段階評価（1. 非常に悪い；2. 悪い；3. やや悪い；4. 普通；5. やや良い；6. 良い；7. 非常に良い）を採用している。パネルは，当研究室所属の20代の女性11人であった。官能評価後の統計処理はSPSS㈱（東京都渋谷区広尾1-1-39，TEL03-5466-5511（代），http://www.spss.co.jp/）のソフト[3]を使用し，Schefféの検定を行った。官能評

表8-1 異なる温度プログラムで製造した納豆の官能評価結果

	市販品	プログラムA	プログラムB
菌の被り	4.0 ± 0.0^b	3.8 ± 0.4^b	6.0 ± 0.0^a
溶菌状態	4.0 ± 0.0^b	6.0 ± 1.4^a	5.8 ± 1.1^{ab}
豆の色	4.0 ± 0.0^a	2.4 ± 1.1^b	3.0 ± 0.0^{ab}
豆の割れ・つぶれ	4.0 ± 0.0^b	6.6 ± 0.9^a	4.8 ± 1.1^b
糸引き	4.0 ± 0.0^a	1.0 ± 0.0^b	1.0 ± 0.0^b
香り（納豆らしさ）	4.0 ± 0.0	3.4 ± 1.5	2.8 ± 0.4
臭い（前項以外）	4.0 ± 0.0	4.0 ± 1.9	3.0 ± 2.7
硬さ	4.0 ± 0.0^b	7.0 ± 0.0^a	4.6 ± 1.5^b
旨み	4.0 ± 0.0	4.2 ± 1.6	3.0 ± 1.2
豆の味	4.0 ± 0.0^a	5.0 ± 1.2^a	1.8 ± 0.4^b
渋み・苦み	4.0 ± 0.0	2.8 ± 2.4	3.8 ± 2.0
総合評価	4.0 ± 0.0	3.6 ± 1.9	4.2 ± 1.1
嗜好	4.0 ± 0.0	3.0 ± 1.6	4.8 ± 1.6

データは平均値±標準偏差を示す
a, b 異なるアルファベット間に有意差（p<0.05）があることを示す
出典 髙橋沙織，勝股理恵，吉澤久美ほか：豆豉から分離したBacillus subtilis KFP 843株をスターターとする軟らかい納豆．食科工 2005；52；451-461.

価の結果を表8-1に示す。プログラムAで製造した納豆は、豆の割れ・つぶれ、硬さの項目で他の2つの納豆に比べて有意に（p<0.05）評価が優れていた。溶菌状態は市販納豆と比べて、豆の味はプログラムBと比べて有意に（p<0.05）評価が高かった。プログラムBで製造した納豆は、菌の被りが他の2つよりも有意に（p<0.05）評価が優れていた。しかし、両納豆ともに市販納豆に比べて有意に（p<0.05）糸引きが弱いと評価された。

（2）高齢者による試食調査例

当研究室では、同様に介護食品用の新規納豆として「軟らかく糸引きの良い納豆」の開発を行った[4]。この納豆について高齢者による試食調査を実施した例を次に紹介する。試食は東京都千代田区内の高齢者センター1か所（Aセンター）と高齢者在宅サービスセンター2か所（B, Cセンター）の協力を得て実施した。調査項目は、高齢者の負担とならないように最小限に絞り、見た目、におい、糸引き、軟らかさ、味、嗜好の6項目を設定した。各項目5段階評価とし、対照（段階3とする）は利用者が普段食べている納豆のイメージとした。Aセンターでは調査用紙に各自で評価を記入してもらい、B, Cセンターでは、試食中の高齢者に対して聞き取りを行った。パネルは延べ215人、うち男性39人、女性175人、性別不明者1人であった。なお性別不明について今回は性別の影響を考慮する必要がないと考えたので除外しなかった。試食の準備として、PSP（Poly Styrene Paper）容器に入れた納豆50gに市販の納豆のたれ小さじ1杯（約5 mL）を加えてよくかき混ぜたのち、1人分として1/2パックを小鉢に盛り

表8-2　高齢者による軟らかい納豆の試食結果

項目	有効回答数	評価					平均	総平均
		1	2	3	4	5		
見た目	207	0	8	84	101	14	3.5	3.6
におい	207	0	2	99	90	16	3.6	
糸引き	208	1	25	78	89	15	3.3	
硬さ	211	0	5	101	93	12	3.6	
味	210	1	4	53	118	34	3.9	
嗜好	209	1	6	57	110	35	3.8	

パネルは述べ215名（男性39、女性175、性別不明1）、平均年齢82歳
出典　三星沙織、斎藤春香、松川みゆきほか：軟らかく糸引きの良い高齢者向け納豆の開発．食科工 2006；53；466-473．

つけた。Aセンターでは，飯1杯（150g）と市販インスタント味噌汁1杯とともに提供し，B，Cセンターでは，通常の食事とともに同様に調製した1/2パックの納豆を提供した。3か所の調査結果の平均は，見た目3.5，におい3.6，糸引き3.3，軟らかさ3.6，味3.9，嗜好3.8であった（表8-2）。総合的な評価は3と4の間にあり，利用者が普段食べている納豆と同等かやや良いという評価であった。高齢者の中には筆記できない人もいるため，聞き取りで実施した点や，「評価」という言葉は嫌われるため「試食」という言葉を用いたりする点が，当研究室内での官能評価とは異なることであった。

（三星 沙織・木内 幹）

● 文献 ●
1) 髙橋沙織，勝股理恵，吉澤久美ほか：豆豉から分離した*Bacillus subtilis* KFP 843株をスターターとする軟らかい納豆．食科工 2005；52；451-461.
2) 納豆試験法研究会，農林水産省食品総合研究所編：納豆試験法．光琳，1990, p61-63.
3) SPSS Inc.：SPSS Base 12.0 J User's guide．エス・ピー・エス・エス㈱，2003, p309-315.
4) 三星沙織，斎藤春香，松川みゆきほか：軟らかく糸引きの良い高齢者向け納豆の開発．食科工 2006；53；466-473.

6 統計解析手法

(1) 統計学の必要性

官能評価法やアンケート調査法で得られたデータの解析には，確率という概念が不可欠である。我々が，実験やアンケート調査の結果から「納豆を食べると○○の値が減少する」とか，「試料Aより試料Bのほうが好まれる」といった主張をしたい場合，得られたデータの単純集計から結論を導くことには問題がある。なぜなら，実験やアンケート調査の結果は，確率的に変動するからである。例えば，表が出る確率と裏が出る確率が等しいコインを10回投げるという実験を考えてみてほしい。この実験の結果は，表が出る回数と裏が出る回数はおおよそ等しくなるだろうと予想される。しかしながら，必ず表の出る回数と裏が出る回数が両方5回になるわけではなく，表が6回，裏が4回となることや，表が3回，裏が7回となることも十分考えられるはずである。そして，

たまたま表が3回，裏が7回という結果が得られたときに「このコインは裏が出やすい」と結論付けてしまうのは，乱暴な議論であろう。

　統計学の目的の1つは，こういった確率的な変動を考慮した上で，結論を導き出すことである。データから仮説が正しいかを検証する方法を仮説検定という。例えば，「試料Aに対する評価と試料Bに対する評価には差がある」という仮説を検証したいとする。仮説検定では，この仮説の正しさを直接検証するのではなく，「試料Aに対する評価と試料Bに対する評価は等しい」という，本来の仮説の否定となるような仮説を立て，その検証を行う。検証したい仮説の否定となる仮説を帰無仮説といい，本来主張したい仮説を対立仮説という。こうして，帰無仮説を検証し，それが否定されれば，対立仮説が正しいと結論付けるのが，仮説検定のプロセスである。しかしながら，実際には帰無仮説を完全に否定することは難しい。例えば，あるコインについて「このコインは表が出る確率と裏が出る確率が等しくない」という仮説を検証することを考えよう。すると，帰無仮説は「このコインは表が出る確率と裏が出る確率が等しい」ということになる。さて，このコインを10回投げる実験で，表が10回出たとする。この結果が現れる可能性は0ではないので，帰無仮説に矛盾した結果ではない。従って，帰無仮説を完全に否定することはできない。しかしながら，帰無仮説が正しいとき，表が10回出る確率は1/2の10乗で，1/1024と非常に小さく，そんなことがたまたま起こったと考えるのは不自然である。従って，この場合は，このコインは表が出る確率と裏が出る確率は等しいという帰無仮説は棄却して，対立仮説が正しいと考えるほうが自然であろう。実際の仮説検定では，帰無仮説が正しいものと仮定し，すべての結果が出現する確率（または確率密度）を計算し，P値というものを計算する。P値とは，実際に得られた結果よりも帰無仮説から離れたデータの出現確率（または確率密度）を積算したものである。そして，そのP値がある閾値より小さい場合には，帰無仮説を棄却する。その閾値を有意水準と呼び，一般には0.05という値を用いられることが多い。このように，得られたデータから結論を導き出すには，仮説を立て，それを仮説検定により検証することが望ましい。この節では，官能評価に用いられる仮説検定の手法を紹介する。

　また，統計学には，データ構造の記述を目的とした手法も存在する。例えば，

複数の試料に対してアンケート調査を行い，各々の試料に対して得られた評価から，試料間の類似性を調べたい場合を考える。被験者が，試料に対して評価を行う際，複数の尺度をもって，評価を与えている場合が多い。そして，その尺度は，評価者によって異なっている。試料間の類似性を調べるためには，それらのばらつきを統合し，なるべく情報を落とさないような尺度を構成し，それによって関係を図示することが望ましい。統計学における，主成分分析法や対応分析法，双対尺度法などの手法は，こういった研究に適している。ここでは，データを表現するのに適当な尺度の構成法として，上記の3つの手法を紹介する。

（2） 分割表の独立性の検定（χ^2［カイ二乗］検定）

官能評価に限らず，医学，社会学，心理学など，様々な分野で最も使われているのが，分割表の独立性の検定であろう。この検定法はχ^2（カイ二乗）検定とも呼ばれる。例として，納豆に対する嗜好の男女差を考えよう。例えば，男性60名，女性40名に納豆が好きか嫌いかを聞き，それを図8-10（1）のような分割表と呼ばれる表に集計したとする。ここで，帰無仮説を「納豆に対する嗜好に男女差はない（すなわち納豆の嗜好と性別は独立である）」とすると，アンケート調査の結果は図8-10（2）の表に近くなるはずである。この表は，納豆に対する嗜好に男女差がない場合，すなわち男性における納豆を好む人の割合と女性におけるそれが等しい場合を示している。しかし，実際には嗜好に男女差がなかったとしても，必ずこの数字になるとは限らない。しかしながら，もし男女差がないとすると，図8-10（3）のような表は現れにくいであろう。分割表の独立性の検定では，実際に得られた図8-10（1）と帰無仮説において予想される図8-10（2）との差を表すχ^2（カイ二乗）値という値を計算し，

(1)

	好む	好まない	合計
男性	50	10	60
女性	20	20	40
合計	70	30	100

(2)

	好む	好まない	合計
男性	42	18	60
女性	28	12	40
合計	70	30	100

(3)

	好む	好まない	合計
男性	60	0	60
女性	10	30	40
合計	70	30	100

図8-10 分割表

それを用いて，P値を導出する（詳細は文献[1]を参照）。そのP値が有意水準より低ければ，帰無仮説を棄却し，納豆の嗜好と性別には関連があると結論付ける。これが分割表の独立性の検定である。この検定は，ほぼすべての統計解析ソフトに収められている。また，EXCELのシートなどでも簡単にP値が計算できる。

（3） 2群間の差の検定

例として「食品Aに対する男性の評価と女性の評価には差がある」という仮説を検証する場合を考える。調査方法は，男性60人，女性40人に対して，食品Aを100点満点で評価してもらうものとする。男性と女性で評価点数に差があるかを検証するためには，2群間の差の検定を行う[1]。この検定のために用いられる手法は複数存在するが，ここではウィルコクソン検定を紹介する。帰無仮説を「食品Aに対する男性の評価と女性の評価には差がない」とすると，帰無仮説が正しい場合には，男性も女性も，食品Aに対して，おおよそ同じような点数を付けていることが予想される。ウィルコクソン検定では，男女の点数をすべて合わせて大きい順（または小さい順）に並べ，その点数に順位を付ける（図8-11）。すると，帰無仮説が正しい場合には，男性の点数についた順位の和と女性の点数についた順位の和は大体等しくなることが予想される。ウィルコクソン検定は，この順位の和を元に，P値を計算する。そのP値が有意水準よ

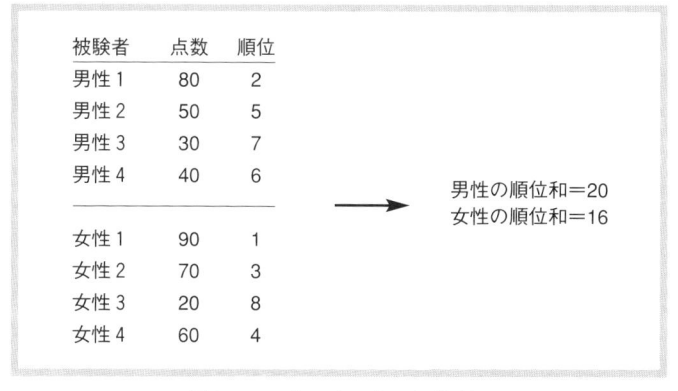

被験者	点数	順位
男性1	80	2
男性2	50	5
男性3	30	7
男性4	40	6
女性1	90	1
女性2	70	3
女性3	20	8
女性4	60	4

→ 男性の順位和＝20
女性の順位和＝16

図8-11 ウィルコクソン検定

り低ければ，帰無仮説を棄却し，食品Aに対する評価と性別には関連があると結論付ける。

2群間の検定では，t検定が最も有名であるが，この手法は，データが正規分布に従っているという強い仮定の元に成立している。しかし，ウィルコクソン検定では，特定の分布を仮定していないため，t検定より適用範囲が広い。また，マン＝ウィットニー検定も有名な方法であるが，これは上記のウィルコクソン検定と同じものであるといってよい。

（4）多群間の差の検定

（3）の例では，男女差を考えたため，2群間の差の検定を行ったが，例えば出身都道府県のように，2つ以上のカテゴリーを持つ項目について，評価の差を調べたい場合には，多群間の差の検定を考えなければならない。多群間の差の検定に用いられる検定法には，クラスカル＝ワリス検定や分散分析といった方法がある。クラスカル＝ワリス検定は，ウィルコクソン検定と同様に，各群の順位和を元に，P値を計算する手法である[1]。一方，分散分析は，各群内のばらつきと群間のばらつきの比率により，P値を計算する手法である[2]。

（5）主成分分析法

官能評価の研究において，複数の試料についてそれらの関連性や類似性を調べたい場合がある。今，複数の試料について，複数の被験者から100点満点の評価を得ているものとする。ある被験者から試料に与えられた評価点は数字であって，大小関係を論じることができる。しかしながら，すべての被験者が同じ尺度で評価をしているとは限らない。例えば，ある被験者は，食感の良さを重視していて，別の被験者は味の濃淡を重視していたりすると，両者の評価は異なるものとなる。そう考えると，被験者の人数分の尺度が存在し，得られているデータは，ばらばらの尺度から得られたデータであるということになる。しかし，すべての被験者が全くばらばらの尺度を用いているわけではなく，被験者には大まかには共通した尺度があることも十分考えられる。主成分分析法は，これらの個人差から，なるべく情報を落とさないように共通した尺度を求め，その尺度をもって各試料間の関係を視覚化する方法である。もし，似たよ

うな性質を持つ2つの試料があった場合，それらに対する被験者からの評価は似ているであろう。また，全く異なるような2つの試料は，被験者からは異なる評価を得るであろう。主成分分析法により得られる尺度は，このように，似た評価を持つ試料は近い位置に，異なる評価を持つ試料は遠い位置に付置されることを目的として構成されるものである。また，主成分分析法の実際の計算は非常に複雑であり，統計解析用ソフトウェアで計算することになる。

（6） 対応分析法と双対尺度法

データとして得られる数値は，大きく分けて3つのタイプに分かれる。1つ目は名義尺度で，これは，大小に意味がない数値である。例を挙げれば，野球選手の背番号が挙げられる。背番号が大きい選手ほど優れた選手であるということはなく，選手の識別のためだけに用いられている数字である。2つ目は，順序尺度で，これは数字の大小関係のみに意味があり，その差には意味がないものである。例を挙げれば，マラソンの順位である。1位と2位では，1位のほうが優れているが，1位の選手が2位の選手を大きく引き離して勝ったのか，それともギリギリで勝ったのかは，この数字からはわからない。3つ目は間隔尺度で，これは数字の大小と差に意味があるものである。マラソンで言えば，タイムに当たる。タイムが小さいほうが優れていて，さらに，引き算した値は，タイム差で，この値にも意味がある。

前述の主成分分析法は，間隔尺度のデータを取り扱う手法であった。しかし，官能評価では，名義尺度や順序尺度のデータ（この2つを合わせて離散データという）を扱うことも多い。離散データに対して，主成分分析法と同等の解析を行う場合には，対応分析法や双対尺度法を用いる必要がある。両者は，離散変量に対する主成分分析法とはいえ，数理的にはほぼ同等の手法である。例えば，（5）では，試料に対し100点満点の点数をつけていた。しかし，各被験者が，すべての試料の評価を点数ではなく，「おいしい・普通・まずい」の3カテゴリーで表すような場合，得られたデータは離散データであり，主成分分析法ではなく，対応分析または双対尺度法を用いるべきである。特に，双対尺度法は，通常の離散データのみならず，一対比較データ，順序データなど，様々なアンケート調査の形式で得られるデータへの対応が考えられており，官能評価の分

野にも適している。より深い理解のためには,文献[3, 4]を参照していただきたい。

(中村 好宏)

●**文献**●
1) 鎌谷直之:実感と納得の統計学.羊土社,2006.
2) 石村貞夫:分散分析のはなし.東京図書,1992.
3) 大隅 昇,ルバール L.,モリノウ A. ほか:記述的多変量解析法.日科技連,1994.
4) 西里静彦:質的データの数量化.朝倉書店,1982.

第9章　品質管理

1　食品のトレーサビリティ

（1）食品の安全・安心とは

　食の安全・安心が叫ばれて久しい。しかし，安全と安心とは明確に異なるものである。今一度，安全と安心の違いをはっきり確かめてみたい。キーポイントは2つある。1つは，主体が何かである。安全にあっては，主体は食品そのものである。一方，安心においては，人が主体となる。もう1つのポイントは，安全は，科学的に評価できるものであり，残留農薬の検査やHACCP等の取り組み等が相当する。安心は，人の心の中で形成されるから，今のところ科学においての全容解明は無理である。以上のように考えた場合，トレーサビリティができる部分は，食の安心だけであることは明らかである。従って，あくまで安全を確保した上で，トレーサビリティに取り組むことが最低限必要である。

（2）定義から始まったトレーサビリティ

　トレーサビリティという言葉が食品分野において関心を集め始めたのは2000年の雪印の食中毒事件からの一連の食品の安全性を脅かす事件がきっかけと思われる（図9-1）。それを受けて，農水省は有識者による委員会を設け，「食品トレーサビリティ導入の手引き」[1]を策定した。手引きにおいて，トレーサビリティは，「生産，処理・加工，流通・販売のフードチェーンの各段階で，食品とその情報を追跡し，遡及できること」と定義されている。端的にいえば，食品の移動履歴（＝流通履歴）を記録し，必要な時は，いつでもどこでも一連の流れが参照できるようにすることがトレーサビリティと決められ，その後，様々な補助事業も，そのようなシステム構築を最終目標として進められてきた。

```
2000年6月    雪印の食中毒事件
2001年9月    国内初BSE感染牛発見
2002年8月    山形無登録農薬問題
2003年4月    食品トレーサビリティ導入の手引き
             (農水省総合食料局消費生活課)
2003年6月    牛肉トレーサビリティ法
             (牛の個体識別のための情報の管理及び伝達に関する特別措置法)
2004年       e-Japan2004
             (重点7分野の2番目に「食のトレーサビリティ」)
2007年3月    トレーサビリティの定義改訂
```

図9-1　トレーサビリティの登場

　そして，これらの施策は，それまで生産履歴の記帳が浸透していなかった産地に，きちんと記録をすることから全てが始まるという意識改革を促す点では重要な役割を果たしてきた。
　しかしながら，実態は必ずしも全てが定義通りには進まなかった。理想と現実のギャップがあまりに大きかったのである。それが顕著に表面化したのは，2006年9月に報道されたトレーサビリティ補助金プロジェクト頓挫事件[2]である。これらは，事業者の資質にも起因する例外的な事例かもしれないが，他の事例を見てもフードチェーン全体にわたって流通履歴が一覧できるシステムは非常に少ない。流通履歴をデータベース化することは，それだけ難しい（あるいは不可能に近い）という現実と真摯に向き合う必要があるといえる。では，なぜ難しいのであろうか。いくつかの大きな理由が考えられる。

① **流通履歴は消費ニーズではない**
・消費者は流通履歴よりも生産情報を欲しがっている。
・実際に，実証実験で店頭端末にて流通履歴を消費者に見せても消費者は興味を示さない。

② **流通履歴だけでは安心を担保できない**
・食品はその種類によって様々な形態をとり，品質に影響する要因が異なる。
・例えば，米は常温流通が可能で長期保存が利くため流通過程で問題が生じることはほとんどない。流通履歴を開示されるより，誰がどのように作ったかの生産情報を開示されるほうが，安心感が得られる食品である。

・一方，鮮魚では逆に流通過程における温度が非常に重要な要因となる。鮮魚がどこからどこへ移動したかという情報より，何度以下に保たれてきたかという情報のほうが安心できるわけである。

　③ **事業者が複数にわたる**
・農産物や水産物，畜産物は，多くの流通業者を介して消費者にわたる。
・途中に市場が介在する場合は，最終的にどこにいくのかがわからない。
・流通履歴をデータベース化するには，そこに介在する事業者全員が記録を残さなければ不可能であり，義務化する以外には記録するインセンティブを与えるメリットが必要となる。

　④ **流通履歴の情報は利益を生み出しはしない**
・コストと手間がかかる一方で，これまでの実証試験においても有利販売は期待しづらいことが明らかになっている。
・そのことも含めて，販売業者が流通履歴の必要性を感じていない。

　⑤ **完全なトレーサビリティの実現にかかるコストは膨大である**
・値段の安い食品にコスト転嫁は不可能である。
・競争激化のため，販売業者も利益率重視の傾向にある。

　以上のように，フードチェーン全体にわたり流通履歴を記録し，データベース化することは労多くしてメリットが少ないため，実運用での継続は非常に難しく，冒頭の定義に基づくトレーサビリティが，単にシステムを構築しただけでは稼働しないのは当然ともいえる。

（3）定義の改訂と実用的なトレーサビリティ展開へ

　このような背景もあり，2007年3月に至って，ようやく「食品トレーサビリティ導入の手引き」における定義の改訂がなされた。新たな定義では「生産，加工および流通の特定の1つまたは複数の段階を通じて，食品の移動を把握できること」となっており，Codexでの下記の定義の訳となっている。

　　　the ability to follow the movement of a food through specified stage(s) of production, processing and distribution

　この訳には，加えて以下の注もつけられている。

注：「移動」は，ものの出自（origin），プロセスの履歴，または流通と関連づけることができる。

つまり，単なる流通履歴を示す「移動」だけに留まらないということで，「移動」というよりも「変化」という訳のほうが適切かもしれない。

しかし，定義を改訂しただけでは運用継続可能なトレーサビリティへの脱却はできない。前述の①〜⑤の問題点を解決するような取り組みが必要となる。それぞれの項目に対して，具体的には次のような対策が考えられる。

① 流通履歴は消費ニーズではない

② 流通履歴だけでは安心は担保できない

これらは定義も改訂されたこともあいまって，流通履歴だけにこだわらず，対象とする食品が本当に安心と感じられるために必要な情報は何かという原点に立ち戻って考えるべきである。そして，その情報を適切に必要な人に渡す情報伝達方法を検討する必要がある。

③ 事業者が複数にわたる

全ての事業者が参加するという前提を諦め，むしろ，個々にできるところから手がけていくという姿勢が必要と思われる。

④ 流通履歴の情報は利益を生み出しはしない

⑤ 完全なトレーサビリティの実現にかかるコストは膨大である

これらは，トレーサビリティという枠内だけでは解決ができない問題である。①②で検討された必要な情報をトレーサビリティだけでなく，マーケティング等にも使えるようなビジネスモデルの構築が求められている。1つの情報は1つの用途だけでなく，様々な形態と場所で再利用することにより，携わる人々全てがコストに見合ったメリットを感じられるシステムにすることで，初めて継続的な実運用が可能になる。

以上を前提として，実際にこれらを意図した事例を以下に紹介する。

（4）情報の伝達

まず，情報の伝達手法という面から考えると図9-2に示した2つの方法がある。①の情報伝達型は，従来から行われている手法で，紙に書いてモノと一緒に情報を伝達する方法である。これに対して，最近のネットワーク（インター

1．食品のトレーサビリティ　163

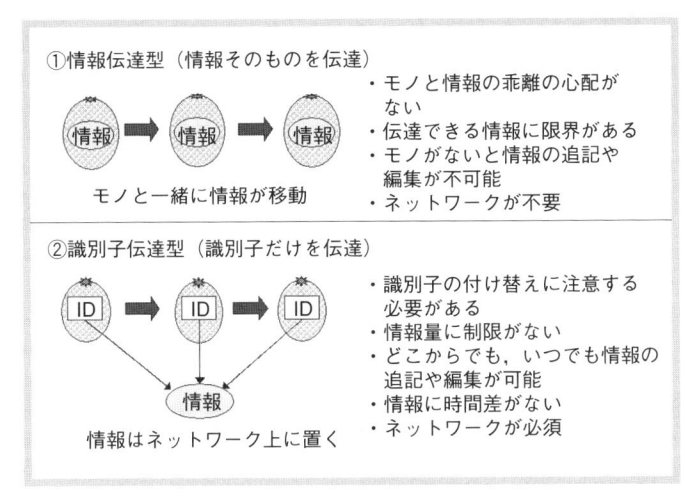

図9-2　2つの情報伝達手法

①情報伝達型（情報そのものを伝達）
モノと一緒に情報が移動
- モノと情報の乖離の心配がない
- 伝達できる情報に限界がある
- モノがないと情報の追記や編集が不可能
- ネットワークが不要

②識別子伝達型（識別子だけを伝達）
情報はネットワーク上に置く
- 識別子の付け替えに注意する必要がある
- 情報量に制限がない
- どこからでも，いつでも情報の追記や編集が可能
- 情報に時間差がない
- ネットワークが必須

ネット）の普及により，初めて実現された方法が，②の識別子伝達型の方法である。これは，モノには，他と区別ができる識別子のみを付けて流通させ，情報そのものはネットワーク上に置いておき，識別子との紐付けだけで参照させる方法である。情報伝達型と対照的な特徴を有しており，特にインターネットの世界では，文字情報のみならず，画像・動画・音声情報も伝えることができる。

（5）情報交換技術

しかし，情報が伝達できるだけでは実用的なシステムとして必ず限界がくる。なぜなら，世の中には色々なニーズがあり，それらのニーズを全てをまかなう万能のシステムなんて無理だからである。最初は基本的なことができるだけでも満足しているが，そのうち，新しいニーズが生まれ，ある産地ではこの機能が必要だが，他の産地では別の機能が欲しいという要求が出てくる。だからこそ，差別化で競争が図れるわけであり，これが実現しないと進歩が止まってしまう。これを実現するには，どこでも必要とされる基本機能と産地や場所ごとに異なるオプション機能を分け，その両者がデータを交換しあって連携できることが理想的である。すなわち，全国で共通に使えるものを1つ作って共有し，その他の必要な部分だけを産地ごとに作るというモデルである。これをコンピ

ュータで実現するのはこれまでは非常に難しかった。ところが，Web技術の進展で，この壁を打破するブレークスルーが行われる。XMLWebサービスの出現である。Webというのはパソコンやアプリケーションと異なり，インターネット上のTCP/IPという共通のプロトコルで情報を流すことができる。そこには，機種やOS，アプリの違いは全く存在しない。そのうえ，XML（eXtensible Markup Language）というインターネット上の共通言語の出現により，Webを介してデータ交換が容易にできるようになったのである。

（6）青果ネットカタログ（SEICA）の誕生

さて，このような識別子伝達型の手法で，色々なところで必要とされる農産物の生産情報を蓄積し，それが最新の情報交換技術（XML Webサービス）を実装して実用的に使えるように開発したのが青果ネットカタログ－SEICA（http://seica.info/）である[3, 4]。農産物の基本情報を誰でも自由に活用できるインフラができれば，様々な分野での事業展開が図れ，日本の農業及び食品産業は大きく変わる。2002年8月に一般公開され，これまで数多くの改良を加えながら現在に至っている。このシステムは，それまでの生産組織ごとにシステム構築する無駄を省き，全国規模で誰もが自由に品目毎に情報を登録し，閲覧で

図9-3　SEICA利用の流れ

きる構造になっている（図9-3）。すなわち，生産者はWebページのフォームから，自分の出荷する品目について，① 生産物情報，② 生産者情報，③ 出荷情報を入力する。その際，文字情報だけでなく，写真や音声等も登録可能である。登録されると，システムがその登録情報と紐付けた8桁のカタログNo.を自動発行する。生産者は，そのカタログNo.とWebアドレスを出荷する農産物のラベルや包装に印刷することで，細かな情報を，インターネットを通じて公開することが可能になる。

（7）SEICAのビジネスモデル

生産情報を，従来のように各所でバラバラに蓄積して情報を公開していては，各々のホームページでしか閲覧できず，情報の再活用ができないばかりか，全国規模の条件検索もできない。どこでも誰でも必要なときに必要な農産物の情報が手に入れられる（いわゆるユビキタス）の実現には，以下の3点が不可欠となる。

　a．識別子（ID,コード）の統一：8桁のカタログ番号の自動付番
　b．データ形式の標準化：XMLによるデータ蓄積
　c．"オープン"&"フリー"：全てが無料で使え，データアクセスの技術
　　情報を公開

SEICAがこの3つの役割を果たすことにより，図9-4のような利用の仕方が可能となる。すなわち，既存の民間システム（農作業日誌や記帳システム）で集められた生産情報はそれぞれがバラバラの書式であるが，入力系Webサービスを利用してSEICAに転送することで，全て同じXMLの標準書式（スキーマ）に展開される。この書式は公開されているので，これらのデータは外部システムが出力系Webサービスを利用して自由に自分のシステムに取り込んで再活用ができる。トレーサビリティとしての消費者への情報開示や店頭での表示，市場等での物流管理，インターネット上での電子商取引，さらには食品会社での原料管理として，8桁のカタログ番号を入力するだけで必要情報を自社データベースに取り込むことも可能になる。このようにSEICAはデータのインターチェンジのように異なったデータを一度集めて，それらを様々なところで再利用するのに一役買っている。また，この仕組みはシステム全体の経費をどのように

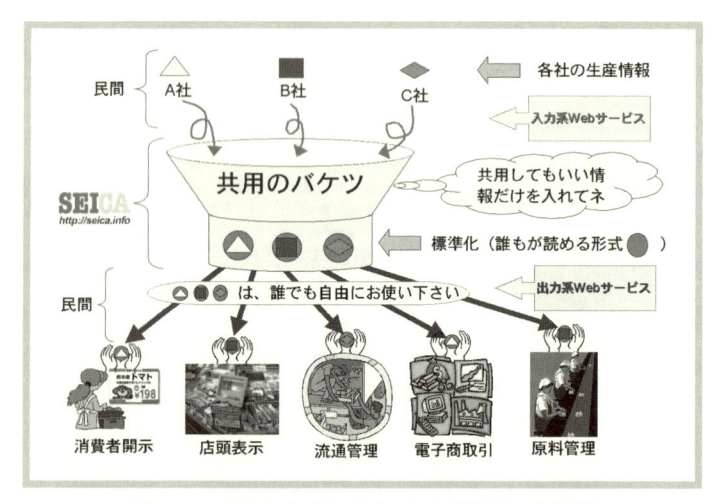

図9-4　SEICAをインフラとした利活用への展開

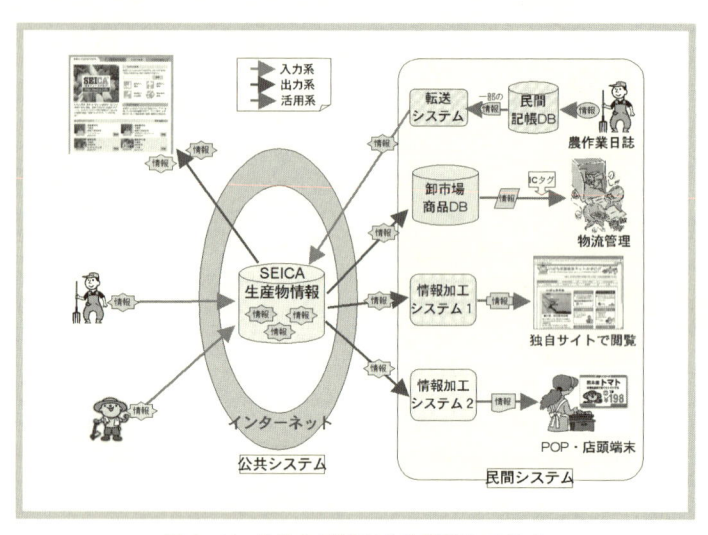

図9-5　公共と民間による協調システム

分担するかも，きれいなビジネスロジックとして仕分けることができる。図9-5に示すように，物理的に全く離れた公共（無料）の世界と民間（有料）の世界を，Webサービスでシームレスにつなぐことにより，様々なオプションの選択を実需者に与えながら全体としてのシステムが機能させることができる。民間はデータに付加価値を施すことでそれに対する対価を得ることができる。ト

レーサビリティという観点から見ると，ラベル等の貼付やデータ入力は産地の負担，店頭でのPOPや店頭端末は流通業の負担というような受益者負担が可能になる。

(杉山　純一)

● 文献 ●
1) http://www.maff.go.jp/trace/top.htm
2) 島田優子：動かないコンピュータ　山形県，東京都，千葉県，熊本県の6団体　生産履歴管理システムで挫折. 日経コンピュータ 2006；668；136.
3) 杉山純一：農産物の情報開示とIT利用. 農業機械学会誌 2004；6（4）；16-20.
4) 杉山純一：青果ネットカタログ「SEICA」の展望. システム農学 2005；21（3）；149-155.

2　分別生産流通管理（IPハンドリング）

(1) 遺伝子組換え食品の表示概要

遺伝子組換え食品の表示が2001（平成13）年4月1日よりJAS法（農林物資の規格化及び品質表示の適正化に関する法律）及び食品衛生法に基づき義務化された。

表示義務の対象となるのは，大豆，とうもろこし，ばれいしょ，なたね，綿実，アルファルファ，てん菜の7種類の農産物と，これを原材料とし，加工後も組換えられたDNAまたはこれによって生じたタンパク質が検出できる加工食品32食品群，及び高オレイン酸大豆，高リシンとうもろこし及びこれを原材料として使用した加工食品（大豆油等）である[1]。

表示の概要は表9-1に示したとおりである。高オレイン酸大豆のように従来のものと組成，栄養価等が著しく異なるものについては表示義務が課されている。従来のものと組成，栄養価等が同等のものに関しては，加工後も組換えられたDNAまたはこれによって生じたタンパク質が残存する加工食品が表示の対象となっており，大豆加工食品については表9-2に示すように15食品群が掲げられている。日本人の食生活を彩る多くの大豆加工食品がその対象となっている。

さらに，対象加工食品は表9-1中のA，B，Cの3つのカテゴリーに分けられている。遺伝子組換え農産物を原材料とする場合は，「遺伝子組換え」等と表示することが義務づけられている（A）。また，遺伝子組換えのものと非遺伝

表9-1 遺伝子組換え食品の表示

分類	表示例	表示
従来のものと組成, 栄養価等が著しく異なるもの（高オレイン酸大豆, 高リシンとうもろこし）	「大豆(高オレイン酸遺伝子組換え)」等	義務表示
従来のものと組成, 栄養価等が同等のもの		
① 加工後も組換えられたDNAまたはこれによって生じたタンパク質が残存する加工食品		
A 遺伝子組換え農産物を原材料とする場合	「遺伝子組換えのものを分別」等	義務表示
B 遺伝子組換えのものと非遺伝子組換えのものが分別されていない農産物を原材料とする場合	「遺伝子組換え分別」等	義務表示
C 生産・流通段階を通じて分別された非遺伝子組換え農産物を原料とする場合	表示不要(当該対象農産物の名称のみ)「遺伝子組換えでない」等可能	任意表示
② 加工後に組換えられたDNA及びこれによって生じたタンパク質が残存しない加工食品（大豆油, 醤油, コーン油, 異性化液糖等）	表示不要(当該対象農産物の名称のみ)「遺伝子組換えでない」等可能	任意表示

表9-2 対象となる大豆の加工食品

加工食品		対象農産物
1	豆腐・油揚げ類	大豆
2	凍豆腐, おから及びゆば	大豆
3	納豆	大豆
4	豆乳類	大豆
5	みそ	大豆
6	大豆煮豆	大豆
7	大豆缶詰及び大豆瓶詰め	大豆
8	きな粉	大豆
9	大豆いり豆	大豆
10	第1号から第9号までに掲げるものを主な原材料とするもの	大豆
11	大豆(調理用)を主な原材料とするもの	大豆
12	大豆粉を主な原材料とするもの	大豆
13	大豆タンパクを主な原材料とするもの	大豆
14	枝豆を主な原材料とするもの	枝豆
15	大豆もやしを主な原材料とするもの	大豆もやし

※主な原材料とは, 当該加工食品の全原材料のうち, 原材料に占める重量の割合が上位3位までのもので, かつ, 原材料に占める重量割合が5％以上のものである.

子組換えのものが分別されていない農産物を原材料とする場合は「遺伝子組換え不分別」等と表示することが義務づけられている (B). 一方, 生産・流通段階を通じて分別された非遺伝子組換え農産物を原料とする場合には, 表示義務はないが, 任意で「遺伝子組換えでないものを分別」等の表示が可能である.

加工後に組換えられたDNA及びこれによって生じたタンパク質が残存しない大豆油，醬油，コーン油，異性化液糖等は表示が不要であり，表示を行うのは任意となっている。

（2）わが国の大豆利用の現状

わが国で用いられている大豆は，2006年現在，約95％を輸入に依存している[2,3]。輸入先は，アメリカに80％近くを依存し，次いでカナダ，ブラジル，中国という順になっている[2]。ちなみに，最大の輸入先であるアメリカの2007年の遺伝子組換え大豆の作付け割合は91％に上る[4]。また，日本で商業利用が可能な遺伝子組換え大豆は，除草剤耐性大豆4種，高オレイン酸大豆1種の合計5種の大豆である（2007年11月現在）。

一部例外はあるが，通常アメリカで生産された大豆は遺伝子組換え，非遺伝子組換えといった区別ではなく，用途に応じて流通されている。従って，このような形態で流通している大豆がわが国に輸入され，食品として利用されるときの表示については，表9-1のBのカテゴリーとなり該当食品においては「遺伝子組換え不分別」等の表示をする義務がある。しかし，先に述べたように，醬油，大豆油などのように，組換えられたDNA及びこれによって生じたタンパク質が残存しないものについては表示対象外であるため，組換え体が混入していても「遺伝子組換え不分別」と表示する義務はない。

一方，加工後も組換えられたDNAまたはこれによって生じたタンパク質が残存する加工食品については，このような流通形態によって輸入されたものを原料とする際には表示義務が生じる。しかし，店頭で見かける納豆・豆腐などの表示義務のある大豆加工食品の多くは「遺伝子組換えでない」等の表示がなされている。これは分別生産流通管理（IPハンドリング：Identity Preserved Handling）というシステムを根拠とするものであり，このIPハンドリングを行うことにより表9-1のCのカテゴリーである「遺伝子組換えでない」等の表示が可能となっている。IPハンドリングは正式には，「遺伝子組換え農産物及び非遺伝子組換え農産物を生産，流通及び加工の各段階で善良なる管理者の注意をもって分別管理し，その旨を証明する書類により明確にした管理の方法」と規定されている。

(3) IPハンドリング

IPハンドリングの方法としては，多様なものが考えられる。しかし，表示の対象となるものの中で，バルク輸送される北米産の大豆，とうもろこしが大きな割合を占めているので，これらを対象とした「流通マニュアル」が（財）食品産業センターにおいて作成・配布されている[5]。本マニュアルにおいては，農家の生産段階，カントリーエレベーターの流通段階，リバーエレベーターの流通段階，エクスポートエレベーター及び日本までの輸送段階，港湾サイロの日本国内流通段階，卸売業者（主として大豆）の流通段階，加工業者（グリッツ・スターチ工場）の流通段階，食品製造業者の流通段階の各段階における，チェックポイント（図9-6），管理方法，必要な記録等が示されている。さらに，各段階にて発行される証明書の様式例も記されている。バルク輸送される北米産の大豆，とうもろこしについては，本マニュアルに即した管理・確認が全てのチェックポイントで適切になされれば，IPハンドリングが行われ，かつ，適切に確認されたこととなる。

しかし，IPハンドリングが適切に行われたことが確認された非遺伝子組換え農産物であっても，遺伝子組換え体が一定の割合で混入する可能性は否定できない。これは，生産者から食品加工業者に至る様々な流通段階において，それぞれ遺伝子組換え農産物と非組換え農産物を同じラインを用いて流通させてい

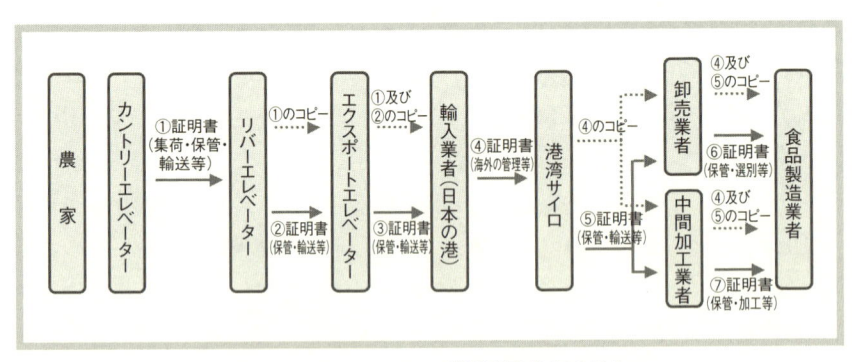

図9-6　IPハンドリング証明書発行の流れ
出典　財団法人食品産業センター：アメリカ及びカナダ産のバルク輸送非遺伝子組換え原料（大豆・とうもろこし）確保のための流通マニュアル．農林水産省総合食料局品質課，2001年12月改訂．

るためである．非遺伝子組換え農産物のみを取り扱う際には，通常の流通作業を一旦停止し，コンベアーや倉庫内の清掃を行う．しかし，清掃してもラインに若干の遺伝子組換え体が残ることもあり，現状の流通経路を採る限り，100％の非遺伝子組換え農産物を保証することは不可能である．従って，IPハンドリングが適切に行われていれば，このような一定の「意図せざる混入」がある場合でも「遺伝子組換えでない」旨の表示ができることとなっている．大豆及びとうもろこしについては，現在行われているIPハンドリングの実態を踏まえ，5％以下の意図せざる混入が認められている．しかし，IPハンドリングによらない流通や，意図的に遺伝子組換え農作物を混入させた場合には5％以下の混入であっても，IPハンドリングを行ったことにはならず，「遺伝子組換え不分別」等の表示が義務づけられる．

なお，この流通マニュアルは，北米産のバルク輸送される大豆，とうもろこしを対象とし，非遺伝子組換え原料を確保するために作成されたものであるが，北米産以外のバルク輸送される大豆，とうもろこしについても，当該国から輸入しようとする大豆，とうもろこしについて遺伝子組換え体の商業栽培が行われている場合には，このマニュアルに則したIPハンドリングが必要となる．

また，味噌・豆腐用の大豆，納豆用の小粒大豆の一部や，有機大豆，ポップコーン用のポップ種においてはコンテナ輸送（ばら積みまたは袋詰め）が見られるが，コンテナに封印されるまで及びコンテナの開封後については，このマニュアルに準ずることとなる．

（橘田 和美）

● 文献 ●

1) 農林水産省：遺伝子組換えに関する表示に係る加工食品品質表示基準第7条第1項及び生鮮食品品質表示基準第7条第1項の規定に基づく農林水産大臣の定める基準（平成12年3月31日農林水産省告示第517号）（改正 平成19年10月1日農林水産省告示第1173号）(http://www.maff.go.jp/j/jas/hyoji/pdf/kijun-03.pdf)．
2) 農林水産省：我が国貿易統計（財務省公表「貿易統計」より農林水産物を抽出）(http://www.toukei.maff.go.jp/world/index.files/wagakunijisseki.htm)．
3) 農林水産省統計部：平成18年産大豆の収穫量（確定値）．2007，(http://www.maff.go.jp/www/info/bunrui/mono03.html)．
4) 米国農務省農業統計部：For information on Acreage．2007，(http://usda.mannlib.cornell.edu/usda/current/Acre/Acre-06-29-2007.pdf)．
5) 財団法人食品産業センター：アメリカ及びカナダ産のバルク輸送非遺伝子組換え原料(大豆，とうもろこし)確保のための流通マニュアル．農林水産省総合食料局品質課，2001年12月改訂．

3　一般的衛生管理

（1）食品関連事業者の責務

　食品の衛生管理は，その食品を食べる人の健康障害を未然に防ぐことを願って行われる。2003年に制定された食品安全基本法では，その第9条で，食品関連事業者は「自らが食品の安全性の確保について第一義的責任を有していることを認識して，食品の安全性を確保するために必要な措置を適切に講ずる責務を有する」とされている。誠実に衛生管理に取り組み，その記録を残すことが，食品事業者が何らかの疑いを持たれた時の対抗手段としても必要になっている。食品の安全性確保のための過去の経験を整理し，最新の科学技術を織り込んで体系化したものが，食品衛生学である[1]。衛生管理の対象となる病原体等の危害要因は変化することもある。従来からの勘に頼る対応ではなく，科学的根拠を持って，衛生管理に取り組むことが必要である。世界保健機関（WHO）は，食品衛生を次のように定義している。

　　　「食品衛生とは，生育，生産，あるいは製造時から最終的に人に摂取されるまでの全ての段階において，食品の安全性，健全性（有益性），健常性（完全性）を確保するために必要なあらゆる手段である。」

　安全な納豆を出荷するためには，従業員の衛生教育やチームワークを重要視して，製造施設の整理・整頓を心がけ，持ち込まれる原料大豆や器具容器・包装，使用水，従業員等の衛生状態を良好に保つ必要がある。納豆の原料である大豆も多くが海外からの輸入品である。生産地や輸送経路の衛生状態についても確認が必要である。

（2）食品と健康障害

　我々は，生物を食べている。納豆の原料も大豆も納豆菌も生物である。大豆には，レクチンやトリプシンインヒビターと呼ばれる人間にとって有害な物質があるが，納豆製造のように大豆を加熱することにより失活し，毒性を示さなくなる。このように生物は，人間にとって不都合な成分を含んでいる場合もあ

り，病原菌を媒介することもある。暴飲暴食や栄養失調などを別にして，食に由来する健康障害を，食性病害という。食性病害には，表9-3のようなものがある。食中毒の原因の多くが微生物によって引き起こされている。未然に防止するためには，「敵（食中毒菌）を知る，己（食べる人）を知る」ことが大切である。食中毒菌（表9-4）の性質を良く知り，出荷した食品をどのような人が，どのように食べるかも考えて対策を立てる必要がある。

食品取り扱い者に求められる衛生管理の基本は，5S（整理・整頓・清掃・清潔・習慣づけ）である。衛生管理には，「目に見える5S」と「目に見えない5S」があり，両者を継続的に維持していくことが重要である。「目に見える5S」は比較的理解されやすいが，維持管理していくことが難しいのが実情である。「目に見えない5S」は，有害微生物等の管理である。「目に見える5S」では，作業前手洗いを継続的に実施することなどが求められるが，「目に見えない5S」は，その実施された手洗い行為について，微生物学的に効果がある

表9-3 食性病害の分類と原因物質の例

分類	種類		代表例
内因性	1.有毒成分		a.アルカロイド，シアン配糖体，発がん物質
			b.キノコ毒
	2.生理作用成分		a.抗ビタミン性物質，抗酵素性物質，抗甲状腺物質
			b.食品アレルゲン
外因性	1.生物的	①微生物	a.経口感染症病　　赤痢・コレラほか†
			b.細菌性食中毒　　サルモネラ・病原大腸菌ほか†
			c.ウイルス性食中毒　ノロ，A型肝炎ほか
			d.マイコトキシン産生菌　アフラトキシンほか
			e.水産毒素産生微生物　フグ毒，貝毒ほか＊
		②寄生虫	回虫，条虫，アニサキス
		③タンパク質	異常プリオン
	2.人為的		a.有害化学物質　　ズルチン
			b.汚染物質　　残留農薬，薬剤
			c.工場排出物　　有機水銀，カドミウム
			d.放射性降下物　　セシウム137
			e.容器等溶出物　　スズ，鉛
			f.加工過誤　　ヒ素，PCBs
誘起性	1.物理的条件		加熱油脂
	2.化学的条件		ニトロソアミン

†aは感染症法での2類感染症を，bは3類感染症を含む食中毒である。
＊えさや環境に由来する微生物毒素の蓄積による。

表9-4 食中毒菌の分類例

分類	菌名	特徴
芽胞非形成食中毒細菌 （加熱に弱い）	サルモネラ属菌 黄色ブドウ球菌 病原大腸菌（O157含む） 腸炎ビブリオ カンピロバクター	自然界に広く分布 産生した毒素は，通常加熱で失活せず 少ない菌量でも発症することがある 沿岸海水に生息 動物や健康保菌者にも注意
芽胞形成食中毒細菌 （加熱に抵抗） セレウス菌	ボツリヌス菌 ウエルシュ菌 自然界に広く分布	致死性の毒素を産生 食中毒株は熱抵抗性が高い
低温増殖性食中毒細菌 （冷蔵庫でも増殖）	エルシニア リステリア（Lm菌）	加熱に弱い 加熱に弱い
経口感染性食中毒細菌 （感染性が強い）	コレラ菌 赤痢菌 チフス菌 パラチフス菌	加熱に弱い 加熱に弱い 加熱に弱い 加熱に弱い
食中毒ウイルス	ノロウイルス	加熱に弱い
その他のウイルス	A型肝炎ウイルス ロタウイルス	加熱に弱い

内閣府食品安全委員会，厚生労働省，農林水産省等のホームページに，食中毒菌の解説がある。食中毒菌の性質を良く理解するために閲覧されることをお勧めする。

かどうか検証しなければならない。例えば，手の洗い方が正しく実施されたかどうかを「目に見えない指標」である微生物（例えば生菌数）などを測定し，評価することが必要である。

（3）微生物について

微生物は1つ1つは肉眼では見えないが，食中毒や感染症の原因となったり，食品を腐敗させたりするものもいる。食品と関係の深い微生物は，細菌，真菌（カビ，酵母），ウイルスである。微生物は厳しい環境下でも生き延びられるよう様々な仕組みを持っている。人間も「目に見えない5S」を認識することが重要になる。微生物も，栄養素と水がなければ生きていけない。作業終了後の各環境に，栄養分や水が残っていた場合や，包丁・まな板・ふきんなどが洗浄された後，乾燥されていない場合は，有害微生物の隠れ家になることもある。食品の保管，温度，時間管理や調理加工における衛生管理を適切に行い，「目に見えない5S」が維持されたままで，食べてしまうことが必要である。

表9-5 微生物制御法の分類

殺菌	加熱殺菌	高温殺菌，高周波加熱，赤外線加熱，通電加熱，低温加熱，乾熱殺菌
	冷殺菌	薬剤殺菌：液体殺菌剤，ガス殺菌剤 放射線殺菌：紫外線，γ線，電子線，X線
	その他	超音波，超高圧，電気的衝撃，パルス光
除菌		濾過，沈降，洗浄，電気的除菌
遮断		包装，コーティング，クリーンベンチ，クリーンルーム
静菌	温度管理	温蔵，冷蔵，冷凍
	水分低下	乾燥，濃縮
	酸素除去	真空，脱酸素，ガス置換
	微生物利用	発酵，拮抗微生物
	物質添加	アルコール，塩，酸，糖，溶菌酵素，抗菌性物質

各手法を組み合わせて実施することが多い。放射線殺菌は，わが国では未だ認可されていない。また，殺菌剤，抗菌性物質，包装材料等も，食品衛生法により認可されたものしか使用できない。

　微生物は，環境に順応し適応する優れた能力を示すことがある。人間や動物の糞便には，赤痢菌や腸管出血性大腸菌O157などの微生物がいる場合もある。O157などが食品に混入し，温度が20℃から40℃程になれば，食品中で活発に増殖する。食品と微生物との関係を，従業員だけでなく消費者も理解できるように，教育し，啓発する必要がある。

　微生物と共存し，"無用の戦い"を避けるべきであるが，毒性の強いO157等の病原体とは微生物制御と呼ばれている必要最小限の戦いが必要である。表9-5のように，微生物制御手法は分類される。「包装し加熱する」のように2つ以上の異なる微生物制御手法を組み合わせる必要がある。微生物は種類が多く，生命力が強いものがいるためである。

（4）食品工場の衛生管理

　食品取り扱い者は具体的に何をすれば良いのであろうか。消費者に対しての「説明責任」も求められている。事故が生じたときだけでなく，随時の問い合わせに対しての説明責任が果たされなければ，消費者の信頼を失ってしまう。これまでの食品事故等に関する経験から，原材料の生産から食卓までの連続した衛生管理が求められている。現実には，食料の1次生産である農業や漁業は解放系で行われており，不確定要素が多く，人間の思うようにはならないこと

も多い。衛生的な農業や漁業を目指した取り組みも行われるようになっている。食品として安全に食べることができるように農業を行う取り組みは，適正農業規範（GAP, Good Agricultural Practice）と呼ばれている。図9-7に示したように，良い原材料をGAPで生産し，清潔な工場に搬入して，食品衛生のトレーニングを受けた従業員が，適切な加工処置を適正製造規範（GMP, Good Manufacturing Practice）に則って行い，食品を完成させる手法が取られるようになってきた。完成した食品の流通や販売，あるいは消費も，衛生管理を重視した適正衛生規範（GHP, Good Hygienic Practice）の考え方を尊重することが重要である。連続した衛生管理の中で，自分の役割を自覚し，万一の事故や製品回収にも貢献できるよう正確な記録を残すことが必要となっている。

これまでは，最終製品が法的な食品としての規格に合格していることを，抜き取り検査で確認することで安全性を担保しようとしてきた。しかし，検査は万能ではなく限界があり，検査結果が出た時には手遅れであったことなどもあり，次第に各生産工程の弱点を見極めて，生産工程を管理し，不良品を次の工程に渡さない衛生管理の手法が導入されるようになった。その代表として，次節で説明するHACCP（危害分析・重要管理点方式）がある[2]。

食品工場で実施されている一般的な衛生管理の代表として，厚生労働省が提示している10項目を表9-6に示す。このプログラムの中で微生物制御に関する項目として，施設設備の衛生管理，従事者の衛生教育，鼠族・昆虫などの防除，

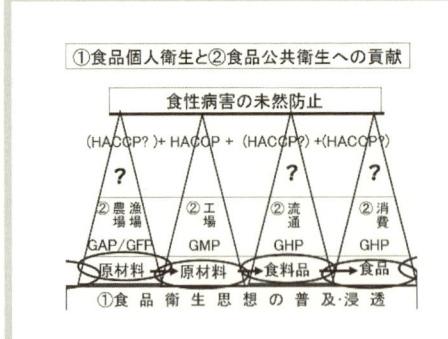

図9-7　安全な食品調達の概念図

使用水の衛生管理，従事者の衛生管理，食品などの衛生的な取り扱いの6項目がある。食中毒や品質低下を防止するためには，まず一般的衛生管理プログラムを重視し，忠実に実行し続ける必要がある。納豆製造工場にとってとくに重要な事項として，次のような項目がある。

① 原材料と加熱加工された製品との交差汚染を避ける

蒸煮大豆や納豆などは，生の原材料との交差汚染により食中毒菌の混入や腐敗を起こす可能性がある。原材料や製品の流れ，従業員の行動様式（動線）にも注意して，清潔な製品を汚さないように注意する必要がある。

② 発酵が終わった納豆は冷却すること

室温までに下がる時間に微生物は増殖することがある。増殖可能な温度に長時間放置されると，食中毒や腐敗・変敗のリスクが大きくなる。納豆の発酵が終わったら，速やかに食べてしまうことが望まれるが，流通され，消費されるまでに時間を要する製品は，速やかに冷却され，かつ，冷蔵保存されることが重要である。

冷蔵庫の中に多量の温かい半製品や食品を保管することにより冷却不足が生じ，微生物が発育し，食中毒や腐敗を生じることがある。冷却能力不足にならないように気をつけることが必要である。流通時の温度上昇や販売店のバックヤードでの常温放置なども許されない行為である。

③ 手洗いの励行

工場で作業室に入る前やトイレなどで作業を中断した場合，作業が変わる場合などは十分に手洗いをすることが必要である。とくに，原材料を調整した後

表9-6　一般的衛生管理プログラム10項目

1．施設設備の衛生管理
2．従事者の衛生教育
3．施設・設備、機械・器具の保守点検
4．鼠族・昆虫などの防除
5．使用水の衛生管理
6．排水及び廃棄物の衛生管理
7．従事者の衛生管理
8．食品などの衛生的な取り扱い
9．製品の回収方法
10．製品などの試験検査に用いる機械・器具の保守管理

に加熱済み製品を扱う場合には，必ず手洗いを十分行うことが必要である．手に傷や化膿があれば，直接食品を扱わないことが望ましいが，食品を取り扱わざるを得ない場合には指サックなどでその部分をカバーすることが必要である．体調不良者は食品工場に立ち入るべきではないことは，当然のことである．食品工場や食品スーパーなどではペットの飼育や持ち込みは禁じられるべきである．ペット動物が病原菌を持っていることを忘れてはならない．

④ **使用水の安全を確認する**

使用水の管理は，飲用水と同様，納豆関係者にとって重要な安全対策である．工場では，貯水槽や地下水の衛生管理のため，水質検査は必ず実施しておく必要がある．

⑤ **そ（鼠）族・昆虫対策を実施する**

動物はしばしば食中毒菌等を運搬し，その菌が食中毒等の原因となることがある．密閉された容器に食品を保存することや，食品残渣の早急で適切な処理が，動物にえさを与えないことになり，防御対策となる．

⑥ **製造・加工に使用する機器などを清潔に保つ**

食品加工に使用する機器などは食品中の微生物によってたやすく汚染される．機器は絶えず洗浄して清潔にしなければならない．付着した食品カスが病原菌の汚染源になることを忘れてはならない．

⑦ **洗浄をきちんと行う**

一般的衛生管理プログラム10項目のうち，① 施設設備の衛生管理　② 従事者の衛生管理　③ 施設・設備，機械・器具の保守点検　④ 食品などの衛生的な取り扱いなどが洗浄に関する事項である．洗浄の目的は，① 微生物の絶対数の減少　② 栄養源の除去　③ 殺菌効果の増強などであるが，衛生管理において不具合の生じやすい工程でもある．手抜きをすると，その結果として食中毒等が生じる場合もある．

衛生管理という地道な仕事を，いかに維持継続するかが重要な課題である．食中毒等を未然に防止し，食品の安全性を確保し向上させるためには，経営者の食品衛生への理解，従業員のプロ意識等，全ての関係者の日頃の研鑽と努力が必要である．

（一色　賢司）

● 文献 ●
1) 一色賢司 編：食品衛生学第2版．東京化学同人，2005，p1-12．
2) 小久保彌太郎 編：HACCPシステム実施のための資料集 平成19年度改定版．社団法人日本食品衛生協会，2007．

4　HACCP

（1）食品の衛生管理

HACCP（Hazard Analysis and Critical Control Point）は，最終食品の検査をしなくても安全性が確保できるように考案され，工夫されている食品の衛生管理システムである。通常，「危害分析・重要管理点方式」と訳されるが，「危害要因予測分析・必須管理点監視方式」のほうが内容をより的確に示していると思われる。HACCPによる衛生管理が試行されるまでは，できあがった食品を抜き取り検査して，その結果で同等品（ロットやバッチ）の安全性の程度が判定されてきたが，次のような欠点があった。

・検査したものは，破壊され商品とはならない。
・抜き取りの方法によっては検査の信頼性が大きく影響を受ける。
・検査に時間がかかる。
・不都合が判明した場合，原因の解明が困難である

HACCPシステムによる衛生管理では，最終製品の合否を判定するのではなく，製造工程の各段階で合否の判定をする方式が採用されている。科学的な根拠を持って危害要因に関する分析を行い，重要管理点（CCP）を常に監視して，監視項目の許容範囲内にあるものだけを次の工程に送る方式であり，各工程の担当者が，責任を持って許容するか否かを判定し，その記録を残す方式である。最終工程には，全ての工程で許容された製品だけが到達することになる。

（2）国内外の動向

国際食品規格委員会（コーデックス）は，1993年に「HACCP適用のためのガイドライン」（表9-7）を策定し，1997年に「食品衛生の一般原則」において，食品の安全性を向上させる手段としてHACCPに基づいた衛生管理の導入を勧

表9-7 コーデックスのHACCP適用の12手順

手順 1. 専門家チームの編成
　　 2. 製品についての記述
　　 3. 使用についての確認
　　 4. フローダイアグラムの作成
　　 5. フローダイアグラムの現場確認
　　 6. 原則1 危害（ハザード）分析の実施
　　 7. 原則2 CCPの決定
　　 8. 原則3 管理基準の設定
　　 9. 原則4 モニタリング方法の設定
　　10. 原則5 改善措置の設定
　　11. 原則6 検証方法の設定
　　12. 原則7 文書及び記録の維持管理方法の設定

告している[1]。先進国を中心に導入され，法的義務化している国々も多い。世界各国のHACCP導入の取り組みはそれぞれの事情により異なるが，アメリカでは水産食品，ジュース及び食肉製品への適用が連邦規則で義務化されている。また2006年1月1日より欧州連合（EU）では，規則により全ての食品への適用が義務化されている。

　わが国では，自主的かつ科学的な衛生管理手法として認識され，先進的な取り組みをしている食品関連事業者もある。1995年の食品衛生法改正では，総合衛生管理製造過程の承認制度にHACCPシステムが組み込まれているが，義務化されていない。総合衛生管理製造過程では，乳・乳製品，清涼飲料水，食肉製品，魚肉練り製品，容器包装詰加圧加熱殺菌食品に分類される食品群が承認対象として政令で指定されている。この制度は任意制度であり，希望者は厚生労働省に申請し，書類審査，現地審査を経て承認される。国では，上記5品目以外の食品へも自主的なHACCPの導入を支援するために法的な整備を行い，導入を積極的に支援している。地方自治体も，HACCPに基づく衛生管理の導入への支援事業を行っている[2]。

（3）危害要因

　食品中に存在することにより人の健康被害を起こす怖れのある因子は危害要因（ハザード）と呼ばれ，以下のように3種類に分類される。

① 生物学的ハザード

食品中に含まれる可能性のある病原性細菌，ウイルス，寄生虫または病原性細菌が産生する毒素である。例としては，食中毒細菌（サルモネラ属菌，腸炎ビブリオ，腸管出血性大腸菌O157，黄色ブドウ球菌，セレウス菌，ボツリヌス菌，ウェルシュ菌，カンピロバクターなど），ウイルス（ノロウイルス，肝炎ウイルスなど），寄生虫（原虫類，アニサキスなど）がある。

② 化学的ハザード

食品中に含まれる化学物質で，健康被害をもたらす可能性のある物質をいう。例としては，フグ毒，貝毒，キノコ毒，植物毒（ソラニンなど），アレルゲン，カビ毒（アフラトキシンなど），ヒスタミン（魚介類）などがある。農薬や食品添加物も法に定められた適切な使用条件が守られない場合には化学的ハザードになり得る。環境汚染物質や食品工場内で使用する洗浄剤，消毒剤，潤滑油なども挙げられる。

③ 物理的ハザード

通常は食品中には存在しない異物で，その物理的な作用による健康被害をもたらす可能性のある物質をいう。瓶や照明器具などの破損に由来するガラス片，原料由来あるいは機械装置から混入する金属片，あるいは硬質プラスチックの破片などが対象となる。食中毒菌の増殖可能な温度や湿度などの物理的状態もハザードとして認識されている。

（4）HACCPの導入と運用

HACCPシステムは単独で機能するものではなく，前項で述べた一般的な衛生管理が順調に運用されていなければ，混乱を生じる。例えば，整理・整頓等の5Sに問題があれば，CCP（重要管理点）の多いHACCPプランを実施せざるを得なくなり，運用不能となる。HACCPプランは，一般的衛生管理という土台の上に乗って実施可能なものとなる。一般的衛生管理を充実させて，HACCPプランで制御すべき対象をできる限り少なくすべきである。HACCPを効果的に機能させるためには，基本的な施設設備や従業員の適切な管理が不可欠である。これらについての作業手順を明らかにして文書化し，さらに衛生管理の実施状況を確認してその記録を残すことが要求される。厚生労働省の総

合衛生管理製造過程の承認制度では前節の表9-6に示した項目が対象となっている。これらは英文ではPrerequisite Program（前提条件プログラム）と表わされるが，わが国では一般的衛生管理プログラムと呼ばれることが多い[3]。

　HACCPシステムの運用とは，コーデックスのHACCP適用のガイドライン（7原則・12手順，表9-7）の原則2から原則7までの活動で「HACCP計画（プラン）」という文書を作成し，その計画どおり実行することである。その実行にあたっての前提として，経営者の十分な理解と参画，方針の明確化が重要であり，欠かせない。その上で，専門家チームを編成する（手順1）。

　専門家チームは，製品の仕様，特性について記述し，製品の食べ方，使用法についても確認して文書化する（手順2，3）。その後，製造工程をフローダイアグラムに書いて，製造現場でフローダイアグラム通りであるか確認する（手順4，5）。

　これらの準備ができたら専門家チームはフローダイアグラムに沿って，危害分析（手順6：原則1）を実施し，重要管理点（CCP）を決定（手順7：原則2）する。CCPを決定したら，CCPごとにHACCPプランを作成する。まず，工程を管理するパラメータの許容限界（管理基準；CL, Critical Limit）を設定（手順8：原則3）し，そのモニタリング（Monitoring）方法を設定（手順9：原則4）する。そしてパラメータがCLを超えたときに採るべき改善措置（Corrective Action）の方法を設定（手順10：原則5）する。またHACCPプランが適切に運用されていることを確認するため，検証（Verification）方法を設定（手順11：原則6）し，さらにHACCP運用に伴う記録の維持管理（Record-keeping and Documentation）方法（手順12：原則7）を決定しなければならない。

（一色　賢司）

● 文献
1) FAO/WHO/Codex : Hazard Analysis and Critical Control Point (HACCP) System and Guidelines for its Application. Annex to CAC/RCP 1-1969, Rev.4, 2003.
2) 月刊HACCP編集部：自治体によるHACCP認証事業とISO22000の最新状況．月刊HACCP 2007；23（7）；20-38.
3) 山本茂貴，小久保彌太郎，小沼博隆ほか：食品の安全を創るHACCP．社団法人日本食品衛生協会，2003, p9-45.

5　品 質 保 証

（1）品質管理とその保証

　食品の品質は，表9-8のような構成要素から成り立っており，少なくとも消費者あるいは納入先の期待を裏切らないことが当然要求される。品質管理活動を，製造部門，工場部門だけが実施しても，消費者や納入先に対して品質を保証することはできない。すべての部門は，品質管理と保証活動に参加する必要がある。品質管理の最も大きな目的は，製品の品質を一定以上の水準に確保して顧客に提供することである。このための活動を品質保証と呼んでいる。

　食品産業では，品質管理活動（QC）を経て，TQC（Total Quality Control）の考え方に基づく管理方式を，自主的取り組みとして積極的に取り入れてきた。公的な第三者認証制度としてのJAS（日本農林規格，Japanese Agricultural Standard）制度の普及も品質管理に大きく貢献してきた[1]。TQM（Total Quality Management）には，経営の質を含むあらゆる質，つまり総合品質（Total Quality）を管理する活動という側面もある。品質だけでなく，原価，量，納期も品質と結びつけて管理していく必要がある。また，机上の空論にならないように，「現場，現物，現実」をよく観察して，何が起きるのかを把握することが肝要である。

　とくに，安全性に関する保証を求められ，無理難題を丸呑みにし，達成できない管理規準等を受け入れることにならないようにしなければならない。前節で述べたHACCPを導入する場合，リスクは最小化されても，ゼロにならないことを消費者ならびに納入先にも了解してもらうべきである。HACCPによる製品管理は，O157のように数十個の菌の摂取で発症することもあるロット管理が困難なリスクに対しても適しており，記録が残ることから万一の場合の対策にも有効である。HACCPは，食品衛生法に基づく5品目の「総合衛生管理製造過程」における認証制度として，わが国に導入されている。その対象となっていない品目に関しても公的認証が要求されるようになった。公的認証が得られない品目について自主的にHACCPを実施している企業等は，民間の協議

表9-8 食品における品質の構成要素

基本的特性	安全性	生物学的要因	感染症菌, 食中毒菌, 寄生虫, 毒魚, 毒キノコ他
		化学的要因	汚染物質, 毒素, 発がん性物質他
		物理的要因	金属片, ガラス片, 結晶他
	栄養性	マクロ栄養素	カロリー, タンパク質, 炭水化物, 脂質, 繊維, アミノ酸, 脂肪酸, 糖, 有機酸他
		ミクロ栄養素	ビタミン, ミネラル他
	信頼性	心理的要因	生産から消費までの情報, 理解
機能的特性	嗜好性	色・外観	色素　　カロテノイド, 葉緑素他
			光学特性　色彩, 光沢他
			形状　　　形, 均一性, 損傷, 虫害他
		味	呈味成分　糖, アミノ酸, 核酸他
			味覚　　　甘味, 辛味, 酸味, 苦味他
		香り	香気成分　エステル類, アルコール類他
		力学的特性	物性　　　粘性, 摩擦, せん断, 貫入他
			感触　　　歯応え, 舌触り
			音響　　　周波数, 強度他
	機能性	生体調節性	抗腫瘍性, 抗酸化性, 血圧調節他
2次特性	流通特性	変化速度	水分, 組織, 呼吸, 微生物他
	加工特性	できばえ	仕上がり, 歩留まり他
	付加特性	価値観	簡便性, 文化性, 経済性, 楽しみ他

会等による自主認証に依存せざるを得ない状況となり，公的な認証システム，さらに外国にも通用する国際的な相互認証制度が求められるようになった。

（2）国際的な動向

　食品工場にHACCPが導入された結果，原材料を提供する生産段階，ならびに，食品の購入先である流通・販売・外食等においても，衛生管理をHACCPのような手法で行うべきであるとの認識が高まってきた。国際標準化機構（ISO）では，このような社会的要請にこたえて，全てのフードチェーンに関わる組織を対象としISO22000s（ISO食品安全マネージメントシステム規格）を2005年に発効させた[2]。ISO22000sは，食品安全におけるリスク管理手法をHACCPから取り入れ，品質マネージメントシステムの考え方をISO9000sから取り入れている。

　ISO9000sは，品質マネージメントシステム規格であり，製品やサービスそれ

自体ではなく，製造や作業工程に関して適用される。組織内での管理対象を決め，管理プロセスを明確にして，品質目標を設定し，PDCAサイクル（Plan：目標・計画，Do：実施・運用，Check：点検・検証，Action：見直し・展開）を繰り返し実行し，その目標の達成を目指すものである。認定取得後も継続的に審査が行われ，品質レベルの維持が求められている。要求事項に共通して見られる特徴は，品質に関係する活動の「手順化・文書化・記録化」である。合理的ではない自己流の品質保証活動をしていたのでは，認証取得はできないが，企業独自の品質マネージメントシステムを構築してはいけないという意味ではない。規格に合致した活動を実施したうえで，より合理的な独自のシステムを開発すべきである。競合他社に優る高度な品質を提供するためにも，独自の合理的な活動を活性化するべきである。

（3）製造物責任

品質保証の活動に万全を期しても，リスクゼロの食品を作ることは不可能である。農林水産物の簡易な加工品は，製造物責任（PL）法の適応は受けないと思われていたが，イシガキダイの刺身でシガテラ中毒が発生した例では，料理店は製造物責任を問われ，有罪判決を受けている。製造物責任は，その製造物の欠陥により，人の生命，身体，財産に被害が生じた場合に，製造業者等が負うべき責任をいう。PLは，品質保証の重要な課題であり，裁判になると，製造者に証拠の提示が要求されるため，証拠となる記録の保存が重要である。また，多額の損害賠償への備えとしてPL保険への加入も必要である。

（4）信頼感の確保

原材料や衛生管理等に対する問い合わせには，積極的に正直に答えることが必要である。消費者や納入先は，製品の全てについての「知る権利」を認識している。牛海綿状脳症（BSE）などの問題についても，諸外国の安全施策とわが国の行政判断との相違や対応の遅れが「消費者の知る権利」を軽視したと認識され，その結果，社会的混乱が生じてしまった。

このような情報の不足感は，食品安全に関する消費者不安，また，食品関連企業に対する消費者不信などの原因になる。また，最近の事例では，食肉の偽

装表示が挙げられる。表示という消費者との信頼関係上基本的な事項が遵守されていないケースがより一層消費者の信頼をなくす結果をもたらしている。

(一色 賢司)

●文献●
1) 池戸重信 編：よくわかるISO22000の取り方・活かし方．日刊工業新聞社，2006，p6 - 10.
2) ISO/TC34/WG8専門分科会：ISO22000-2005食品安全マネージメントシステム要求事項の解説．財団法人日本規格協会，2006，p11 - 23.

6 微生物汚染対策（サルモネラ，リステリア）

（1）サルモネラ（Salmonella）

　サルモネラは，ヒトや動物の腸管内に生息し，食物や水を介して感染し，サルモネラ感染症を引き起こす代表的な病原菌の1つである。飲食物を通して感染するのが一般的であるが，ヒトからヒトに直接感染する場合もある。サルモネラ感染症による症状は多岐にわたるが，最も一般的に見られる症状は，急性胃腸炎である。通常，2日以内の潜伏期間をおいて発病する。しかし，近年増加しているサルモネラ・エンテリティディス（Salmonella Enteritidis）の場合は，3～4日後に発病することも珍しくない。症状としては，嘔吐，腹痛，下痢を惹き起こす。重篤な場合には，意識障害，痙攣，急性脱水症などを起こすこともある。

1）サルモネラ菌

　サルモネラ菌は，グラム陰性の通性嫌気性桿菌である。周毛を有することから運動性を示す。サルモネラ感染症の原因菌は，Salmonella entericaであるが，2,000種以上の血清型に分けられている。サルモネラ感染症の原因菌の多くは，Salmonella EnteritidisやSalmonella Typhimuriumであるが，1985年以降は，S. Enteritidisが急増しており，これは世界的な傾向となっている。原因食品の多くは，だし巻きやシュークリームなど鶏卵を原料して製造された食品である。それ以外では，食肉があるが，原料が汚染されていることよりもと場での汚染や加工過程・流通過程での汚染が多いといわれている。また，挽肉で汚染率は

高くなる傾向があるため，ソーセージなどの加工品による食中毒も報告されている。なお，生食を好む傾向のあるわが国では，レバ刺し，馬刺しなどの未加熱の肉を食べることによってサルモネラ感染症にかかることも多い。

2) サルモネラ菌の食品汚染状況

サルモネラ食中毒の多くは，鶏卵を利用した食品であることからもわかるように，サルモネラで汚染された鶏卵がサルモネラ症の原因の1つとなっている。鶏卵に対するサルモネラ汚染には2つのタイプがある。1つは，サルモネラを保菌している鶏の卵巣や卵管を通してサルモネラ菌が卵に移行し，卵内にサルモネラ菌が存在する場合である。このような汚染はin-egg汚染と呼ばれている。なお，in-egg汚染率は，0.03％程度であるといわれている。もう1つは，産卵後に卵殻の表面をサルモネラ菌が汚染し，その後の処理過程（洗浄工程など）で卵殻を通して卵内に侵入する場合である。このような汚染はon-egg汚染と呼ばれている。表9-9に卵及び卵料理におけるS. Enteritidis 食中毒の状況を示した[1]。

表9-9 卵及び卵料理によるS. Enteritidis食中毒

原因食品	発生件数（患者数）	原因食品	発生件数（患者数）
卵料理（生）		卵料理（複合）	
マヨネーズ	7 (756)	魚介類の煮物，焼物	18 (1211)
洋菓子	11 (2199)	揚げ物	
アイスクリーム	3 (769)	サンドウィッチ	3 (304)
卵納豆	7 (367)	調理パン	3 (159)
とろろ	7 (284)	ソバ(具)	2 (603)
まぐろ山かけ	1 (11)	卵入り丼	4 (1409)
卵料理（加熱）		コロッケ	1 (24)
卵焼き	3 (545)	鶏肉（加熱調理）	1 (177)
錦糸卵	3 (281)		
オムレツ	5 (104)		
出し巻き	4 (153)		
卵とじ	3 (54)		
目玉焼き	1 (32)		
茶碗蒸し	2 (71)		

出典 「病原微生物検出状況：国立予防衛生研究所」の集団事例に関する速報：1989-1995年，食中毒（患者10名以上の事例）／伊藤 武，楠 淳：サルモネラ食中毒の発生動向とニワトリ．動薬研究 1996；53；1-11.

3）サルモネラ対策

殻付卵によるサルモネラ食中毒の防止あるいは殻付卵等からによる食品製造環境への汚染を防止するためには，殻付卵は正常なものを用い，鶏の糞便などが付着していないものを利用することが大切である。糞便が付いているものは清浄な温水で良く洗浄したものを利用する必要がある。破卵やひび割れの見られる卵はサルモネラ菌によって汚染されることが多いので，速やかに冷蔵し，可能な限り早い時期に加熱して使用する。液卵は加熱殺菌したものを使用するか，加工工程に加熱工程がある場合は，その段階において充分に加熱する。卵以外では，生肉，挽肉などからの汚染が考えられるので，製造環境をそれらのもので汚染しないようにする。サルモネラ菌は，加熱に弱く，また，アルコールなどの殺菌剤によっても減少させることができるので，製造に用いる器具器材や製造環境は，熱水を利用したり各種殺菌剤を用いて殺菌する。納豆の製造においては，十分な加熱工程があることから，サルモネラ菌が製造中に増加することはないが，製造環境からの2次汚染によって製品に混入することは考えられる。製造環境の清潔さを維持しておれば，サルモネラ菌による二次汚染の可能性は極めて低いと思われる。

（2）リステリア（Listeria）

リステリア症は，リステリア菌（Listeria monocytogenes）によって惹き起こされる食品媒介感染症の1つである。リステリア症は，発熱，頭痛，筋肉痛などの風邪と似たような症状を示す。免疫不全や基礎疾患のある人や高齢者，幼児においては脳・脊髄膜炎を起こすこともある。また，妊娠している女性が感染した場合は，妊婦自身は無症状か風邪の症状を示すだけであるが，胎児に感染し，流産や死産の原因となることがある。このように下痢や腹痛を起こす通常の食中毒菌と異なる症状を呈するのが特徴である。リステリア症が注目されだしたのは1980年代で，野菜サラダや乳製品などを介した集団感染例が多く報告されたことによる。

1）リステリア菌

リステリア症の原因菌であるリステリア菌は，グラム陽性の通性嫌気性の短桿菌で周毛性の鞭毛を有することから運動性がある。本菌の普通寒天培地上の

6. 微生物汚染対策（サルモネラ，リステリア）

コロニーは，透過光線下でやや青みを帯びており，斜光法で観察すると青緑色に輝いて見える。リステリアには6菌種が知られているが，病原性を示すのは*L. monocytogenes*の1種があるだけである。リステリア菌は広く環境中に分布しており，低温でも増殖することや10％の食塩濃度下でも生育するなど，低温増殖性や耐塩性があることが特徴である。これらのリステリア菌の特徴の中で最も注目すべきものは，低温増殖性である。食中毒菌や経口伝染病原因菌の多くが，10℃以下では増殖が認められないことから，低温保存の目安として10℃以下であることが提唱されてきた。しかし，リステリア菌は冷蔵庫に保存しておいた食品中でも増殖する可能性があり，食品衛生上，注意すべき食品媒介感染症菌となっている。なお，リステリア菌は植物，土壌，河川水などあらゆる環境から分離されていることからもわかるように，自然界に広汎に分布していると考えられている。従って，畜産物に限らず，農産物を含むあらゆる食品が本菌に汚染される可能性があるといえよう。

2）リステリア菌の食品汚染状況

リステリア菌（*L. monocytogenes*）の食品汚染状況については，仲間らの東京周辺地域に流通する食品の*L. monocytogenes*の汚染状況の調査結果を表9-10に示した[2]。この表から，調理用食肉での汚染率は，牛肉で13.9％，豚肉で21.7％，鶏肉では38.0％と高率に汚染されていることが判明している。しかし，

表9-10 東京周辺地域に流通する食品の*Listeria monocytogenes*汚染状況

食品の種類		検体数	検出数	(％)	汚染菌数別検体数（ /g）		
					<10	10〜100	100〜1,000
調理用食肉	牛肉	158	22	13.9	19	3	
	豚肉	189	41	21.7	40	1	
	鶏肉	208	79	38.0	71	5	3
	生食用食肉	52	2	3.8	2		
ready-to-eat食品	食肉加工品	370	11	3.0	11		
	生食用魚介類	163	2	1.2	2		
	魚介類加工品	304	12	3.9	12		
	チーズ	301	1	0.3	1		
	生食用野菜	100	0	0.0	0		
	漬物	145	3	2.1	3		

汚染菌量は，すべて10^3/g未満で，10/g未満が陽性検体の90%以上となっている。また，いわゆるready-to-eat食品においては，生食用食肉で3.8%，食肉加工品で3.0%，生食用魚介類で1.2%，魚介類加工品で3.9%と動物性食品に多いことがわかる。一方，農産品では，生食用野菜で0.0%，漬物類で2.1%の汚染率で，低い値であったことを報告している。なお，陽性検体の汚染菌量は，すべて10/g未満となっている。

このように，わが国では，動物性食品での汚染が顕著であるが，表9-11に示すように，アメリカ FDA/USDA/CDC の報告[3]では，動物性食品以外の野菜，果物にも汚染が見られており，あらゆる食品で汚染される可能性があることを示している。これは，自然環境から広汎に本菌が検出されることからもわかる。

3）リステリア菌対策

わが国では，食品を媒介したリステリア症は確認されていないといわれているが，汚染状況を見てもわかるように，多くの食品でリステリア菌の汚染が見られる。従って，海外と同様にわが国でも発生する可能性は高いと考えられる。感染を防ぐには，リステリア菌の特徴を良く知った上で対策を講じる必要があるが，それには，食肉の場合は，十分に加熱し，野菜や果実類は食前によく洗浄することが大切である。わが国におけるリステリア菌の汚染は，現状では，動物性食品が主であり，納豆の場合は，製造工程において十分に加熱されることや製造環境においてもリステリア菌に汚染される可能性のあるものが少ないので，本菌が製品中で増殖する可能性は極めて低いと思われる。もし可能性が

表9-11 各種食品からの検出率（海外）

食品群	検体数	検出数	(%)
食肉加工品	46,609	1,412	3.0
魚介類加工品	13,354	1,269	9.5
殺菌乳	12,407	44	0.4
チーズ	12,702	317	2.5
乳製品（チーズ外）	189,050	496	0.3
野菜，果物	9,477	361	3.8
デリタイプサラダ	17,915	686	3.8
加工・調理用魚介類	15,634	1,093	7.0
未殺菌乳	19,080	781	4.1

あるとすれば外部環境や人的なものになるであろう。

(宮尾 茂雄)

● 文献
1) 伊藤 武，楠 淳：サルモネラ食中毒の発生動向とニワトリ．動薬研究 1996；53；1-11.
2) FDA/USDA/CDC : Quantitative assessment of relative risk *Listeria monocytogenes* among selected categories of ready-to-eat foods,Appendix7, 2003.
3) 仲間晶子：低温下で増殖できる食品病原微生物—特に*Listeria monocytogenes*について．食品のストレス環境と微生物，サイエンスフォーラム，2004，p333-351.

7 ファージ・その他微生物汚染対策

(1) はじめに

納豆は蒸煮大豆が熱いうちに納豆菌を種付けし，すぐに容器に盛り込んで製造するため，微生物汚染は比較的少ないと考えがちである。

しかし，1996（平成8）年1月8日～17日（冬季）と，1996（平成8）年7月8日～17日（夏季）に栃木県食品工業指導所で行った納豆工場の衛生環境調査結果[1]からもわかるように，ファージ汚染の多くは種付け，盛り込み時の作業に起因している。

本節では，栃木県で実施した衛生環境調査結果[1]とファージ及び雑菌の汚染防止対策を解説する。

(2) 工場内の納豆菌ファージ汚染状況

栃木県の調査で工場内から納豆菌ファージが検出された箇所は，発酵室前と蒸煮釜付近の排水溝であり，排水の流れが悪く，わずかではあるが蒸煮煮汁等が排水溝に滞留している場所であった（表9-12）。なお，1996（平成8）年度は，盛り込み作業台（ベニヤ製テーブル）からも1箇所検出された。

表9-12 工場内の納豆菌ファージ汚染状況

調査年度	調査箇所	検出箇所	検出箇所の内訳
平成7年度（冬季）	81	2	排水溝2
平成8年度（夏季）	69	3	排水溝3，盛り込み台1

このように本調査での主な検出箇所は排水溝であったが，滝口ら[2]は汚染が広がった納豆工場では「納豆種菌」,「器具洗浄用桶」,「盛り込み機のスイッチ」,「冷蔵庫やムロの把手」,「手洗い水道のつまみ」,「虫取り用紫外線ランプ」など作業者が触れる場所を中心に工場全体に広がるケースがあったことを，長谷川[3]は「納豆菌の噴霧器の先」や「盛り込み機のホッパー」からファージを検出した例があることを報告しており，注意が必要である。

(3) ファージの汚染防止対策

1) ファージの予防対策

納豆菌ファージの予防策については，滝口ら[2]や長谷川[3]が詳細に報告しているが，主に下記のように集約される。

① 一般にファージや雑菌は土壌に由来していることが多く，人の下足や衣服，原料大豆等に付着して工場内に運ばれるケースが多いと想定されることから，工場内への土壌の持込を防ぐ対策をとること。
② ファージは熱に弱いことから，できる限り煮豆が熱いうちに充填まで終えること。
③ 作業終了後に製造機器や排水溝の清掃や消毒を念入りに実施し，煮汁等が長期間滞留したり，蒸煮大豆や大豆粕等が残らないようにすること。また，ファージへの汚染が疑われる製品を工場内に置かないこと。
④ 作業員の手洗いを励行し，作業前や作業に戻る際には必ず手指を消毒すること。また，作業着や前掛け等の汚染防止のため，まめに洗濯すること。
⑤ 製造時の床からの汚水の跳ね上がりや天井からの水滴の落下を防ぐこと。
⑥ 木製の製造設備はファージの巣になりやすいため，できる限りステンレス製に変更すること。
⑦ 納豆種菌がファージや雑菌に汚染されることがないよう管理を徹底すること。

2) ファージに汚染された機器等の殺菌方法

ファージは熱にあまり強くないため，製造機器等を熱湯で殺菌することも有効ではあるが，長谷川[3]は豆かすと混ざったファージは80℃・15分の加熱でも生き残るとしており，熱湯のみではすべてを殺菌できない可能性がある。

そこで，ファージを確実に殺菌するには，まずは製造機器や工場内の洗浄を徹底し，次にオスバン液や次亜塩素酸ナトリウム等の消毒薬を場所や目的に合わせて使用する必要があると思われる。

（4）工場内のファージ以外の汚染

一般的に納豆製品への雑菌の混入を防止する対策が十分であればファージの混入もかなり防げるとされている[2,3]。そこで，工場内のファージ以外の汚染状況について，本県の調査結果を中心に述べる。

1）落下菌による工場の汚染状況

表9-13に落下菌の検出数の分布を示したが，栃木県の調査では，工場内の落下菌は一般生菌，真菌類ともに人や物の動きの激しい場所，すなわち盛り込み作業台や蒸煮大豆のホッパー付近に多い傾向が見られた。

また，一般生菌は1995（平成7）年度（冬季）のほうがやや多くの箇所で検出されたが，真菌類は，逆に，1996（平成8）年度（夏季）のほうが多くの箇所で検出される傾向が見られた。このことは，冬季は土壌等の工場への侵入に，夏季は工場内でのカビ等の発生に注意を払うことが重要であることを示している。

土壌の侵入防止には，工場と外部との間には前室を設けるか，それが無理であれば工場内にカーテンで仕切った下足室を作るのが望ましい。また，原料大豆の工場内への搬入，洗浄は別室で行うことが望ましい。それが無理であれば盛り込み作業時の原料大豆の搬入等は絶対に避けるべきである。

真菌類の防止対策には清掃と喚気が重要だが，このためには排蒸気対策をきちんとする必要がある。

2）盛り込み大豆の雑菌汚染状況

盛り込み大豆の雑菌汚染状況については好井[4]の方法により調べた（表9-14）。

表9-13 工場内の雑菌汚染状況

調査年度	調査箇所(検出数)	一般生菌数			真菌数		
		0	1-10	10<	0	1-10	10<
平成7年度（冬季）	51	11	34	6	35	13	3
平成8年度（夏季）	62	22	37	3	31	28	3

表9-14 盛り込み大豆の雑菌汚染状況

調査年度	調査点数	正常粒のみ	異常粒含む	異常粒のみ
平成7年度（冬季）	64	41	21	2
平成8年度（夏季）	53	19	24	10

　その結果，使用時間の長いホッパーを通過した盛り込み大豆ほど，納豆菌の生育が悪い（雑菌に汚染されたと思われる）異常粒が多く検出される傾向が見られた。また，こうした傾向は冬季に比べ夏季でより顕著に表れた。
　このような雑菌汚染を防止するには，工場内の洗浄を徹底してホッパーを清潔に保つとともに，長時間の連続生産を行う際はホッパーを何度か交換する等，ホッパー内での雑菌の増殖を防ぐ方法について考慮する必要がある。

　　　　　　　　　　　　　　　　　　　（宮間 浩一，古口 久美子，菊地 恭二）

●文献
1) 古口久美子，宮間浩一，菊地恭二：新規納豆菌の育種に関する研究．栃木県食品工業指導所，1997，p47-55．
2) 滝口 強，吉野 功，湯浅秀子ほか：納豆製造工場のファージ汚染対策．群馬県工業試験場研究報告 平成11年度，1999，p35-39．
3) 長谷川裕正：茨城県工業技術センター納豆講習会資料．茨城県工業技術センター，2006，p33-42．
4) 好井久雄：愛知県食品工業試験所年報11．1970，p65．

8　昆虫対策

　食品への異物混入の約4割は昆虫類であり，昆虫混入対策は食品メーカーにとって大きな課題となっている。昆虫混入に対して企業の衛生管理の責任が問われ，事故拡大の可能性がある場合は，製品回収といった対策が必要となる。また，クレーム対応を誤れば企業イメージの低下につながり，経営にも影響を与えることがある。ここでは，食品工場等の施設における貯蔵食品害虫の防除法を説明し，食品への昆虫の混入・侵入経路とその防止法について述べる。

（1）貯蔵食品害虫とは

　貯蔵食品害虫はその行動様式から，定住害虫，来訪害虫，迷入害虫の3グループに区分できる。定住害虫は，食品を餌として繁殖する昆虫である。多くは

貯穀害虫と呼ばれる水分含有量の低い乾燥食品（15%以下）を加害する小型の甲虫類や蛾類である。これらの昆虫は熱帯起源であるが人間の活動とともに拡散し，その多くが世界共通種である。水分含有量の高い動物性食品を食害するチーズバエ，果実・発酵食品を食害するショウジョウバエ類も含む。来訪害虫は，工場内やその周辺の環境から歩行や飛翔によって食品に到達し加害する昆虫で，ゴキブリ，ハエなどの衛生害虫やアリ，ハチを含む。迷入害虫は，食品に対して偶然迷い込んでしまう不特定多数の昆虫類であり，トンボ，セミ，チョウ，様々な農業害虫を含む。来訪害虫，迷入害虫は貯蔵食品を直接加害することによる害の程度は小さいものの，異物混入の観点からは非常に大きな問題となることもある。

（2）貯蔵食品害虫の防除法

1）くん蒸剤

ガス状で殺虫効果のある薬剤をくん蒸剤と呼び，穀類，豆類，その他の作物の奥深くまで行き渡って貯蔵食品害虫を殺虫することができる。くん蒸剤としては，以前は臭化メチル（CH_3Br）が用いられてきたが，オゾン層を破壊する恐れが指摘され，2005年以降，先進国では使用が禁じられた（検疫用，不可欠用途を除く）。開発途上国では2015年以降，原則使用禁止となる予定である[1]。

日本で現在使用できるくん蒸剤には，リン化水素（PH_3）が知られている。リン化水素はリン化アルミニウム（AlP）などの金属塩固形剤と大気中の水分との反応によって発生させる。しかし，既に世界各地で様々な種の抵抗性害虫が報告されている。また，爆発性があるので取り扱いには注意が必要である。この処理を改善した方法として，大量の金属塩を特殊容器の中で加熱蒸気と反応させ庫外から投薬する方法と，リン化水素を二酸化炭素とともに高圧封入したシリンダーを用いる方法が開発されている[2]。蒸散性の高い有機リン剤もくん蒸剤として使用され，ジクロルボス（DDVP）を含浸した樹脂板も精米工場などで蛾類の駆除に利用されている。

新規のくん蒸剤である，ヨウ化メチル（CH_3I）とフッ化スルフリル（SO_2F_2）は高い殺虫効果が確認されている[3,4]。どちらも木材害虫の防除では既に使用されているが，食品害虫に対しては農薬として未登録である。

2）CA（Controlled Atmosphere）貯蔵

昆虫の生育に不適な大気組成を人為的に作ることにより，貯蔵食品害虫を殺虫する方法である。窒素（N_2）または二酸化炭素（CO_2）が用いられる。二酸化炭素では60%以上の二酸化炭素を送入することにより行われる。残留農薬の問題がないことから大きな関心が持たれてきたが，10日以上の処理時間がかかるので，普及は進んでいない。

3）高圧二酸化炭素（高圧炭酸ガス）

高圧力と二酸化炭素を同時に用いて短時間で殺虫する方法が考案された。この方法には高圧の状態から緩やかに減圧する「加圧法」と，瞬時に減圧する「加圧爆砕法」がある。圧力3 MPa以下，処理時間2時間以内で通常殺虫処理が可能である。ドイツではハーブ類などの殺虫法としてすでに実用化され，圧力2 MPa，加圧時間2時間の処理（加圧法）が行われている。

4）低温貯蔵

貯蔵食品害虫の多くは熱帯起源であり，15℃以下で加害や繁殖を行わなくなる。この原理を防除に応用したのが低温貯蔵法で，日本では低温倉庫が米の貯蔵に用いられており，害虫による食害を抑制している。しかし，15℃程度の低温では昆虫は死滅することはなく，貯蔵穀物が常温に戻された際に害虫の繁殖が起こる場合もある。またコナダニ類には10℃でも繁殖できる種類もいる。

5）放射線照射

貯蔵食品害虫の防除に利用可能な放射線はガンマ線，エックス線，電子線である。ガンマ線とエックス線は電磁波放射線であり，電子線は高速の電子である。一般に昆虫類は10～1,000Gyで防除が可能とされているが，放射線に対する感受性は種類や発育段階により異なる。日本では放射線の利用は認められていないが，海外では既に利用されている。

（3）食品への昆虫混入

1）製造過程（食品工場）

施設内における昆虫の混入は，大きく分けて「屋外からの昆虫侵入」と「屋内での昆虫発生」に原因がある。

a．屋外からの昆虫侵入　① 食品の原料を施設内に持ち込む際に，昆虫が混

入している場合がある。② 外から持ち込まれる資材（段ボール・パレット）にチャタテムシ・シミ類が付着して侵入する。③ 工場や倉庫に周囲の緑地などから，地表歩行性の昆虫（バッタ目・ハサミムシ目・甲虫目）が出入り口のドアの下から侵入する。また，昆虫類ではないが，ヤスデ・ワラジムシ・ダンゴムシ・ゲジの侵入も見られる。④ 屋外から施設の照明（灯火）や臭い（食品・溶媒類）に誘引されて様々な昆虫類が飛来して侵入する。⑤ 施設内で使用するあらゆる排水路から，チョウバエ・ノミバエ類が侵入する。

　　b．屋内での昆虫発生　　施設内部で発生する昆虫は，食品を加害して繁殖する定住害虫と呼ばれる貯蔵食品害虫が主なものである。主な種類としては，ノシメマダラメイガ（チョウ目），タバコシバンムシ・コクヌストモドキ・コクゾウムシ（甲虫目），チャタテムシ類が挙げられる。これらの害虫は床面，機械内部，作業台の下で，施設内に残る食品粉末を餌にして発育し繁殖する。食品工場での調査によると，侵入経路別での大まかな割合は，飛来侵入昆虫が全体の50〜70%，歩行侵入害虫5%以下，排水発生昆虫5〜20%，内部発生昆虫5〜10%である[5]。

　2）流通過程（倉庫・販売店）・家庭
　一般に倉庫や販売店は製造場と比べ，開放時間が長く，遮断性も低いため多数の昆虫が屋外から飛来して侵入する。とくに，ノシメマダラメイガやタバコシバンムシは，家屋周辺にも広く分布するため，屋内の食品臭に誘引される。これらの昆虫の幼虫は穿孔能力が強く，食品包装を破って侵入することがある。製造過程と同様に「屋内での昆虫発生」が混入の原因となる。

　台所は水を使うため湿度が高く，調理の際に火を使うため暖かく，昆虫の餌となる食物があるため，昆虫が侵入すると繁殖しやすい。消費者が購入した食品に対して，台所で発生した昆虫が混入する場合もある。

（4）昆虫混入対策

　　a．屋外からの侵入　　① 原料への混入では，原料保管に際して防虫対策が行われている購入先を選択する。② 資材に付着して混入する場合では，外部のパレットから施設専用のパレットに積み換えを行う。③ 地表歩行性昆虫の混入では，ドアやシャッターの下の隙間をパッキン等で塞いで昆虫の侵入を防

ぐ。④屋外から飛来する昆虫の混入では、ドアや窓の隙間をなくすことや、誘引源である照明や臭いが外にもれないようにする。⑤排水路からの昆虫混入では、施設内の排水路、外周の排水溝、し尿浄化槽の汚泥を除去し、殺虫剤の投入を行う場合もある。外部から施設内部へ侵入した昆虫を捕獲するためには、各種トラップが使われている。床面近くを歩行や飛翔する昆虫には粘着トラップ、光に誘引されてきた昆虫にはライトトラップが用いられる。

b．屋内での昆虫発生 施設内部での昆虫発生を防ぐためには、昆虫の餌となるものを除去する清掃作業が最も重要である。床面だけではなく機械の隙間に堆積した食品残渣や粉塵を定期的に清掃する。施設内の貯蔵食品害虫のモニタリング用として広く利用されているのがフェロモントラップである。フェロモントラップは特定の昆虫種に対して誘引効果と捕獲効果を持っている。誘引には、性フェロモン、集合フェロモン及び食物由来の揮発性成分が、捕獲には粘着紙、オイル、水が用いられる。フェロモントラップによるモニタリングにより、特定の害虫の発生消長（個体群動態）、早期発見、分布と発生源の特定、異常発生の検出、防除効果判定について基礎的な知見を得ることができる。

〔宮ノ下 明大〕

●文献●

1) 宮ノ下明大，今村太郎：貯蔵食品害虫防除に対する臭化メチル代替技術．農業技術 2004；59；305-310.
2) 中北 宏，宮ノ下明大：貯穀害虫防除のイノベーション技術．家屋害虫 2003；25（1）；13-26.
3) Faruki S.I., Miyanoshita A., Takahashi K. et al：Susceptibility of various development stages of the maize weevil, *Sitophilus zeamais* Motschulsky（Col., Curculionidae）to methyl iodide in brown rice. J Appl Entomol 2005；129（1）；12-16.
4) 内藤浩光，小川 昇，谷川展暁ほか：リン化水素およびフッ化スルフリルによるグラナリアコクゾウムシ *Sitophilus granarius* L.及びコクゾウムシ *S. zeamais* Motschulskyの殺虫効果．植防研報 2006；42；1-5.
5) 緒方一喜，光楽昭雄，平尾素一 編：食品製造・流通における異物混入防止対策．中央法規出版，2003，p 207-219.

9　全国納豆鑑評会

（1）はじめに

　食品関係では，清酒，味噌，醤油などを対象とした鑑評会が以前から開催されており全国新酒鑑評会のように95回を数えるものもある。しかし，納豆に関しては全国納豆協同組合連合会が1976年に開催したアメリカ産大豆による鑑評会など単発的に実施した例はあるが，連続して行われることはなかった。継続的に開催されているものとしては，茨城県納豆商工業協同組合が1989年から製造技術の改善と品質の向上を目的として開催している鑑評会がある。鑑評会開始後の茨城県の納豆の品質の向上はめざましいものがあり，鑑評会の効果がはっきりと出た。そこで全国納豆組合連合会でも品質の向上等を目指して1996年に第1回の全国納豆鑑評会を開催し，その後継続され，現在に至っている。以下にそれについて紹介する。

（2）鑑評会の目的

　全国納豆鑑評会の開催要領には「納豆の製造技術の改善と品質の向上を目指し，衛生的で美味しい納豆を提供するとともに，国民の健康増進に寄与することを目的とする」とあり，主に納豆の品質向上を目指して開催してきた。それとともに，鑑評会がマスコミで取り上げられることによるPR効果への期待も大きい。

（3）審査方法

　開催にあたっては毎回事前に全国納豆組合連合会に実行委員会を設け，出品者にとってよりよい鑑評会となるように検討している。鑑評会は開催地を一箇所に固定せず，地方組合の持ち回りで，外気温の影響を考慮して2月中旬を開催日としている。
　出品は1社1点とし例年約120点の出品がある。開催日当日に受賞者発表まで行うという時間の制限と審査員の負担を考えて複数出品は認めていない。

審査は原料大豆粒径によって粒径6.4mm以上の大豆を使用した「大粒・中粒部門」と，粒径6.4mm未満の大豆を使用した「小粒・極小粒部門」の2部門に分けて行う。出品納豆のほとんどは発泡スチロール製発酵容器の粒納豆であるが，一部挽き割り納豆，麦等大豆以外の混合物があるもの，容器の形態がカップ，藁つと，経木等のものも出品される。挽き割り納豆は，小粒・極小粒部門で審査するが，混合物，容器の違いについては，少数のため審査部門は粒径により相当する部門に振り分けて審査している。

審査員は全国組合推薦者の他，開催地の組合推薦の地元有識者等を加え20名で約半数が納豆製造業者，研究者など専門家である。全員が全出品納豆を試食し，その採点の合計で順位をつけ，上位のものに賞を授与する（図9-8）。

評価は，次の3項目について考慮しつつ，5を優，1を劣とする5点法で品質を総合的に採点し，さらに気づいた点を短評として記入することとしている。納豆は空気に触れると変色など劣化が速いので他の食品より迅速な審査が求められ審査員の負担も大きいものがある。

① 外観：大豆表面の納豆菌の増殖状況。豆の色，割れ，つぶれの多少。糸引きの状態。納豆の粒径が出品部門にふさわしいか。
② 香り：アンモニア臭，コゲ臭，酸臭，その他異臭の有無。納豆らしい香りの有無。
③ 食感・味：豆の硬軟。ザラツキの有無。旨味，苦味，甘味，異味などの有無。

図9-8 審査風景

（4）授　　賞

現在は次のような賞が授与される。特別賞は開催担当組合の都合で設定されない場合もある。

最優秀賞：農林水産大臣賞（全出品納豆のうち最高得点のもの1点）

優　秀　賞：小粒・極小粒部門，大粒・中粒部門各1点

　　農林水産省総合食料局長賞

　　厚生労働省食品安全部長賞

　　全国農業協同組合連合会長賞（国産原料納豆で上記の賞に該当しない最上位得点品）

優　良　賞：

　　全納連会長賞（小粒・極小粒部門で上記の賞に該当しない最上位得点品）

　　納親会会長賞（大粒・中粒部門で上記の賞に該当しない最上位得点品）

特　別　賞：

　　開催県の県知事賞（開催県の組合員の最上位得点品）

（5）鑑評会の効果

鑑評会の目的である「納豆の製造技術の改善と品質の向上」の点から見てみると，1996年の第1回では，豆の色が濃すぎる，アンモニア臭が強すぎる，チロシンのザラツキを感じるなど品質が著しく劣ったものが目についた。その後，回を重ねるごとに品質が向上し現在では高品質の納豆がほとんどで，特に上位のものについては得点の差がほとんどない状態になった。鑑評会終了後，出品納豆の得点と短評を出品各社に返送している。それを参考に各社が欠点の克服に努力するとともに，地方組合による納豆製造研修会などが実施され，鑑評会効果が出ていると思われる。最近の傾向として上位の納豆は，色が明るく，香りが控えめで，ねっとりした食感を持っているものが占めている。納豆の品質には原料大豆の影響が大きく，良い原料大豆の確保も重要である。なお，上位の納豆の原料はほとんどが国産大豆である。

鑑評会のもう1つの面として，PR効果も大きい。開催地はこれまで第1回

の東京を皮切りに札幌,神戸,熊本,新潟など,全国各地の組合が持ち回りで開催している。そのため地方のテレビ局などマスコミに大きく取り上げられ,納豆のイメージアップにもかなり貢献している。その上,受賞によるPR効果も大きく受賞商品の売上げが倍以上に達することもある。そのことも品質向上への努力を後押ししていると思われる。

　審査については審査員が専門家とそれ以外が同数程度であり,さらに審査員は毎回変わるため評価が一定しない危険もあるが,専門家以外の審査員は一般消費者の代表と見なすことができ,全体の品質が専門家好みのある一方向に集中することを防ぐ効果もあると思われる。今後,活気ある鑑評会を継続するためには,業界主導で,堅苦しくない開かれた形で開催していくことが重要であると考える。

（長谷川　裕正）

第10章　世界の納豆類

1　概説・日本と世界の納豆

　日本の納豆は，蒸した大豆に納豆菌懸濁液を噴霧した後，温度コントロール下で発酵を行わせることで製造されている。納豆菌はγ-ポリグルタミン酸とレバンからなる粘物質を生産する枯草菌（*Bacillus subtilis*）である。1905年に東京帝国大学の沢村真博士が納豆から発酵微生物を分離し，これを*Bacillus natto* Sawamuraと命名した。かつて "Bergey's manual" に*Bacillus natto*が独立した菌種として記載されていた時代もあるが，これまで国際細菌命名規約の "Approved List of Bacterial Name" 及び "International Journal of Systemic and Evolutionary Microbiology" に*Bacillus natto*の記載が行われたことはない。それゆえ，この菌は分類学上，枯草菌の一種として扱われるべきである。現在，日本の大半の納豆製造現場では，数社の種菌業者が販売する納豆菌が使用されており，一部の業者が自社開発株を利用しているという状況にある。種菌業者販売株は「ビオチン要求性を持ち，pUH1（類似）プラスミド及びインサーションシーケンスIS*4Bsu*1を保持する」という特徴を持つが，国内外の大豆発酵食品から分離された粘物質生産性枯草菌の全てが，必ずしもそうであるわけでもなく，またpUH1を脱落させても粘物質生産性は影響を受けない。

　納豆は伝統的に主として日本の東北地域の家庭内において，「煮た」（または蒸した）大豆を藁で包み，ムシロを被せて土中などに放置することで製造されてきた（『本朝食鑑』1695）。江戸時代に入ると，納豆の商業的販売も開始されている。その製法は「ざるにわらを敷き，煮豆をつめてその上にわらをかけ，地下の室の中で一晩かけて発酵させる」というもので，「ざる納豆」や「一夜納豆」などと呼ばれた。これらの場合，藁に付着した納豆菌が発酵微生物となっているわけであるが，「共雑微生物の繁殖」もあって，安定した製造を行うこ

とが容易ではなく，時として「糸を引かない」失敗作も発生した。1889年の鉄道開通に伴い，水戸の「藁つと納豆」が土産品として成功を収め，その後，各地で納豆の商業的生産販売の拡大が生じた。それに伴って異常発酵による腐敗製品の発生や，製造現場のネズミに由来するサルモネラ食中毒の発生などが問題視されるようになった。1916年，北海道帝国大学の半沢洵教授が納豆菌の純粋培養に成功し，その3年後に新容器を用いた納豆の製造方法を開発した。この技術を元にして，その後徐々に「スターターを使用した，衛生的環境下における納豆の工業的製造」が進められることになったわけである。

視線を海外に向けると，東—東南アジアと西アフリカの一部で，加熱大豆を枯草菌で発酵させた食品（納豆様食品）が製造されている（図10-1）。これらは現在でも伝統的な自然発酵法を使用しており，同一地域で製造される製品からも，多様な枯草菌が分離されることがRAPD-PCR解析によって示されている[1]。

まず東アジアから見ていくと，韓国の「戦国醤」（清麹醤：チョグジャン）がある。これは昔の日本の納豆同様，茹でた大豆を藁で包み，暖かいところで3日間ほど寝かせて作るものである。次に東南アジア地域であるが，その典型が

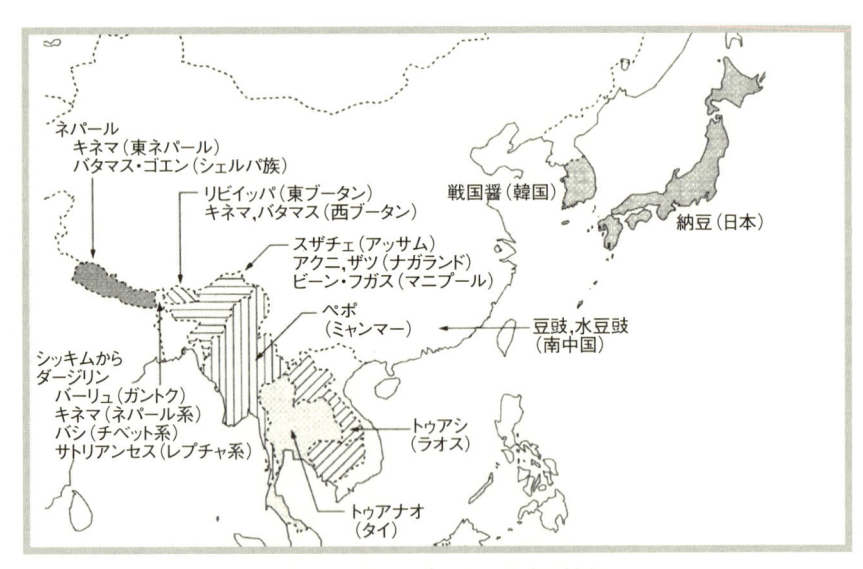

図10-1　東南アジア地域の納豆様食品
出典　吉田よし子：マメな豆の話．平凡社，2000，p65

タイの「トゥアナオ」であり，類似のものが中国雲南省を中心にしてラオス，ミャンマー，インド北部，ネパール及びブータンで製造されている。いずれも日本の納豆のようなものにトウガラシなどを入れて，そのまま食するか，あるいはこれを天日干ししたものを，調味料などとして用いる。この他，西アフリカでは大豆や有毒な「パルキア」豆を発酵させた「ダワダワ」という調味料が製造されており，その主要発酵微生物は枯草菌とされる。以上の食品は一般にアルカリ性を示すことから，乳酸発酵食品と対比する意味で「アルカリ発酵食品（Alkaline fermented food）」と呼ばれることもある。煮豆を包むバナナなどの葉や，調理器具に付着した納豆菌が発酵の主体となっているものと考えられるが，野生の草木や，前回の残りを発酵スターターとして使用する場合もある。

　以上の納豆様食品の特徴は，発酵の際に塩を大量に加えない点にあり，この点で「浜納豆」や「大徳寺納豆」に代表される「加塩大豆発酵食品」と区別される。これは蒸し大豆に麹菌を接種して作った「麹豆」を，塩水に浸して発酵させた後に，乾燥させて製造されるものであり，「醤油」はこの流れを汲む発酵食品である。なお，中国の大豆発酵食品である「豆鼓」には，北部地域で製造される，麹を使った「浜納豆」類似の食品と，加熱大豆に（少量の塩及び）トウガラシ，ショウガ，ニンニクなどを混ぜて1週間ほど置いて製造される，南部地域の無塩大豆発酵食品がある。インドネシアの「テンペ」は，大豆を *Rhizopus oligosporus* で発酵させて製造するものであって，「納豆」の範疇からは外れるものである。

　大阪府立大学の中尾佐助教授が『栽培植物と農耕の起源』(1966)の中で「照葉樹林文化論」を提唱して以来，中国雲南省を中心にインドシナ半島北部に広がる「東亜半月弧」に，日本文化のルーツを求める考え方が主張されてきた。同地域では日本の伝統的なそれと類似した生活文化や食文化が見られることが，種々のフィールド調査によって確認されている。上記のように，納豆様の無塩大豆発酵食品も東亜半月弧地域に分布することから，「納豆のルーツは中国雲南省付近にあるのでは？」と考えられていたことがある。1983～1986年に九州大学の原敏夫博士と上田誠之助博士は，東南アジア地域の納豆菌プラスミドの大きさ及び塩基配列に関する研究を行い，その結果を根拠として上記のような説を主張した[2, 3]。彼らがプラスミド上の遺伝子配列を元に作成した分子

系統樹によると，「同一の起源から1億6千年前にキネマ由来菌が分岐し，1億3千年前にトゥアナオ由来菌が分岐，さらに7千年前に日本の納豆と中国の豆鼓由来菌が分岐した」という。しかし筆者がIS*4Bsu*1遺伝子をプローブとして行ったサザン分析の結果では，菌の分離源の生産地域とバンドパターンの間に明瞭な関係性は認められていない（図10-2）[4]。RAPD-PCRを用いた分析においても同様である（図10-3）。「類縁の菌が，物理的に近い場所に分布している」といえない以上，作物や動物の移動に伴って，納豆菌が日本まで移動してきたとは考えにくい。おそらく，東―東南アジア地域の土壌には，人間が大豆や稲を栽培するより前から普通に粘物質生産性枯草菌が存在しており，それら

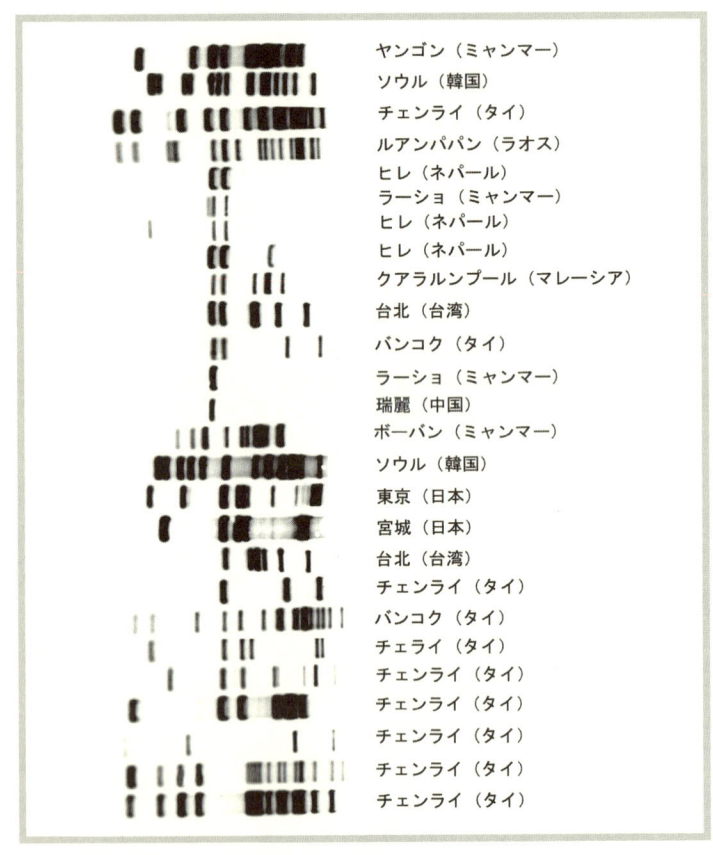

ヤンゴン（ミャンマー）
ソウル（韓国）
チェンライ（タイ）
ルアンパパン（ラオス）
ヒレ（ネパール）
ラーショ（ミャンマー）
ヒレ（ネパール）
ヒレ（ネパール）
クアラルンプール（マレーシア）
台北（台湾）
バンコク（タイ）
ラーショ（ミャンマー）
瑞麗（中国）
ポーバン（ミャンマー）
ソウル（韓国）
東京（日本）
宮城（日本）
台北（台湾）
チェンライ（タイ）
バンコク（タイ）
チェライ（タイ）
チェンライ（タイ）
チェンライ（タイ）
チェンライ（タイ）
チェンライ（タイ）

図10-2　アジアの無塩大豆発酵食品由来納豆菌のサザン分析

1. 概説・日本と世界の納豆

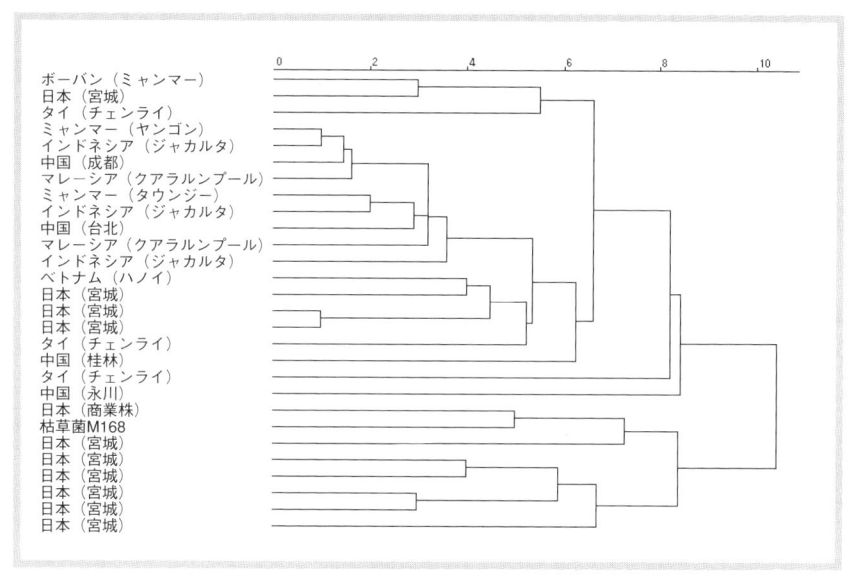

```
                              0      2      4      6      8      10
ボーバン（ミャンマー）
日本（宮城）
タイ（チェンライ）
ミャンマー（ヤンゴン）
インドネシア（ジャカルタ）
中国（成都）
マレーシア（クアラルンプール）
ミャンマー（タウンジー）
インドネシア（ジャカルタ）
中国（台北）
マレーシア（クアラルンプール）
インドネシア（ジャカルタ）
ベトナム（ハノイ）
日本（宮城）
日本（宮城）
日本（宮城）
タイ（チェンライ）
中国（桂林）
タイ（チェンライ）
中国（永川）
日本（商業株）
枯草菌M168
日本（宮城）
日本（宮城）
日本（宮城）
日本（宮城）
日本（宮城）
```

図 10-3 アジアの大豆発酵食品由来納豆菌のRAPD-PCR分析
（ベトナム、マレーシア及びインドネシアの菌の分離源は加塩発酵大豆食品）

は各地で独立して進化を遂げたのであろう。そして大豆の発酵にこれを使用するかどうかの選択は、その民族の「食に対する嗜好性」に依存したものと考えたほうがよさそうである。東―東南アジア地域全体にわたり、納豆様食品を食する習慣のない地域においても加塩大豆発酵食品は食されており、これらの食品からも粘物質生産性枯草菌が分離されることはある。こういう地域でも偶発的に納豆様の食品が誕生する可能性があったはずだが、結果としてそのような食品を食する文化が根付かなかったわけである。

アジア地域における野菜系の発酵食品は「旨味」を重視する食文化圏に分布し、バングラデシュより西側の「スパイス文化圏」には、調理に大豆や魚の発酵調味料を使うという発想自体が存在しない。インドシナ半島からインドネシア・フィリピンにかけては「旨味」を重視する文化圏が広がっているが、全体としては「魚醤文化圏」であり、これに中国から入ってきた「味噌・醤油」系の食文化が加わっている。現在、この地域で日常的に納豆様食品を食しているのは、「魚醤が入手困難で、かつ中国文化の影響を受けにくかった」と考えら

れる，北部山岳地域の少数民族が中心である。また早期から中国の影響を受けたベトナムでは，ラオスと近接する北部山岳地域においても，納豆様食品を食べるという文化を見つけ出すことが困難である。中国全体と，その影響下にあった日本及び朝鮮は基本的に「味噌・醤油」の文化圏であり，魚醤文化はほとんど根付かなかった。しかし，不思議なことに，日本ではなぜか納豆を食するという文化が現在でも存在するのである。

(稲津　康弘)

● 文献 ●

1) Inatsu Y., Nakamura N., Yuriko Y. et al : Characterization of *Bacillus subtilis* strains in Thua nao, a traditional fermented soybean food in northern Thailand. Lett Appl Microbiol. 2006；43（3），237-42.
2) 上田誠之助：納豆の糸. 微生物 1988；4（2）；36-42.
3) 原　敏夫：納豆のルーツを求めて. 化学と生物 1990；28（10）；676-681.
4) Inatsu Y., Kimura K., Itoh Y. : Characterization of *Bacillus subtilis* strains isolated from fermented soybean food in Southeast Asia : Comparison with *B. subtilis* (natto) starter strains. JARQ - Japan Agricultural Research Quarterly - 2002；36（3）；169-175.

2　キネマ

(1) キネマとは

日本の納豆に良く似た *Bacillus* を利用した大豆発酵食品は，アジアの国々に分布しており，ネパール東部山地丘陵地方から北インドのシッキム，ダージリン地方，ブータンにかけては，「キネマ（Kinema）」という伝統的納豆様大豆発酵食品が存在する[1-3]。

(2) 製　造　法

ネパール国東部山地丘陵地方の製造法[3]を図10-4に示す。原料の大豆は，種皮が茶色のものが黄色のものより好まれる。大豆は洗浄後，浸漬時間をおかずに煮熟を始め，3～4時間煮熟する。煮豆を熱いうちに木製の臼と杵で軽くつぶした後，あらかじめバナナの葉をしき，葉の上にかまどの灰を振りかけてある竹製のかごに詰めていく（図10-5）。時々かまどの灰を振りかける。これを繰り返して，煮豆を詰めていく。表面をバナナの葉で覆い，さらに全体を麻

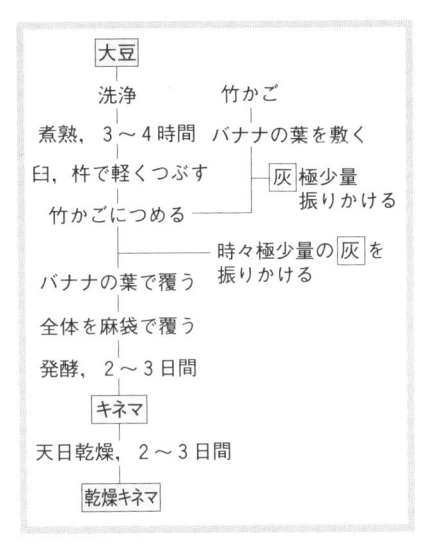

図10-4 ネパール東部丘陵地方の町ヒレにおけるキネマの製造工程

図10-5 キネマの製造
軽くつぶした煮熟大豆をあらかじめ灰を振りかけたバナナの葉をしいた竹かごに詰める。

図10-6 発酵後のキネマ

図10-7 天日乾燥されたキネマ

出典　新國佐幸：ネパールの発酵食品．日本醬油研究所雑誌　1993；19(5)；249-255.

の袋に入れ，かまどのそばに置いて発酵させる。約2～3日間でキネマができる（図10-6）。ネパール東部のタライ平原と山地丘陵が接する都市ダーランでは，大豆を一晩浸漬してから煮熟する[2]。インドのシッキム，ダージリン地方では，黄大豆が普通で，一晩浸漬してから煮熟し，ネパールと同様，灰の添加はしばしば行われる[1]。また，バナナの葉の代わりに，シダの葉が用いられる[1]。

新鮮なキネマの味や香りは日本の納豆と良く似ており，糸も引く。保存には，

天日で2～3日乾燥させる[1-3]（図10-7）。

（3）料　理　法

キネマは，香辛料入り野菜料理（野菜カレー）であるタルカリやキネマカレーに素材の1つとして用いている。また，生玉ネギ，唐辛子等で作るあえもの的漬け物（アチャール）にも用いられる[1-3]。

（4）微　生　物

キネマの製造には，種菌の接種は行われておらず，自然発酵にゆだねられている[1-4]。キネマの微生物相の特徴の1つは，Bacillus subtilisとともに，乳酸菌も多数分離されることである。ネパールの乾燥キネマからは10^8～10^9 cfu/gの耐熱性菌とともにほぼ同数の乳酸菌が検出されている[2]。シッキム，ダージリン地方のキネマからは，主要菌として（3～5）×10^8cfu/gのB. subtilisと（5～9）×10^7 cfu/gのEnterococcus faeciumが分離され，Candida parapsilosisとGeotrichum candidumの酵母も検出されている[1]。同じ地方の乾燥キネマからは平均値で2.7×10^8 cfu/gの一般細菌，1.6×10^8 cfu/gの耐熱性菌，5.9×10^7 cfu/gの乳酸菌が検出されている[4]。

キネマから分離されるB. subtilisの多くは，粘質物生産能を有し，ビオチンも要求する[4-6]。シッキム，ダージリン地方のキネマから分離され，phytone agar上で粘質物を生産するB. subtilisは，ビオチンを生育に要求し，それを種菌としたキネマ（納豆）は，粘質物も有し，日本の納豆の種菌を用いるのと同等程度の品質のキネマ（納豆）と評価されている[4]。

（5）成　　分

キネマは60％程度の水分を含んでいる[1,2]。乾物換算の一般成分を表10-1に示す[1,3]。キネマの灰分は，灰を製造に添加するせいか，市販の納豆やネパール産大豆と比べ，若干高い値である[1-3]。ネパールの乾燥キネマの無機成分は，それぞれ100g乾物当り，K 1770mg, Mg 250mg, P 730mg, Ca 430mg, Na 28mg, Cu 1.7mg, Fe 18mg, Mn 5.4mg, Zn 4.5mg 含まれる[3]。キネマのトリクロロ酢酸可溶性窒素（TCA-N）の全窒素（TN）に対する割合は35.3％で，

表10-1 キネマの一般成分（乾物換算値）

	水分(%)	タンパク質(%)	脂質(%)	灰分(%)	TCA-N/TN*(%)
ネパール					
乾燥キネマ (n=5)	15.2	43.5**	22.7	6.02	35.3
ネパール産大豆 (n=1)	11.9	40.4**	17.0	5.47	4.0
インド					
キネマ (n=40)	62	48***	17	7	
納豆 (n=1)	60.0	40.0**	21.7	5.35	43.5

* トリクロロ酢酸可溶性窒素 (TCA-N) の全窒素 (TN) に対する割合 (%)
** TN×5.71　　*** TN×5.7

出典　Nikkuni S., Karki T. B., Vilkhu K. S. et al : Mineral and amino acid contents of Kinema, a fermented soybean food prepared in Nepal. Food Sci Technol Int 1995 ; 1 ; 107-111. / Sarkar P. K., Tamang J. P., Cook P. E. et al : Kinema - a traditional fermented food: proximate composition and microflora. Food Microbiol 1994 ; 11 ; 47-55.

表10-2 キネマ，トゥアナオ，納豆のアミノ酸組成

	全アミノ酸 (g/100g 乾物)				遊離アミノ酸 (mg/100g 乾物)			
	大豆*(n=1)	キネマ(n=5)	トゥアナオ(n=1)	納豆**(n=1)	大豆(n=1)	キネマ(n=5)	トゥアナオ(n=1)	納豆(n=1)
Asp	4.84	4.82	5.01	4.34	48	213	135	84
Thr	1.74	1.76	1.85	1.59	4	124	17	62
Ser	2.30	2.08	2.35	1.97	7	33	18	44
Glu	8.52	9.29	8.74	9.36	66	860	182	412
Gly	1.92	2.02	2.13	1.80	26	164	59	72
Ala	1.92	2.16	2.22	1.67	25	365	198	66
Val	2.05	2.17	2.14	1.97	10	344	71	219
Cys	0.35	0.50	0.54	0.49	0	10	34	0
Met	0.28	0.39	0.51	0.42	7	73	0	124
Ile	2.10	2.16	2.19	1.88	5	286	60	210
Leu	3.56	3.70	3.68	3.30	6	588	113	456
Tyr	1.44	1.98	1.89	1.90	4	328	46	377
Phe	2.46	2.67	2.38	2.21	10	570	96	526
NH$_3$	0.81	0.93	0.98	0.96	35	203	166	153
Orn	0.00	0.34	0.11	0.09	0	207	46	51
Lys	2.75	2.95	2.63	2.70	11	417	59	324
His	1.01	1.02	1.03	1.06	9	113	36	170
Arg	3.53	2.89	3.30	2.60	200	30	96	17
Pro	2.05	2.39	2.30	1.99	0	200	21	30
Total	43.65	46.22	45.98	42.31	472	5129	1453	3397

* ネパール産の茶大豆　　**市販納豆

出典　Nikkuni S., Karki T. B., Vilkhu K. S. et al : Mineral and amino acid contents of Kinema, a fermented soybean food prepared in Nepal. Food Sci Technol Int 1995 ; 1 ; 107-111.

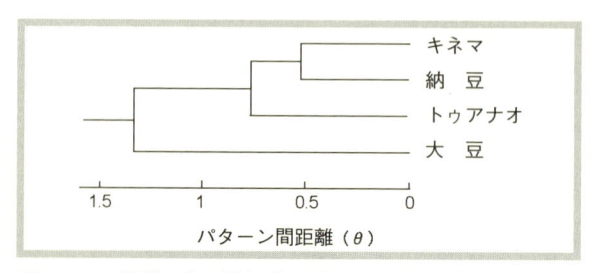

図10-8 遊離アミノ酸組成のパターン類似率（Cosθ）より作成したクラスター

出典 Nikkuni S., Karki T. B., Vilkhu K. S. et al : Mineral and amino acid contents of Kinema, a fermented soybean food prepared in Nepal. Food Sci Technol Int 1995 ; 1 ; 107-111.

日本の市販納豆43.5%より低い値である[3]（表10-1）。

ネパールのキネマ及び納豆のアミノ酸組成を表10-2に示す[3]。また，遊離アミノ酸組成のパターン類似率（θ）からは，図10-8のクラスターが描かれる[3]。全アミノ酸組成のθは，遊離アミノ酸組成のそれよりも小さい[3]ことから，遊離アミノ酸組成のパターン類似率にはその製造工程が反映されていると考えられる。

（新國 佐幸）

● 文献 ●

1) Sarkar P. K., Tamang J. P., Cook P. E. et al : Kinema - a traditional fermented food: proximate composition and microflora. Food Microbiol 1994 ; 11 ; 47 - 55.
2) Karki T. : Microbiology of Kinema, アジアの無塩発酵大豆食品（相田 浩，上田誠之助，村田希久，渡辺忠雄編）．STEP，1986，p39 - 46.
3) Nikkuni S., Karki T. B., Vilkhu K. S. et al : Mineral and amino acid contents of Kinema, a fermented soybean food prepared in Nepal. Food Sci Technol Int 1995 ; 1 ; 107 - 111.
4) Tamang J. P., Nikkuni, S.: Selection of starter cultures for the production of kinema, a fermented soybean food of the Himalaya. World J Microbiol Biotech 1996 ; 12; 629 - 635.
5) Hara T., Saito H., Iwamoto N. et al : Plasmid analysis in polyglutamate-producing *Bacillus* strain isolated from non - salty fermented soybean food, "Kinema" in Nepal. J Gen Appl Microbiol 1995 ; 41; 3 - 9.
6) Inatsu Y., Kimura K., Itoh Y. : Characterization of *Bacillus subtilis* strains isolated from fermented soybean foods in Southeast Asia: Comparison with *B. subtilis*（*natto*）starter strains. JARQ - Japan Agricultural Research Quarterly 2002 ; 36 （3）; 169 - 175.

3 トゥアナオ

トゥアナオは無塩大豆発酵食品で納豆の仲間である。タイ北部山岳地帯及びその周辺国に暮らす少数民族に伝統的に食されてきた。タイではメーホンソン，チェンマイ，ランプーン等で見られる。ここではメーホンソンのトゥアナオを

(1) 製造工程

トゥアナオの製造工程はおおむね次のとおりである。

1) 大豆の水煮 (図10-9, 10)

大豆は自家製ないしは周辺の農家から入手していた。大豆を洗浄，といってもすっかりきれいにするのではなく，水は濁った状態であった。実はこの濁った水の中に発酵に有用な菌がいる。およそ8時間かけて水煮する。

2) 発酵 (図10-11～14)

発酵にあたって特に種菌を入れることはない。水煮中に生き残った耐熱性の菌 (*Bacillus*属の菌) が種となる。竹かごに大きな葉を敷き煮豆を入れる。食塩は入れない。この葉はタイ語でトントゥーンと呼ばれ，裏面にびっしりと細かい毛が生え，通気性の確保に役立っている。バナナの葉は表面がつるつるのためよくないと同行のタイ学者から聞いた。発酵中の温度は59℃にも達していた。発酵に2～3日もかけることはない。1日半で終了する。わずかな糸引きは見られたものの，日本の納豆のような強い糸引き性は見られなかった。

3) すりつぶし (図10-15, 16)

発酵後，調理用乳鉢や簡単な機械ですりつぶす。食塩は入れない。

4) 成型 (図10-17, 18)

すりつぶした物を乾燥しやすくするため，円形に薄く延ばす。押し延ばして成型する方法，叩き延ばして成型する方法が見られた。

5) 乾燥 (図10-19, 20)

厚さ2，3mmの円形成型物は強烈な太陽の下，半日で乾燥する。直径13cmのものが乾燥後には10cm程度にまで縮む。乾燥製品は半年ほど保存がきくようになる。

6) 製品 (図10-21, 22)

製品は10枚ほどを1束にして売られている。市場で売られているものには円形の乾燥タイプの他に，湿潤タイプも見られた。湿潤タイプは，バナナの葉に包んだ後，おそらく日持ちをよくさせるためであろう，蒸し焼きされていた。

図10-9　水煮準備

図10-10　大豆の水煮

図10-11　発酵準備1

図10-12　発酵準備2

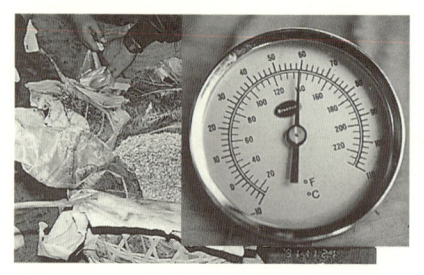

図10-13　発酵直後の状態と発酵中の温度

図10-14　糸引き性チェック

図10-15　乳鉢によるすりつぶし

図10-16　機械によるすりつぶし

3. トゥアナオ　215

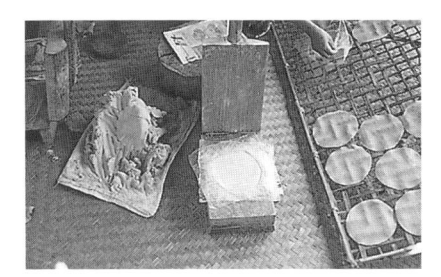

図 10-17　押し延ばして成型

図 10-18　叩き延ばして成型

図 10-19　天日乾燥

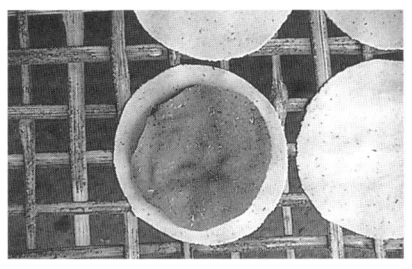

図 10-20　乾燥前後の大きさ

図 10-21　製品（乾燥タイプ）

図 10-22　製品（湿潤タイプ）

図 10-23　トゥアナオの料理例①〜⑥

図 10-24　トゥアナオ料理の試食

(2) 食 べ 方

　食べ方は様々であるが，市場で売られている円形乾燥タイプのものは調味料としてスープやカレーに利用されている。タンパク源の強化になる。そのまま火であぶっても食べられる。トゥアナオを作っている家では，すりつぶしていない生のものを，野菜と一緒に炒めたりして食する（図10-23，24）。日本の納豆のような食べ方は見られなかった。

（岡田　憲幸）

4　豆　　　豉

(1) 中国豆豉の種類

　豆豉（トゥチー）は中国の伝統的な発酵食品で，豆類（大豆，黒豆，緑豆，ソラマメ，エンドウなど）を用い，発酵して豆粒の形が残ったものをいう。

　現在，多くの種類の豆豉があり，それぞれの地方により製造方法が異なる。また，用途に応じて特徴のある風味のものが作られる。

　食塩が含まれる豆豉を鹹（シェン）豆豉といい，それがわが国に伝わって寺納豆（後に大徳寺納豆や浜納豆）となった[1]。一方，食塩が含まれないものを淡豆豉といい，これに類する発酵食品は東南アジアに多くの種類がある。例えば，わが国の糸引納豆，インドネシアのテンペ，ネパールのキネマが淡豆豉と同じ種類の発酵食品である[2]。

　淡豆豉は，水分含量で分類することもできる。干豆豉は水分25〜30％，湿豆豉は水分45〜50％，水豆豉は75％である。このうち，干豆豉は中国の南方で多く生産される。また，発酵終了後乾燥しない豆豉には湿気があり，豆豉の粒がばらばらになり，粒が残り，食べると，よく溶ける。

　水豆豉は，乾燥ショウガ，赤トウガラシなどの香辛料と旨味，甘味，塩味料を混合して発酵分解するので，濃い糊状のペーストの中に完全な豆豉の粒が残り，美味で辛い。

　また，原料により酒豆豉，姜豆豉，香油豆豉，茄豆豉，瓜豆豉，醤豆豉など

があり，開封西瓜豆豉，山東臨沂八宝豆豉（8種類の漢方薬を加えたもの），湖南辣豆豉（トウガラシ粉・ショウガ片を加えた）がとくに有名である。

発酵に利用する微生物により豆豉を分類することも試みられており，ケカビ型豆豉（四川の滝川・永川豆豉），コウジ豆豉（広東や湖南豆豉），リゾープス型豆豉（中国の南方，西南地方の豆豉やテンペなど）と細菌型の豆豉（山東の水豆豉や雲南，貴州，四川の農家で作られる豆豉）の4種類が確認されている[3]。

（2）淡豆豉の製造法

中国の淡豆豉はわが国の糸引納豆と同じものである。淡豆豉は醸造中も醸造後も塩を加えない豆豉をいう。この製品には旨味がありアルコール香がする。淡豆豉の一例として，その製造法を臨沂水豆豉について述べると以下のようである[4]。すなわち，臨沂水豆豉では，原料大豆を水分50％になるまで浸漬し，大鍋で煮る。豆粒が十分に軟らかく手指で軽く押すとつぶせる程度になったら，濾過して煮汁を除く。煮汁は，塩を加えておく。発酵室に2日間保温し，発酵させる。品温は徐々に上昇して3日後には50℃以上になり豆粒表面に粘りが生じ，特有の臭いがしてくる。保存のためには食塩を加えた煮汁に移す。

（3）豆豉の調理法

豆豉は美味で，栄養豊富で，中国料理の蒸し，炒め，肉料理などの調味加工によく用いられる。マーボー豆腐，回鍋料理（ゆでた豚肉とキャベツの薄切りを豆豉で炒めた料理），四川料理の不可欠な調味料である。

（伊藤　寛）

●文献●
1) 伊藤　寛・童江明・李幼筠：中国の豆豉（糸引納豆から粒味噌まで）1．味噌の科学と技術 1996；44（7）；216-221.
2) 伊藤　寛・童江明・李幼筠：中国の豆豉（糸引納豆から粒味噌まで）2．味噌の科学と技術 1996；44（8）；244-250.
3) 伊藤　寛，菊池修平：中国の醗酵食品の微生物．中国豆類醗酵食品，幸書房，2003，p58-83.
4) 同上，p206.

5 ペーポ

　東南アジアの各地で大豆を原料とする発酵食品が作られているが[1]，ミャンマー北部のカチン州とシャン州を含む広い地域においては「ペーポ」と称される大豆発酵食品が作られている。これまで調査した範囲内[2-4]では，糸引き納豆に相当する発酵させた大豆に食塩と香辛料を添加混合して製造されており，中国の豆豉，タイ及びラオスのトゥアナオとほぼ同一の食品である。中国の古典的豆豉[5]に相当するカビ利用の大豆発酵食品は作られていない。「ペーポ(Pepok)」という名称は，「豆」を示す"pe"と「くさい，腐った」を示す"pok"という言葉から作られている。発酵終了後の大豆も食塩やトウガラシなどを添加した製品も，ともに「ペーポ」と称されている。ほとんどは家庭内で作られ使用されているが，家内工業的規模で生産されている製品は市場で商品として販売されている（図10-25）。また，発酵大豆を購入し，食塩などを添加して熟成させる家庭もある。なお，地域民族によって違いはあるが，糸引き納豆に相当する発酵大豆がそのまま食されることは少ない。

　ペーポ中には1g当り10^8～10^{11}個の生菌が存在し，それらの多くは $B.\ subtilis$ である。

(1) 製造方法

　利用されている大豆の多くは小粒品種であるが，粒径はバラツキが大きく，ペーポを製造するための特別な品種を栽培している様子はない。大豆を一夜水に漬けた後，または水に漬けて放置せずに直ちに釜で軟らかくなるまで煮るが，その時間は製造者により差異が大きく，長いところでは12時間を要している（図10-26）。煮た大豆は藁を敷いた布の上に広げるかかごの中へ入れて，またはある特定の植物葉で包んで発酵させる（図10-27, 28, 29）。スターターに相当するものは使用されていない。用いられる植物の種類は不明であるが地域によって異なっており，シダ類の葉を用いる地域もある。発酵期間は2から4日であり，一部をかき回して糸を引くようになると良好な製品ができあがると判断している製造者が多い。発酵終了後の大豆は日本で市販されている糸引き納豆

5. ペーポ　219

図10-25　市場で発酵大豆を販売

図10-26　大豆を煮る鍋

図10-27　藁を敷いた台の上で発酵させる

図10-28　竹製のかごに入れて発酵させる

図10-29　植物葉に包んで発酵させる

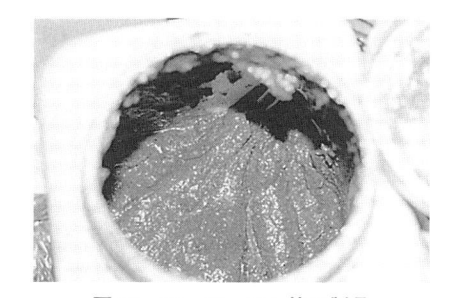

図10-30　ペースト状の製品

と比べると，色調は黒いものが多く，家内工業規模で製造されている場合も家庭内で製造されている場合も，官能的にアンモニア臭を強く感じる。

　発酵終了後の大豆には食塩，トウガラシなどの香辛料が添加・混合され，ペースト状（図10-30, 31）に練った後にセンベイ状に成形されて天日で乾燥される場合が多い（図10-32, 33）。ペーストに加工されている場合も，センベイ状に成形されている場合も性状は多様性に富んでいる。家内工業規模で製造され，市場で販売されている製品の多くは，原材料混合後の熟成期間がないか短い。

図10-31 豆の形状が少し残っているペースト状の製品

図10-32 センベイ状の製品

図10-33 碁石状の製品

図10-34 調理例（その1─食塩，香辛料とともに混合して加熱する）

図10-35 調理例（その2─板状に成形したものを加熱して，香辛料を添える）

図10-36 調理例（その3─炒め物の調味料として使用する）

しかし，家庭内で保存食の一種として作られる場合の熟成期間は半年を越える場合があると推測される。

（2）利用方法

日本の糸引き納豆のように発酵直後の大豆をそのまま食することは少なく，市場内や食堂などで見られる機会はない。しかし，カチン族は家庭で米飯とと

もに食する時もある。その場合は，発酵大豆に食塩，トウガラシ，香の強い植物の葉を刻んだ物などを添えてご飯とともに食べ，発酵大豆単独では食べない。

ペースト状にしたものは主に調味料として使用される。センベイ状に成形されたものは調味料として使用される場合もあるが，直火であぶって加熱した後そのまま食べる場合も多い（図10-34, 35, 36）。

(田中 直義)

● 文献 ●
1) 吉田よし子：マメな豆の話 - 世界の豆食文化をたずねて．平凡社，2000，p63-86．
2) 田中直義：東南アジアの発酵食品を訪ねて - ミャンマーのカチン州とシャン州で作られている無塩大豆発酵食品を中心に．New Food Industry 2003；45；33-38．
3) 田中直義，村橋鮎美，三星沙織ほか：東南アジアにおける伝統的方法で製造されている大豆醗酵食品とその応用に関する研究．（第1報）ミャンマー東北部における無塩醗酵大豆の製造と利用について．共立女子大学総合文化研究所紀要 2007；13；1-11．
4) 三星沙織，木内 幹，田中直義ほか：東南アジアにおける伝統的方法で製造されている大豆醗酵食品とその応用に関する研究．（第2報）ミャンマーの大豆醗酵食品，ペーポから分離された細菌を用いた糸引き納豆の開発．共立女子大学総合文化研究所紀要 2007；13；13-18．
5) 賈思勰（田中静一，小島麗逸，太田泰弘 編訳）：斉民要術．雄山閣，1997，p125-131．

6　シエン

カンボジアの各地で「シエン（Sieng）」と称される大豆発酵食品が家内工業的な規模で作られ，食されている（図10-37, 38）。東南アジアで作られている大豆を原料とする発酵食品に関する多くの調査・研究が報告されているが，シエンについての記載はないのではないかと思われる。

これまでトンレサップ湖周囲及びメコン河東岸を調査した[1-3]が，その範囲内においては，基本的な製法は同一であり，糸引き納豆に相当する発酵大豆を高濃度の食塩水に漬け込み，熟成させて製品とする。熟成の際に，サトウヤシ樹液の濃縮液や現地名で「メイ」と称される麹に類似する酵素剤を添加する場合もある。発酵大豆をそのまま食べることはなく，熟成させた豆は液体とともに調味料として使用されている。なお，家庭内で製造しているという話をこれまで耳にしたことがない。クメール系の人々の話によると，主に中国系の人々が製造し，食すということである。

図 10-37　市場で販売している様子

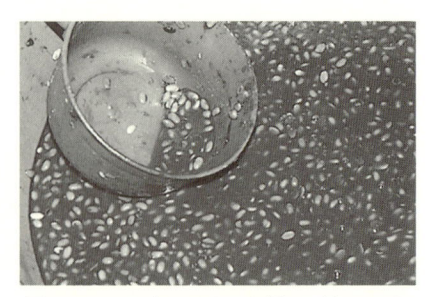

図 10-38　プラスチック製のバケツに入れて販売

図 10-39　大豆を煮る鍋

図 10-40　竹製のザルに発酵中の大豆を乗せた棚

図 10-41　大豆を発酵させる竹製のかご

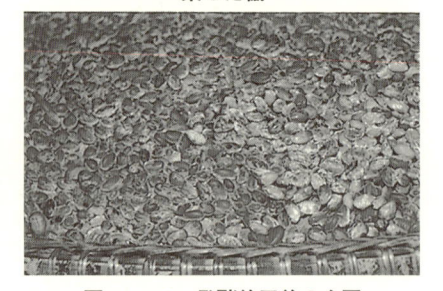

図 10-42　発酵終了後の大豆

(1) 製　　法

　原料となる現地産大豆の大きさは普通粒から小粒が多いものの，特別な品種を栽培している様子はない。水に漬けた大豆を鍋で煮た後（図10-39），竹製の浅いザル上に広げ，棚に乗せて2日間放置する（図10-40, 41）。このときに納豆菌と思われる細菌が増殖し発酵が進み，終了時に糸を引くようになる（図10-42）。発酵の終了は臭いの変化で判断しており，糸引きの状態をあまり重要

6. シエン   223

図10-43　発酵大豆を熟成させる瓶

図10-44　瓶の中で熟成中の発酵大豆（熟成初期）

図10-45　瓶の中で熟成中の発酵大豆

図10-46　調理例（その1―炒め物の調味料として使用）

図10-47　調理例（その2―スープの調味利用として使用）

図10-48　調理例（その3―漬物の調味料として使用する。食す際は洗ってから炒める）

視していないようである。なお，スターターに相当するものはなく，大豆に残存している，ザルに付着しているまたは空中に浮遊している細菌が大豆表面に付着増殖すると予測される。発酵大豆は官能的にアンモニア臭を感じる。発酵終了後の大豆は直ちに食塩水に漬け込んで熟成させて製品とするが（図10-43, 44, 45），食塩水にサトウヤシ樹液の濃縮液または「メイ」を添加する場合もある。多くの工場において食塩水の濃度はボーメ計を使用することにより調整している。ほとんどの工場において熟成期間は5～7日間であり，長すぎると腐

敗する場合が多く，特に，サトウヤシの濃縮液を添加した場合は酸味が出るので時々加熱するとのことである。製品は発酵し過ぎた糸引き納豆と同様の臭いを持っている。

（2）利用方法

シエンは豆と液体の混合物を合わせて調味料として使用されるが，単独ではなく食塩，香辛料などの調味料とともに食材に添加される（図10‑46, 47, 48）。必ず十分に加熱して使用していることと，豆の形状が残ったまま提供されることが特徴である。料理から糸引き納豆様の臭いは感じられない。

（田中 直義）

●文献●
1) 長野宏子，荒井基夫，粕谷志郎ほか：伝統発酵食品中の微生物の多様性とそのシーズ保存（平成15〜17年度科学研究費補助金研究成果報告書）．学術振興会，2006，p206‑212.
2) 田中直義，村橋鮎美，三星沙織ほか：カンボジアの大豆発酵食品「シエン」中の揮発性物質．食品科学工学会大53回大会講演集，2006，p95.
3) 田中直義，村橋鮎美，三星沙織ほか：カンボジアの大豆発酵食品「シエン」のアミノ酸組成．食品科学工学会大54回大会講演集，2007，p105.

7 清 国 醤

（1）清国醤の起源

清国醤（Chongkukjang）は，韓国の大豆発酵食品（豆醤）の一種である。それは，日本の納豆のように，細菌によって発酵された大豆食品であるが，利用法は異なる。清国醤は蒸煮大豆を細菌で迅速に発酵した後，食塩を混合して大豆ペースト（Doenjang，ドエンジャン，訳者注；わが国の溜味噌のようなもの）を作る。それゆえ，古来韓国の大豆発酵の歴史に基づく大豆発酵調味料である（表10‑3）。

豉（Shi）は，細菌の一種である*Bacillus subtilis*を用いて大豆全粒を一粒ずつ発酵して作る。マルジャン（Maljang，訳者注；末醤）はメジュ（Meju，訳者注；餅麹または散麹）で作る。大豆を蒸煮して押しつぶし，大豆をボール状に固めて，周囲には*Aspergillus oryzae*を，内部には枯草菌を，増殖させて作る。

「清国醤」は，金富軾（Kim Bu‑Shiki，1075‑1151）によって書かれた三国史記

表10-3 韓国における清国醤

クラス	韓 国	日 本
豉	清国醤（Chongkukjang）	納豆
未醤	Kanjang and Doenjang	たまり醤油・たまり味噌
醤	Gochujang	醤油・味噌

(Samkuksaki) のような韓国の古文献に「塩豉」として記載されている。山林経済 (1715) のような18世紀の文献には「戦国醤 (Jeonkukjang)」と記載されており，それは丙子胡乱の戦国時代に大豆ペーストの速醸を必要としたことを意味している。食物史の歴史家はその時代に発音が戦国 (Jeonkuk) から清国 (Chongkuk) に変わったと信じている。もう1つの説は，清 (Qing) 軍が兵糧として即席の発酵大豆を運搬するために使用したため，それを民衆が清国醤と呼んだ，というものである。これらの名称はすべてこの製品が平時ではない状況，例えば，戦時または飢饉のような時に栄養があって旨い食品を緊急に供給するために製造されたことを意味している。

(2) 製 造 法

戦国醤の製造の最初の記録は，柳重臨 (Yoo Jung-Jim) によって1765年に書かれた増補山林経済 (Jeungbosanlimkyungje) に見られる。新しく収穫された大豆を煮て，ムシロで覆い，地下暖房で暖かいオンドル（典型的な韓国の石の床）に3日間置くと，粘りのある糸を引き強い発酵臭が生成される。それを挽き割りして 炒った大豆粉を混合し，塩を加えて石臼で挽き，日干しにする。製品は乾燥し，貯蔵・運搬に便利で，軍用に適している。この工程は現在使われている方法とはわずかに異なる。

図10-49に示すように，現在ではその工程は非常にシンプルである。大豆を茹でて，ムシロまたは布で覆い，暖かいオンドルの上に3～4日間放置すると粘りのある糸が生成する。それに刻んだショウガ・刻んだニンニク・塩を混ぜて，豆粒が二分割する程度にわずかに圧力を加える。食塩20%を加えて発酵を停止する。磁器のつぼに貯蔵する。ムシロに蒸煮大豆を包む代わりに*Bacillus subtilis*の純粋培養菌を添加する工業上の技術革新がなされている。ムシロは*Bacillus subtilis*の供給源であり，この菌は40℃で急速に増殖し，仕込み原料に

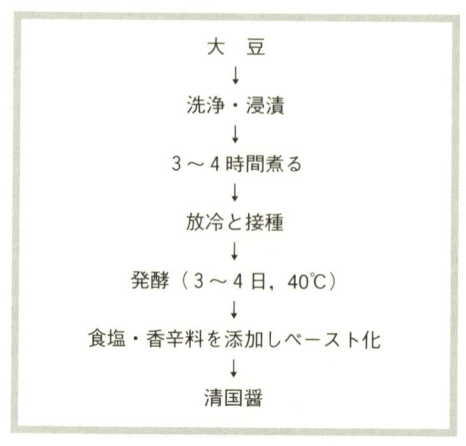

```
     大豆
      ↓
   洗浄・浸漬
      ↓
   3～4時間煮る
      ↓
   放冷と接種
      ↓
 発酵（3～4日，40℃）
      ↓
 食塩・香辛料を添加しペースト化
      ↓
    清国醤
```

図10-49　清国醤の製法

自然に主要な菌相を形成する[1]。

細菌で発酵した大豆の強い香りは部分的にショウガとニンニクによってマスクされ，清国醤特有の香気に変わる。このようにしてピリッとした香辛料が3～4日で製造される。一方，通常の大豆ペーストのドエンジャンは，発酵スターターとしてメジュを使い，完全な熟成には6か月以上の期間を要する。

（3）利用法と機能性

*Bacillus subtilis*製品は強力なタンパク質分解酵素活性を有し，清国醤の短い発酵期間に大豆タンパク質をペプチドに，さらにアミノ酸とアンモニアに部分分解する。この過程は，典型的な清国醤のフレーバーを形成し，強い肉臭，鋭い香りを生成する。野菜，肉，魚，貝のシチューである「チゲ（Chigae）」を料理するのに使われる。韓国のチゲに対する強い願望は，感覚的な郷愁ばかりでなく，彼らの一層の健康に対する生理的欲求によるものである。

最近研究者は，健康に役立つ生理機能性を持つ成分をいくつか清国醤に発見した。大豆ペプチドはアンギオテンシン変換酵素（ACE）を阻害し，それによって高血圧発生を抑制する効果があることが期待されている。清国醤の粘質物は*Bacillus subtilis*によって生成されるペプチド-多糖類であり，線溶活性と免疫調節活性を有する。大豆イソフラボンはエストロゲンホルモンの機能を補い，ヒトの更年期の機能不全を軽減する[2]。

（李　哲鍋／翻訳・木内　幹）

●文献●
1) Lee H.-C.:The mystery of Chongkukjang. Shinkwang Publishing Co., 1995.
2) Lee C.-H.: The role of biotechnology in modern food production. Journal of Food Science 2004 ; 69 （3）; 92-95.

8　糸引き納豆

(1) 発　　生

　糸引き納豆は日本古来の伝統食品である。この糸引きの原因物質は58%のγ-ポリグルタミン酸と40%の多糖から成る高分子で，粘性のある糸を引くので名称の由来となっている。糸引き納豆の原料は大豆と水と納豆菌で，大豆の煮豆に納豆菌が繁殖発酵すると，この粘質物を持つ発酵食品となる。納豆菌は夏の高温多湿時の水田で繁殖し，秋の収穫された乾燥稲藁で胞子となり，大豆煮豆と接触すると，納豆を作る。納豆の発生にかかわる大豆や稲などの栽培作物が中国東北部及び雲南地方から朝鮮半島を経由，あるいは海路を経て日本に渡来したのは縄文後期といわれており，以降大豆と稲藁があれば，納豆はいつでもどこでも偶発的に発生した可能性があると思われる。日本における煮豆と稲藁による納豆の発生伝説は多く残っており，飛鳥時代の聖徳太子の笑堂納豆，平安時代の八幡太郎義家の伝説は有名である。

　また史実を辿れば，室町時代「精進魚類軍物語」に納豆を擬人化した物語があり，糸引き納豆は室町時代あたりには大衆化されていた証拠となっている。一方，納豆渡来説があり，奈良時代，遣唐使によって，中国の鹹豆豉（かんとうし，かんし）とその製法が伝来し，糸引き納豆の祖型は豆豉であるという説である。この系列は現今，寺納豆，唐納豆，塩辛納豆といわれて存在しており，大豆を麹菌で発酵させ，塩水を加え，1か月以上発酵させた黒褐色の納豆である。この製法は寺から寺に伝えられ，寺の納所で造られたところから納豆といわれたとされている。鹹豉の製造過程において麹菌と納豆菌の繁殖速度を考えれば，中途で糸引き納豆になってしまったこともあり得ると考えられる。塩辛納豆も糸引き納豆もともに納豆という名が付き渡来説がとられるのはこのあたりのことと思われる。しかしながら日本人に薬餌性の強い独特の風味の寺納豆は好まれず，作りやすく日本人の単味嗜好に合った糸引き納豆が好まれたのではないだろうか。このようにして糸引き納豆は室町中期を境にして以前の500年間，以降の500年間にわたり日本人の食生活と関わり合ってきた。大豆の煮

豆による糸引き納豆作りも，十分に納豆菌の繁殖した良質の稲藁で他の雑菌を抑制し納豆菌優勢にならなければ良い納豆はできないのである。幸い，藁を大切にかつ清潔に利用するわが国の稲作農業は，これに適うものであった。

我々現代人にも納得できる本格的な糸引き納豆の展開は，藁つと納豆であり，これこそ現代納豆の中興の祖となったものである。そして1870（明治3）年以降は東京，京都，関東，東北で藁つと納豆の全盛期を迎えたといわれている。

この納豆のぬめりのあるネバネバと独特の香気は，外国人には異質な食感としてなかなか受け入れられないが，稲作文化の中で育った日本人にとっては断ち切れぬ伝統食品として永い間継承され，今日に及んでいる。

この間，日本人のタンパク質や脂質の補給源として米食中心の食事になじみ，また醬油の味付けによる食感は，とくに食事の娯楽性を高めてきた。その上，古くから伝承されてきた納豆の薬効は，納豆を愛する人々に語り継がれ，その経過はあたかも漢方の生薬の発生との類似性を見るのである。

明治以降は，科学の発達とともに微生物学的，栄養学的，生化学的，医学的研究が進み，その神秘性が少しずつ解明され始めてきた。納豆は，日本の戦中戦後の飢餓の時代には栄養供給源として貴重な存在であった。

糸引き納豆は，我々にとっていつの時代も不思議な菌食効果を期待され，愛好され続けてきたのである。

(2) 工 業 展 開

このように，日本独特に展開した糸引き納豆（以下，納豆と略す）が，20世紀に入り急速な工業的展開を遂げた。

第1次の技術革新は，科学的製造法の確立である。日本の科学の黎明期である1890年代に矢部規矩治，沢村真等による微生物学研究が始められ，納豆菌の分離・同定に力が注がれた。この結果1920年代には，北海道大学の半沢洵らによって純粋分離された納豆菌と衛生容器とで製造する製造法が確立され，商業生産が安定した。

第2次の技術革新は，大戦後の1950年末にスタートした産業の構造転換によってもたらされた。その第1は，製造装置の機械化である。スーパーチェーンストアの台頭による食品小売業界の構造改革により，大量一括納入が要請され

たこと，そして，この流通構造の変革や，高度成長のあおりが納豆業界にも反映し，1960年代は労働力不足が深刻化したことにより，大量納入のための製造装置の機械化が促進された。PSP（Poly Styrene Paper）容器の出現と，容器の定型化による自動充填機の発達や，プログラム制御のできる自動納豆発酵室の開発等が相次ぎ，急速に機械化による近代化が進められた。技術革新の第2は，冷凍機の出現であった。納豆工業の発達を阻止してきた最大の原因は，納豆が他に例のない短期熟成型の発酵食品で，1日にして製品となり，常温に放置すれば1日で品質が低下する商品であったためである。納豆菌の繁殖を抑制できる冷凍機の出現によって，発酵工程が的確にコントロールされ，均一生産が可能となり，発酵後は冷蔵庫での納豆菌の増殖抑制と低温熟成が行われるようになった。また，流通においてもコールドチェーンが発達し，品質保持が可能となったため，大量生産が実現し，安定供給ができるようになった。さらに，高度経済成長期には，冷蔵庫が一般家庭に浸透し始め，1962年には既に，普及率は30％にも達し，現在では全家庭に網羅され，納豆が家庭で保存できるようになった。このように冷凍機の普及によって，納豆は季節商品ではなくなり，年間を通して供給され，賞味される発酵食品に成長したのである。

　この結果，1980年代は第3次技術革新とも言うべき大型工場の建設が相次ぎ，FA（Factory Automation）化が導入され，今日の隆盛が築かれるに至った。以上のごとく，納豆製造法は19世紀末から実に1世紀を費やし現在の近代的発酵工業に成長したのである。

　納豆の消費量は上昇を続け，2006年には，納豆原料大豆処理量は13万t，納豆消費金額は2千億円に近づいている。日本は世界一の納豆消費・依存大国となったのである。

（渡辺　杉夫）

9　挽き割り納豆

　挽き割り納豆は古く秋田地方に伝承されたといわれている。種皮がなく細かく割られた納豆なので食べやすく，また，幼児や老人向けの消化の良い納豆として作られ続けてきた。そして現代ではこの特性から学校，病院給食や，また新用途の寿司の納豆巻き，パン用のペースト，その他の料理の材料として業務用に広く使われ，全国的に利用されている。

（1）　古来の製造法

　大豆を割砕するためには，水分を少なくする必要がある。家庭では焙烙（ほうろく―素焼きの土鍋）で大豆を煎り冷却した後，石臼で潰したものを原料とし，これを水煮して藁つとに詰め納豆としたようである。

（2）　現代の製造法

1）　原料加工工程

　挽き割りに加工するのに加熱乾燥して割砕する方法と，生のまま割砕する方法がある。

a．加熱乾燥による挽き割り加工

　i　乾燥：乾燥機は蒸気を熱源とする熱交換方式で，缶体85℃，大豆品温50℃に保てるようリサイクル昇降機により大豆を循環させる。
　大豆の投入→乾燥→排出までの温度設定と，時間調節が可能な装置である。
　大豆水分を11％程度に下げるのに2～3時間を要する。
　ii　割砕：乾燥後の温度の低下した大豆を回転歯によって割砕，脱皮する。大豆の2ツ割り，4ツ割り，8ツ割りは，歯の間隔で調整でき，大豆はシャープに鋭角に，割砕される。
　iii　剥皮・風撰：割砕後の大豆を円筒型のパンチング網の中の特殊な布スクリューでこすりながら剥皮し，風で皮を分離する。
　iv　選別：粒形を整えるため2種の網目篩で選別する。
　この装置は比較的大型の設備で1t/2～3時間位の能力であるが，規模の小

さなものも使われている。

b．生大豆のままの挽き割り加工　加熱乾燥をせず直径150mmくらいのロール歯2本で割砕し，風撰し豆皮除去するが，大豆の水分が多い場合は剥皮できない。

この方法は生のまま挽き割るので大豆に熱変性がなく，良い納豆ができ理想ではあるが，大豆が鋭角に割れず，パンを千切ったように割られ，脱皮も十分ではないのが弱点である。加工能力は，120kg／1時間位である。

これらの方法で大豆の4ツ割り〜8ツ割り位の挽き割り原料が得られるが，歩留まりは80％位である。

2）浸漬工程

丸大豆には種皮と，子葉の外側には堅い柵状細胞があるので，水の吸収は緩やかであるが，挽き割り大豆は，細胞が露出しているため，水の吸収も速く，また同時に大豆成分も流亡する。したがって，粒度によっても異なるが，2.5時間位の浸漬で止めなければならない。

この工程で有用成分のタンパク質や糖類が流亡するのを防止するため，浸漬水に食塩を添加し浸透圧を高める方法もとられている。

浸漬終了後は水切りを十分に行う。少量の場合はザルで30分位が必要である。また，浸漬中の成分流亡と過剰な吸水を避けるための限定給水方式がある。これは，回転可能な密閉容器中に挽き割り大豆とこれの80％位の70〜80℃のお湯を入れ，1分間5〜6回転位の速度で20〜30分回転させ，吸水させる方法であり，無駄がない。

3）蒸煮工程

大規模工場で連続蒸煮缶を使っている所もあるが，通常はバッチ蒸煮缶である。挽き割りバッチ蒸煮缶には缶内に4段位の金属籠があるとよい。

工程は達圧0.1MPa（120℃）・15分，または0.06MPa（113℃）20〜30分，終了後，圧力を0まで下げ，10〜15分間蒸らして豆を排出する。

4）発酵工程

納豆菌接種後，容器に充填した後で発酵が行われる。挽き割り大豆は，単位重量当りの表面積が大きくなるのと，種皮がなく，細胞物質が露出しているため，納豆菌の栄養吸収も良く，納豆菌の繁殖も速く旺盛であるため，発酵熱量

が多く発生する。対数増殖期には品温の上昇が速く高温に達するので50℃を突破せぬよう注意を要する。

定常期も短いので強制冷却を十分に行い18～20時間後は発酵室から出して除湿，放冷したのち，1次冷蔵庫に入れて十分に冷却する。挽き割り納豆は冷却途上においても糊のような豊富な粘質物生成が行われる。

（渡辺 杉夫）

10 加工納豆

（1）雪割り納豆

山形県の郷土名物の雪割り納豆は，地元ではゴト納豆といわれているもので，米沢盆地一帯の家庭で作られる納豆保存食である。

この，ゴト納豆は，江戸時代前期から作られていたと言われ，冬の間に仕込み農繁期の田植え時にはご飯の上にたっぷりとかけ，お湯をかけて食べた即席栄養食品である。ゴト納豆の語源は，仕込み容器に五斗樽を使ったことからとか，仕込み配合の納豆一石，麹五斗からとも言われている。

この発酵食品は，納豆に麹と塩を加えた保存食で，同じ原料から作られた米味噌とは異なる風味の発酵食品である。

米麹を加えることで，特有の酒，味噌，醤油にもつながる醸造香と麹菌アミラーゼが付加され，栄養と消化酵素が補強しあって重労働時の体力消耗を補うことに役立ったものと思われる。

昔の仕込み配合は次のようなものである。

ⅰ	納豆（挽き割り納豆）	一斗（18L）	13.5kg
ⅱ	米麹	五升（9L）	7.5kg
ⅲ	食塩（適量とあるが12.5％とすると）		3.0kg
		合計	24.0kg

このゴト納豆の商品化されたものが雪割り納豆であり，東京にも出荷され郷土料理店や，小料理店で使われているという。

(2) トウゾウ

　関東地方で作られている納豆保存食の1つである。千葉県，房総半島の夷隅郡，市原市周辺，及び茨城県で作られていたという。

　納豆，米麹，食塩を使うのはゴト納豆に似ているが，これに干し大根，大豆の煮汁が加わる。

　概略，配合は次のようである。

　　i　納豆（丸納豆）　　　　　　1.6kg
　　ii　米麹　　　　　　　　　　　1.5kg
　　iii　干し大根　5本　　　　　　4.0kg（1kg×5本×0.8）
　　iv　食塩　　　　　　　　　　　1.6kg
　　v　大豆煮汁　　　　　　　　　7.0kg
　　　　　　　　合計　　15.7kg

〈作り方〉
　　i　細目の大根を4ツ割りにして，10日位北風にさらして干し大根にする。
　　ii　大豆煮汁を容器に入れ，食塩を溶かす。
　　iii　米麹を加え攪拌する。
　　iv　干し大根に熱湯をかけ殺菌洗浄し食べやすい細かさに刻んで漬け込む。
　　v　納豆を入れる。

仕込んでから20日位で熟成する。

　このトウゾウとは別に，秋田県の横手地方の郷土食でトゾと言われているものがあり，大根は使っていないが納豆と米麹とを等量に使っている加工品であり，同類のものと考えられている。

(3) そぼろ納豆

　茨城県で作られ，食べられている郷土食品であり切干大根と納豆が食塩と醤油で味付けされ，お茶漬けや酒の肴に喜ばれている。米麹を加え風味を増したものもある。

　配合割合は，概略次のようである。

　　i　納豆　　　　　　　　　　　10.0kg

ⅱ	切り干し大根	10.0kg
ⅲ	食塩	1.5kg
ⅳ	醬油	1.5kg
ⅴ	米麴	6.0kg
	合計	29.0kg

〈作り方〉

- ⅰ 切り干し大根（水分35%位）を湯通しして少し硬めにもどし，食べやすい大きさにきる。
- ⅱ 切り干し大根は，予め味付けをしておいても良いが，納豆，食塩，醬油を加えて攪拌する。

夏で4日，冬で10日漬け込み，製造後は冷蔵庫で保管する。

(渡辺 杉夫)

11 テンペ

(1) テンペとは

テンペは，インドネシアで400〜500年前から食べられてきた無塩発酵食品である。大豆を原料としたテンペクデレが最もよく知られているが，四角豆や大豆のおから，ココナッツミルクの搾汁粕などを原料とした製品も，母国では作られている。テンペは長い間庶民の食べ物とみなされてきたが，近年（ここ十数年）になってテンペの健康機能が注目され始め，上流階級の人々の間にも急速に普及して，高級ホテルの食堂でも食べられるようになったという。

納豆が，バクテリアの一種である納豆菌を利用して製造されるのに対して，テンペはハイビスカスの葉裏に寄生するカビの一種・リゾープス属の微生物の働きで発酵させたものである（ウサール）。その出来上がりは，カマンベールチーズに似ている。表面にびっしりと白いカビの菌糸が発達しており，蒸したとき，からしレンコンの切り口を連想させる。インドネシアでは油で揚げた料理法が一般的のようであるが，蒸したもののほうが日本人の口には合うように思われる。納豆は強烈な特有の臭いと糸を引くことを特徴としており，人によっ

て嗜好が分かれるが，テンペはかすかにクリのような匂いを有するだけで糸も引かず，いわば特徴のないのが特徴といえる。そのままカットして炒めて食したり，和洋中華の高級料理から家庭料理まで，いずれの料理にも利用でき，工夫次第で活用範囲の広がる食材である。原則として冷凍保存，冷凍流通されるが，加熱殺菌して低温流通するものや，レトルト加熱しシュリンク包装した常温で1年以上保存可能な製品もある。粉末製品や，さらにはテンペ味噌やテンペコロッケ，テンペ入りこんにゃくなど，テンペを原料とした2次加工品も次々と開発されており，ハトムギを原料とした製品の愛好者も多い。

　わが国には当初，食品総合研究所の中野政弘，海老根英雄，太田輝夫各氏らによって紹介され，九大の渡辺忠雄氏，大阪市立大の村田希久氏らよって研究が開始された。1980年代の初め頃から大企業数社によってテンペの国内製造が行われたが，テンペの知名度が低く，調理法も知られていなかったこともあって，いずれも撤退した経緯がある。その後，兵庫県春日町や佐賀県白石町が地域おこしの一環として，岡山県が異業種交流事業としてテンペ製造に取り組み，それに次いで各地で様々なタイプのテンペが作られるようになった。1985年につくば研究学園都市で開催された「アジア無塩発酵大豆会議」を契機にして，テンペの存在が一般に知られるようになり，「日本テンペ研究会」が核になって，食材としてのテンペの普及が図られている。国内産テンペの大多数は，いわば"日本タイプ"というべき製品である。本家のインドネシアタイプのテンペを製造するところも数社見られるが，その特徴は，大豆の煮方が軽い点と，スターター（ラギー）中にテンペ菌だけでなくビタミンB_{12}の生産菌をはじめ様々な菌が混在していることである。したがって本家タイプのテンペには動物性因子といわれるビタミンB_{12}が期待できるが，油で揚げるか蒸すなどして，必ず加熱して食す必要がある。一方大豆を完全に煮て，純粋培養したテンペ菌で製造した日本タイプのテンペには，ビタミンB_{12}は期待できないが，製品を加熱せずにそのまま食すことも可能である。

（2）テンペの製造法と使用菌

　厳選した大豆を脱皮・洗浄後，乳酸や酢酸で酸性にした水に約2時間浸漬し1時間水煮する（図10-50）。表面の水を除き，40℃以下まで放冷後，大豆1 kg

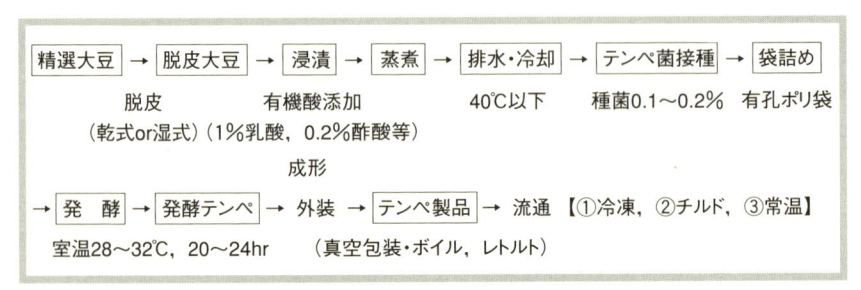

```
精選大豆 → 脱皮大豆 → 浸漬 → 蒸煮 → 排水・冷却 → テンペ菌接種 → 袋詰め
       脱皮        有機酸添加              40℃以下      種菌0.1〜0.2%   有孔ポリ袋
   (乾式or湿式) (1%乳酸, 0.2%酢酸等)
                                成形
→ 発 酵 → 発酵テンペ → 外装 → テンペ製品 → 流通 【①冷凍, ②チルド, ③常温】
   室温28〜32℃, 20〜24hr        (真空包装・ボイル, レトルト)
```

図10-50　テンペの製造方法

出典　野崎信行：テンペ研究の現状と未来．日本テンペ研究会誌 2007；7；100．

当り1〜3g（増量剤で増やしたもの）のテンペ菌を振り撒きよく攪拌し，プラスチック袋に入れて成形する。発酵には酸素が必要なため，プラスチック袋には規則的に針穴を開けておくことが大切である。穴の開け方には，予め穴を開けた袋に詰める方法と，詰めた後に針を植え込んだ板に押し付ける方法とがある。30〜32℃の発酵室に20〜24時間置いて発酵させると，真白い菌糸が表面を覆って，成形したとおりに固まった製品ができる。通常これを密封して冷凍するか，加熱殺菌後冷蔵，またはレトルト加熱しシュリンク包装して出荷する。インドネシアタイプの中には，さらに半日間棚に並べて除熱，熟成させた製品もある。

　日本では，アメリカのヘッセルタイン博士経由で導入された，カビ毒の安全性が検定されているテンペ菌 *Rizopus oligosporus*（NRRL2710）の純粋培養品が広く利用されている。しかし，胞子の着生が早いことや，オリゴ糖やシュークロースの資化性に問題があって，この菌株と食総研より提供を受けた純粋培養のテンペ菌5〜6種を混合した種菌が㈱秋田今野商店（電話0187-75-1250）を通じて提供されている。

　一方，インドネシアのラギータイプの菌も輸入発売されている。菌糸の香りの強さや，胞子の着生が遅いなどの特徴を有しているが，純粋培養菌と違って，カビだけでなく，酵母や細菌も多く混在している。したがって，食べるときに加熱する必要がある点に注意しなければならない。また，ビタミンB_{12}産生菌は含まれていない。静岡の㈲ホットプランニング（電話0544-22-1415）から購入できる。

(3) テンペの栄養・機能性

 もともと大豆を原料としているために，納豆と同様，血中コレステロール低減作用（食物繊維，レシチン，サポニン等），血圧抑制効果，体脂肪蓄積抑制効果など，様々な生理的役割があると思われる。女性ホルモン様の作用を示す機能性成分として骨粗鬆症や生活習慣病の予防が期待できると近年注目を浴びているイソフラボンは，その給源の大部分が大豆製品に由来している。配糖体であるイソフラボンは，テンペの発酵中に糖が外れた形（アグリコン）になるために，テンペでは他の大豆製品に比べて，その吸収が数段良くなっている。納豆の場合，生成される豊富なビタミンK_2のために，ワーファリン服用患者には厳禁であるが，テンペに含まれるビタミンK_2は原料大豆とほとんど量は変わらない。強い抗酸化性と抗菌性も知られており，呼吸の際に生じる活性酸素の除去能を持つ酵素であるSOD（スーパーオキシドジスムターゼ）をテンペは多く持っている。近年，テンペに興味を持つ医師も増えており，動脈硬化や糖尿病のマーカーを指標としたヒト試験で，テンペ摂取により有意な改善効果が認められたり[1]，イソフラボン由来のエコールに前立腺がん患者の抑制効果がある[2]など有力な報告が提出されるようになった。

（堀井 正治）

● 文献 ●
1) 松浦栄次：テンペと生活習慣病：ヒト試験よりテンペを考える．日本テンペ研究会誌 2007；7；62-64.
2) 赤座英之：前立腺がんと大豆イソフラボン：日本テンペ研究会誌 2007；7；93-94.

12 寺納豆・塩辛納豆（浜納豆，大徳寺納豆）

 中国の鹹豆豉（シェントウチー）が遣隋使や遣唐使によりわが国に紹介された。例えば，763年に鑑真和尚が船に鹹豆豉を積んできたと記録されている。この鹹豆豉が塩辛納豆で，唐から伝来したことから唐納豆ともいわれる。寺では動物タンパク質の代わりに豆類からタンパク質を補給し，精進料理を作っていたが，その素材の1つとして利用されていた。現在でも，京都の大徳寺，天竜寺

や田辺市の一休寺で作られる寺納豆（浜納豆・大徳寺納豆など）がある。

　寺では寺納豆を作るのに，ムシロやこうじふたを天日乾燥しながら繰り返し使っていた。これらにはカビ（米麹菌，醤油麹菌）や乾燥に強い乳酸菌（*Pediococcus pentosaceus*）が付着している。また，寺納豆の粒形を残すために，プロテアーゼやアミラーゼの酵素活性が醤油麹よりも弱い種麹も用いている。

　発酵方法としては，寺ではまず，熱湯に大豆や黒豆を入れ，7～8分煮た（さわ煮）後，7時間ほどこしきで蒸し，翌朝まで留釜をする。その過程で，煮豆が褐変することにより細菌や産膜酵母の汚染を防ぐ。煮豆をムシロに広げ，水分が多い場合には天日乾燥した後，こうせん（香煎）をまぶす。長年用いたムシロで煮豆を覆い，はじめは乳酸発酵を促し，pHを低下させ，カビを増殖させる。25～30℃で7～10日間発酵させ，豆麹を作り，出麹を天日乾燥する。これを18～20％の塩水または生醤油とともに桶に仕込み，仕込み原料の2～3倍の重石をして，夏は90日，冬は150日間更に発酵させる。醤油諸味の耐塩性乳酸菌（*Tetracoccus halophilus*）や耐塩性酵母（*Zygosaccharomyces rouxii*）による発酵熟成により，香りのよい，旨味のある，豆味噌に似た渋味のある独特な寺納豆ができる。

　大徳寺納豆は7月の土用に豆麹を作り，はじめ醤油諸味の溜を加えて仕込む。屋外の桶の周りをコモで覆い保湿し，雨の日にはふたをして，天気の良い日は天日で熟成と乾燥をしながら，毎日2～3回攪拌し，約3か月で製品とする。

（伊藤　寛）

●文献●
1) 伊藤　寛：浜納豆（われらの食べもの）．日本醸造学会誌 1976；71；173-176．
2) 近　雅代，伊藤　寛：浜納豆に関する研究-2-製品中の微生物．日本家政学会誌 1974；25；21-26．

第11章 納豆を利用した新商品開発

1　納豆化粧品

(1) はじめに

　福岡女子大学食品学研究室では，戦後すぐ納豆の研究を始め，納豆の粘質物の構成成分はポリ-γ-グルタミン酸（γ-PGA）とフルクトースの重合体であるフルクタンであることを明らかにした[1]。また培養条件を変えることによりγ-PGAとフルクタンを別々に生産できることを示した[2]。γ-PGAは高分子量で，微生物生産性で生分解性であることから生分解性プラスチック素材などに使用できないかと，福岡県科学技術振興財団の援助で，産学官共同研究を始めた。この共同研究で当研究室はγ-PGAの生産を担当し，多くの三角フラスコを納豆菌の培養に用いた。実験を担当していた学生は冬でもハンドクリームなどを使わず，洗剤を使ってフラスコを洗浄していたが手荒れをしていないのに気づき，γ-PGAに皮膚の保護作用があり洗剤などに有効に使えるのではないかと考えていた。

　このころ，オフィスK（http://www.bitekiseikatsu.com）の社長ご夫妻にお会いしたことから共同開発が進み納豆石鹸ができた（図11-1）。このことが新聞で報道されると，TBSの「スパスパ人間学」より取材を受け，乾燥肌対策として糸引き納豆から粘質物抽出液の作り方を紹介した。番組では，実際乾燥肌の方の肌が回復し，使い続けると使用後の手が幼児の肌のように水分を弾くようになることが示された。

　以上のようなγ-PGAの効果は，産学官の共同研究に参加していた一丸ファルコス株式会社が実験結果として発表していた[3]。すでに保湿作用が知られているヒアルロン酸と同等以上の効果があり[4]（図11-2），さらにヒアルロン酸に

240　第11章　納豆を利用した新商品開発

図11-1　納豆せっけん

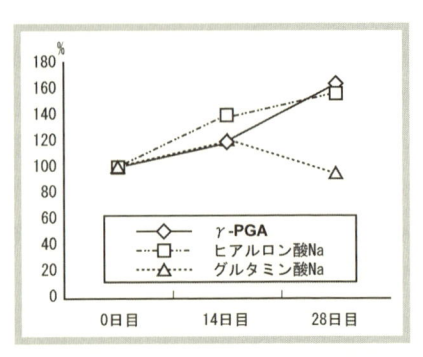

図11-2　角層水分含有量の変化
出典　山田記丘美：γ-ポリグルタミン酸の開発と化粧品への応用．FRAGRANCE JOURNAL 2004；32（7）；45-50.

表11-1　天然保湿因子の組成　　　単位：％

成分	％
アミノ酸類	40.0
PCA	12.0
乳酸塩	12.0
尿素	7.0
NH_3，尿酸，グルコサミン，クレアチニン	1.5
クエン酸塩	0.5
Na，K，Ca，PO_4，Cl	18.5
糖，有機酸，ペプチド等	8.5

出典　Spier H.W., Pascher G.：Arch klin n exp Dermatol 199, 411（1955）；201, 181（1955）；203, 234（1956）；203, 239（1956）；204, 140（1957）

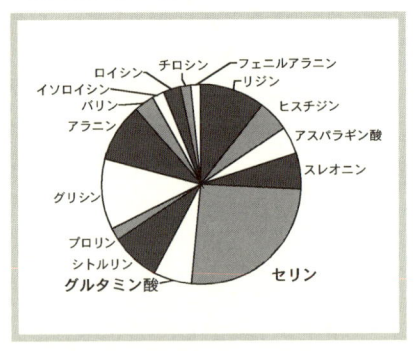

図11-3　表皮遊離アミノ酸の組成
出典　服部昌利；日皮会誌1969；79（2）；119-131.

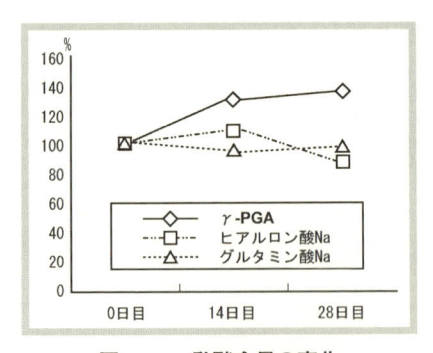

図11-4　乳酸含量の変化
出典　山田記丘美：γ-ポリグルタミン酸の開発と化粧品への応用．FRAGRANCE JOURNAL 2004；32（7）；45-50.

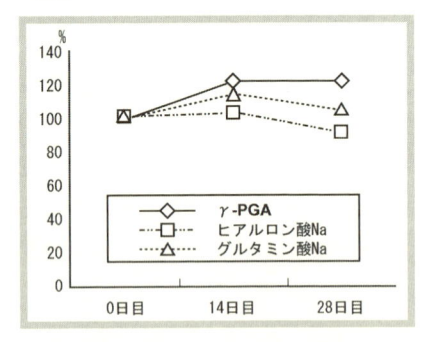

図11-5　セリン含量の変化
出典　山田記丘美：γ-ポリグルタミン酸の開発と化粧品への応用．FRAGRANCE JOURNAL 2004；32（7）；45-50.

はないNMF（天然保湿因子）産生促進効果があることが示されていた[4]（表11-1, 図11-3〜5）。このような経緯で市販の納豆ローションができた（図11-6）。

（2） 納豆ローション

糸引き納豆からローションの作り方を示す[5]。

図11-6　納豆ローション

〈用意するもの〉

糸引納豆50g（市販品は1パック30〜50g），ガラス棒または箸，4〜5個の500mLのビーカー，適量のガーゼ，無水アルコール（市販品）500mL，保存用容器

① 納豆をよくかき混ぜる（約30回位）。
② 納豆の3倍容の水（この場合は150mL）を入れた容器に加える。
③ 納豆のネバネバを洗い落とすようにかき混ぜる（豆をつぶさないように気をつける）。
④ 次に2〜3重のガーゼで濾過して豆を除く。
⑤ 臭いが気になる方は再度2〜3重のガーゼで濾過する。
⑥ 得られた濾液の2倍容の無水エタノールにガラス棒でかき混ぜながらゆっくり加える。
⑦ ネバネバ（γ-PGA）はガラス棒にまきつき液は透明になる。
⑧ γ-PGAを適当な量の水に溶かし，別の容器に入れ冷蔵庫に入れて使用する（1週間で使い切る）。

（3）納豆石鹸

納豆石鹸の自宅での作り方を簡単に述べる。

〈用意するもの〉

水酸化ナトリウム（500g容器入り），精製水（500mL），秤，蓋付のガラスビン（500mL位），計量カップ，ステンレススプーン，鍋，ガラスボール，泡だて器，ステンレスの焼き串，長めの菜ばし，温度計2本，ゴムベラ，牛乳パックの空

き箱，料理ひも，牛乳パックが入る発泡スチロールの蓋付きの箱，もしもの時の防塵めがね，ゴム手袋，ボールを冷ます氷。そして，納豆原液（一丸ファルコス株式会社）50mLに精製水を加えて90mLに薄めたもの。

① ガラス瓶または500mLのビーカーに水酸化ナトリウム53gを測り入れ，精製水90mLを加える。ガラス棒またはステンレススプーンで掻き混ぜ，水酸化ナトリウムをよく溶かす（注意；発熱する）。
② 外側を水で冷やし40℃くらいまで下げる（最初80℃くらい）。
③ 次に，オリーブオイル500mLを別の容器（1,000mLのビーカー，またはガラスボール）に入れて40℃くらいになるまで，湯煎で温める。
④ 油の中に水酸化ナトリウム水を少しずつ入れて，泡だて器でやさしく，液が飛び散らないように，約20分よく混ぜる。
⑤ ラップで表面を被い，サラサラであった混合液が少しドロドロになるまで静置しておく（目安はホットケーキの種の硬さ位）。少しドロドロになってきたら納豆原液を加えてよく混ぜる。
⑥ 次に，牛乳パック（1,000mL）に流し込む（牛乳パックは広いほうの面をきると弁当箱のようになる）。
⑦ 牛乳パックの弁当箱は，保温のため発泡スチロールの箱に入れ，せっけんができるまで放置する。
⑧ 弁当箱から取り出せる硬さになったら，好みの大きさに切り，風通しのよいところで約2か月間乾燥させると出来上がり。

(4) むすび

γ-PGAは安全性に優れ，生体適合性であり，化粧品に用いた場合，保湿作用とともに天然保湿因子の成分の産生を促進する作用がある。このことは皮膚の正常な代謝を促進し，メラニンの排出や小じわの低減などの効果を示す。また毛髪においても，脱色処理した毛髪の強度を増加させ，傷んだ髪の表面をなめらかにする作用がある[4]（図11-7, 8）。このようにγ-PGAは化粧品素材として優れている。この作用を利用して納豆石鹸と納豆ローションのほかに，納豆ジェルと納豆ハンドジェルクリームなどが開発されている（図11-9, 10）。

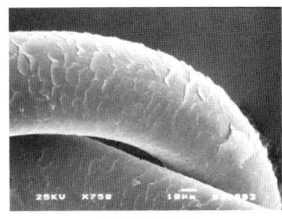

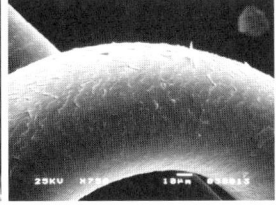

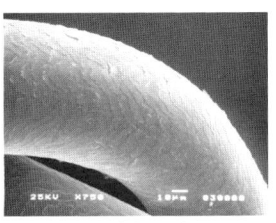

1．納豆化粧品　　243

| 脱色処理毛 | 脱色＋PGA処理毛 | 未処理毛 |

図11-7　各処理毛の電子鏡写真

出典　山田記丘美：γ-ポリグルタミン酸の開発と化粧品への応用．FRAGRANCE JOURNAL 2004；32（7）；45-50.

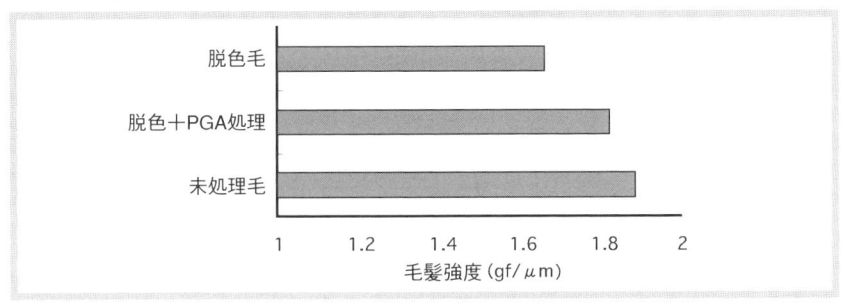

図11-8　各処理毛の毛髪強度

出典　山田記丘美：γ-ポリグルタミン酸の開発と化粧品への応用．FRAGRANCE JOURNAL 2004；32（7）；45-50.

図11-9　フェイスクリスタルジェル

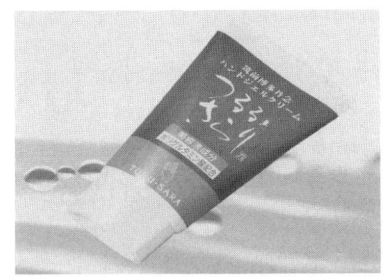

図11-10　ハンドジェルクリーム

（白石　淳・松永　勝政）

● 文献 ●

1) 藤井久雄：納豆菌による粘質物の生成に関する研究（第3報）．農化 1963；37；407-411.
2) 藤井久雄：納豆菌による粘質物の生成に関する研究（第4報）．農化 1963；37；474-477.
3) 一丸ファルコス株式会社　製品パンフレット：バイオPGA溶液　H，2002.
4) 山田記丘美：γ-ポリグルタミン酸の開発と化粧品への応用．FRAGRANCE JOURNAL 2004；32（7）；45-50.
5) 白石　淳監修：肌がうるおう「納豆ローション」．マキノ出版，2004, p8-10.

2 ナットウキナーゼ製剤

ナットウキナーゼ製剤とは，納豆菌（*Bacillus subtilis natto*）によって発酵生産されたナットウキナーゼを一般の食品以上に多量に含む製剤である[1-3]。これが定義であるが，例えば対象が緑豆とか小麦であっても納豆菌で発酵する限りは納豆である。また納豆というからには，食べておいしいものでなくてはならない。同じ*Bacillus subtilis natto*であっても，ある酵素活性が強いと下痢をするとか，中毒を起こす可能性が出てくる。従って，本来は食べられる納豆菌から作られるべきであろう。宮城野，高橋，成瀬の3株は発酵の世界では古くから使用されてきた日本古来の安全な種菌である。糸引き納豆以外にも，ネパールのキネマ（Kinema），タイのトゥアナオ（Thua-nao）など無塩発酵大豆食品を生成する納豆の仲間であるが，これらから分離される*B. subtilis*のナットウキナーゼについての研究はアミノ酸配列解析などを含め全てこれからである。

（1） ナットウキナーゼ

既に日本のものだけで20種類以上のナットウキナーゼ商品（ソフトカプセル，錠剤）がある。Zymographyを用い調べてみると，分子量約3万付近にフィブリン分解活性が認められる。図11-11はそのうちの代表的な4商品のフィブリン溶解活性である。韓国のChongkuk-Jangから精製した酵素，あるいは台湾の土壌菌から採ったMutant酵素は，アミノ酸配列が異なる。少なくとも，ナットウキナーゼの配列（全1次構造）を示せば，もとは間違いなく納豆菌であったといえる[1-3,4]。これは極めて重要なことである。

（2） 力価の問題，その他

フィブリン単位（FU）法とは便宜上生まれた測定法であって，基質に不溶性のフィブリンを使用するため正確な酵素反応を測定することはできない。フィブリン塊溶解時間法（CLT）も同様である。従って，正確に測定するためには水溶性の合成基質Suc-Ala-Ala-Pro-Phe-pNA，H-D-Val-Leu-Lys-pNAなどを用いて反応を行い，活性を国際単位（IU）等で表示しなければならない

2．ナットウキナーゼ製剤　245

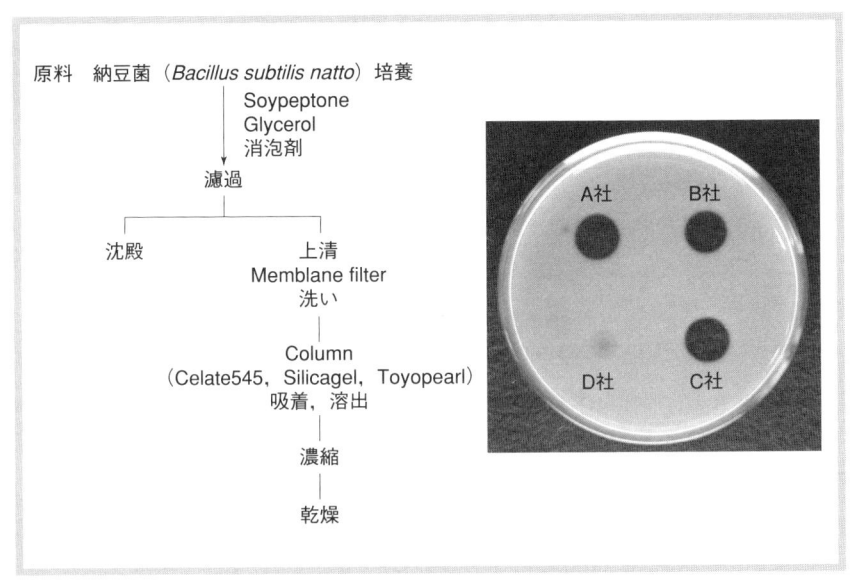

原料　納豆菌（*Bacillus subtilis natto*）培養
　　　　　　　　　Soypeptone
　　　　　　　　　Glycerol
　　　　　　　　　消泡剤
　　　　　　　↓
　　　　　　濾過
　　　┌─────┴─────┐
　　沈殿　　　　　　上清
　　　　　　　Memblane filter
　　　　　　　洗い
　　　　　　　　↓
　　　　　　　Column
　　　（Celate545，Silicagel，Toyopearl）
　　　　　　　吸着，溶出
　　　　　　　　↓
　　　　　　　濃縮
　　　　　　　　↓
　　　　　　　乾燥

図11-11　ナットウキナーゼの工業的製造法
（左）抽出方法の一例
（右）ナットウキナーゼ活性は同じフィブリン平板法でも大きく変わる。例えばA-D社1mg/mLは、37℃、4hrで0.5-207mm^2/mLの活性であった。

A社：(Suc-Ala-Ala-Pro-Phe-pNA)
　　■ 100μl/mL
　　▲ 10μg/mL
　　✕ 1μg/mL

D社：(Suc-Ala-Ala-Pro-Phe-pNA)
　　■ 100μg/mL
　　▲ 10μg/mL
　　✕ 1μg/mL

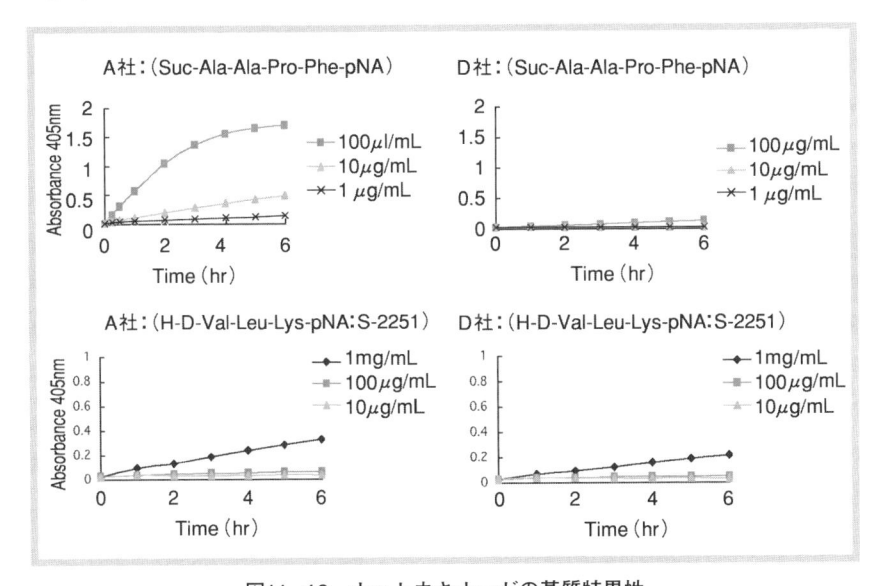

A社：(H-D-Val-Leu-Lys-pNA：S-2251)
　　◆ 1mg/mL
　　■ 100μg/mL
　　▲ 10μg/mL

D社：(H-D-Val-Leu-Lys-pNA：S-2251)
　　◆ 1mg/mL
　　■ 100μg/mL
　　▲ 10μg/mL

図11-12　ナットウキナーゼの基質特異性
A社とD社の活性を比較した。共に5×10^{-4}Mアミド基質、37℃、pH7.8の条件である。

(図11-12)[5]。

製剤にビタミンK_2が多いと，ワーファリンの効果が阻害される恐れがあるが（第4章7節参照），ビタミンK_2は分子量が小さく，分子篩で取り除くことができる。また，納豆菌が残ると摂取後も腸内でビタミンK_2を作り出す可能性がある。従って，ナットウキナーゼの精製には細心の注意が必要である。

(須見 洋行)

● 文献 ●
1) Sumi H., Yatagai C. : Chapter 17. Fermented soybean components and disease prevention, In : Soy in Health and Disease Prevention, Sugano M.（ed）, CMC Press Book, New York, 2005, p251-278.
2) Sumi H., Hamada H., Tsushima H. et al : A novel fibrinolytic enzyme（nattokinase）in the vegetable cheese Natto; a typical and popular soybean in food of the Japanese diet. Experientia 1987 ; **43** ; 1110-1111.
3) Sumi H., Hamada H., Nakanishi K. et al : Enhancement of fibrinolytic activity in plasma by oral administration of nattokinase, Acta Haematol 1990 ; **84** ; 139-143.
4) Fujita M., Nomura K., Hong K. et al : Purification and characterization of a strong fibrinolytic enzyme（nattokinase）in the vegetable cheese natto, a popular soybean fermented food in Japan, Biochem Biophys Res Commun 1993 ; **197** ; 1340-1347.
5) 須見洋行，中島伸佳，田谷直俊：血栓溶解酵素ナットウキナーゼ活性測定法．日本醸造協会誌 1993 ; **88** ; 482-486.

3　凍結乾燥納豆の利用技術開発

(1) はじめに

納豆が持つ優れた栄養と機能性成分を摂取するには，そのまま生で利用することが最適ではあるが，納豆には独特の臭いや粘質物がある上，賞味期限が短く保存性に問題もある。こうした問題を解決し納豆のさらなる需要を喚起する目的で，昭和50年代以降現在まで真空凍結乾燥法により乾燥・粉末化した納豆を各種食品に利用する試みが活発になされている。

ここでは旧聞に属するが，著者の所属する栃木県産業技術センターの前身である食品工業指導所で実施した内容について紹介したい。今後の新製品開発の参考になれば幸いである。

（2）凍結乾燥納豆の各種食品への利用[1, 2]

　凍結乾燥法による粉末化納豆を各種食品に添加して食品素材としての特性を検討した中で，原料粉体の混合が可能で有望と思われた納豆とろろ，スナックフーズ及び米菓（あられ）への応用例について紹介する。

1）凍結乾燥

　原料納豆には通常の丸大豆納豆より呈味性の強い挽き割り納豆を用いた。凍結乾燥は沸点が－30～－40℃となる13～40Pa（0.1～0.3Torr）の高真空下，挽き割り納豆を20kg/m²に調整し20時間で乾燥後，スロットミルにより粉砕して6mm角網パス後，径1.2mmの網をパスしたものを凍結乾燥納豆粉末（水分5％以下，以後粉末納豆と呼ぶ）とした。

2）納豆とろろへの利用

　納豆と複合混合する素材については山芋，オクラ，昆布，ワカメ，茸等の粘質性の素材，及びネギ，ショウガ，青ジソ等の薬味素材を同様に凍結乾燥し検討した。その中から，調和の良かった納豆と山芋により即席納豆とろろの開発を試みた。その結果，納豆と9メッシュに調整した皮むき山芋の粉末の比率は30：70の配合が良かった。これに対する薬味素材の相性ではネギ粉は2.5％を限度に，2～3cmに細切りした乾海苔は2.5～5.0％の範囲で加えることにより，香味の調和と粘りのコシを高めるのに効果的であった。また，復元時の加水量と粉末淡口醤油については混合粉10gにそれぞれ35～40mL，1.5gを加えることにより味の調和と適切な粘りが得られることがわかった。

　なお，この混合粉を37，30，10℃で6か月間保存しアンモニア態窒素の消長をみた結果，いずれも増加は見られず，品質的に極めて安定であった。

3）スナック菓子への利用

　小麦粉を原料とするスナック菓子へ粉末納豆を添加することにより，くせがなく，旨味と後味が向上する製品が得られた。添加量は小麦粉に対し4％と2％としたが，前者では納豆の特徴がやや強く後者ではやや弱いので，供試した熟成度の挽き割り納豆であれば小麦粉の3％が適量と思われた。

4）米菓（あられ）への利用

　粉末納豆を米（糯）に対して4％と6％添加し，常法により搗きあげて焼き

上げたところ，味と触感の向上が図られ，納豆の特徴が強く出ることもなく後味の良い製品が得られた。あられの場合は醤油味が強いので，スナック菓子への添加量よりは多くする必要を認めた。

5）粉末納豆の歩留まりと費用

挽き割り納豆（水分60〜62%）100kgが，乾燥前の段階で98kg，凍結乾燥後に38kg（水分5%以下），粉砕後に36.5kgとなり，歩留まりは約36.5%となる。このことは，凍結乾燥納豆1kgに要する挽き割り納豆は2.74kg必要となり，1kg当りの生納豆の単価を400円とすると納豆の原価は1,096円，粉末化に要する加工料が1,600〜2,000円とすると粉末納豆1kgの生産に要する費用は合わせて約2,700〜3,000円程度となる。

（3）特許情報の利用

多数の納豆の利用技術開発情報の中から各社で必要とする情報を取得するには，まず独立行政法人工業所有権情報・研修館が提供している「特許電子図書館（IPDL）」(http://www.ipdl.inpit.go.jp/) を利用することを勧めたい。インターネットによる検索により必要な特許情報を容易に無料で入手でき，効率的な技術開発が可能になるものと思われる。

（菊地 恭二）

●文献●
1) 相原昭一，菊地恭二，青木定夫：納豆粉末化製品の開発研究，栃木県食品工業指導所業務年報，1978，p14-15．
2) 相原昭一，菊地恭二，青木定夫：新製品開発事業報告書（納豆の利用技術開発），栃木県食品工業指導所，1982，p1-5．

4　γ-ポリグルタミン酸合成ポリマー

納豆菌が発酵生産するγ-ポリグルタミン酸（以下γ-PGAと略）はグルタミン酸がγ結合し，重合度が5,000以上ある生分解性ポリアミノ酸である。このγ-PGA水溶液に放射線を照射すると水分子が解裂して生成したOHラジカルに起因するラジカル重合反応によりγ-PGA分子間でランダム架橋が起こり，吸水性，生分解性及び可塑性を特徴とするポリグルタミン酸合成ポリマー，いわゆ

る納豆樹脂が得られる（図11-13）。吸水率は放射線量に依存し、γ-PGA濃度10％、20kGyのとき自重の4,500倍に達するが、放射線照射量の増加とともに吸水率は減少し、100kGy以上では200倍で一定になった（図11-14）。これは適度に架橋を形成された状態から架橋点密度の増加により納豆樹脂の網目構造が密になるため、ハイドロゲル強度は増加し、1％寒天とほぼ同じゲル強度となる[1]。このハイドロゲルはカルボキシル基を持つアニオン性ゲルで、電解質濃度の増加により吸水率は減少するが、pH3からpH11の範囲では安定で、pH3以下では収縮することからpH応答性ゲルといえる。一方、ゲル形成はγ-PGA分子量に依存し、γ-PGAの重合度が低いと架橋体形成に高い照射線量を必要とした。また、α位のカルボキシル基の修飾は架橋体形成を阻害した。

図11-13　納豆樹脂(左下)と吸水して膨潤したハイドロゲル(ビーカーの中)

放射線照射による納豆樹脂の製造コストは高く、実用化に向けて放射線照射に替わる架橋法を開発し、コスト低減を図る必要がある。現在、グリシジルエ

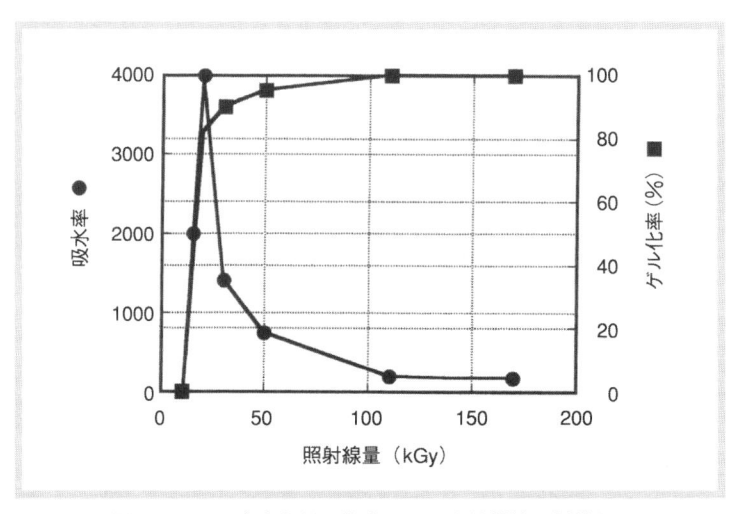

図11-14　吸水率とゲル化率に及ぼす放射線照射線量

ーテル型のエポキシ樹脂によるエステル反応に基づく水系での納豆樹脂の合成を行っている[2]。

高吸水性樹脂はイオン性基を持つ電解質ポリマーを架橋したもので，自重の1,000倍という高い吸水性があり，水を吸収して膨潤したハイドロゲルは圧力をかけても離水しない保水性を持つ。表11-2に放射線照射により合成した納豆樹脂，エポキシ樹脂を架橋剤として合成した納豆樹脂と市販の吸水性樹脂との吸水特性を比較して示した。アニオンポリマーである納豆樹脂はアクリル酸系高吸水性樹脂と同様，生理食塩水では蒸留水の1/20以下と大きく低下し，塩濃度の影響を大きく受けた。これは親水基であるカルボキシル基が納豆樹脂の網目構造の中に固定電荷として存在することを意味する。市販吸水性樹脂と比較して各種塩溶液に対して納豆樹脂は優位性を示した。

納豆樹脂の安全性に関しては急性毒性試験，眼粘膜刺激試験，皮膚1次刺激試験，変異原性試験，パッチテストなどを実施したが異常は認められなかった。また，納豆樹脂の溶出成分はγ-PGA及びγ-PGA分解物であるグルタミン酸であり，安全性の面で問題はないと考えられる。

納豆樹脂の特性を利活用することにより，紙おむつなどの用途のみならず，体液吸収材として医療分野，鮮度保持材などの食料分野，生ごみ・ヘドロ・家畜糞尿などの汚水・汚泥処理，緑化や土質改良材などの農業・園芸分野など多くの分野への利用が考えられる。特に，自然界が有する自浄力，修復力を利用した環境に負荷を与えない環境調和型の産業基盤など吸水性樹脂の用途はさらに広がることが予想される。

表11-2 納豆樹脂と市販吸水性樹脂との吸水特性の比較

	納豆樹脂		市販吸水性樹脂	
	放射線照射	エポキシ樹脂	アクリル酸系	ノニオン or スルホン酸系
蒸留水	4,600	1,250	1,100	200〜700
生理食塩水	162	64	70	60
人工海水	75	41	12	30
0.2%CaCl$_2$	64	64	2	35
10%CaCl$_2$	41	22	1	20

出典 原 敏夫：次世代に向けた食品容器の開発；納豆樹脂を使った生分解性食品容器．食品工業2001；44；43-49．

4. γ-ポリグルタミン酸合成ポリマー　251

日用雑貨分野	メディカル・医療分野	食品・流通分野
紙オムツ 生理用品 化粧品 保湿剤 トイレタリー ペットシート	医療用アンダーパット 簡易トイレ 徐放剤 超音波診断補助剤 廃血液ゲル化剤 パップ剤 水分保持補助剤	食品素材 鮮度保持剤 ドリップ剤 保冷剤
土木・建設分野	農業・園芸分野	その他
汚泥ゲル化剤 汚泥固化剤 シーリング剤 水質浄化剤 ヘドロ固化剤 備蓄用土嚢	種子コーティング剤 種苗ポット 水分調整剤 堆肥化促進剤 土質改良剤 土壌保水剤 肥料の徐放剤	除雪補助剤 水塗れ塗料 耐熱性グリーンプラ 油中水分の除去剤

図11-15　納豆樹脂の応用分野

図11-15に納豆樹脂の想定される応用分野を示した。現在，生活用水，工業用水，農業用水の中で農業用水の占有率がきわめて高いといわれている。限りある水資源を有効に活用し，農業生産に利用するために納豆樹脂のような高吸水性ポリマーを活用した砂漠・乾燥地における節水農業の確立が待たれる[3]。このようにγ-PGA合成ポリマーは，新しい商品の開発にとどまらず地域貢献と地球規模での循環型社会の構築にも大きく貢献できる可能性を秘めている。

納豆樹脂が持つ可塑性を利用して「食べられる容器」の試作を通じて，生分解性プラスチックの1つであるポリ乳酸のコンパウンド材としての用途を試みた。食品包装資材はプラスチックの使用割合が高く，特に，一般廃棄物に占める食品包装容器は容積比で50%を占める。納豆樹脂の「生分解性」と「可塑性」を利用し，吸水して膨潤した納豆樹脂が起爆剤となり生分解能を制御できるエコ対応生分解性包装容器の開発を行った[4]。

試作品を温度30℃，湿度70%の条件下でプランターに入れた市販培養土中に1か月埋め込み，土壌中での分解状況を検討した。図11-16に示したようにポリ乳酸をベースとした成形品の崩壊が観察された。その表面の顕微鏡観察の結

第11章 納豆を利用した新商品開発

土壌埋設前　　　　　　　土壌埋設1か月後

図11-16　納豆樹脂を応用したエコ対応型生分解性包装容器

果，室温下にもかかわらず吸水して膨潤した納豆樹脂によるポリ乳酸の形状崩壊による表面積の増加と繁殖した微生物によるポリ乳酸の酵素分解が起こったものと考えられた。一方，納豆樹脂100％で成形したシートでは埋め込み1週間後に土中の水を吸収してゲル状に肥大し，埋め込み後2週間で形状が完全に崩壊し，消滅した。

ISO14855に準拠したシリンダータイプの微生物酸化分解評価装置を用いて市販堆肥に埋め込み，30℃で通気による好気的条件下，発生する二酸化炭素量を経時的に測定し，納豆樹脂の分解率を算出した。未架橋のγ-PGAは仕込みと同時に分解が起こり，試験開始2週間後にはγ-PGAの約80％が分解を受けた。一方，納豆樹脂は2日間のラグタイムを経た後分解が始まり，試験開始2週間後にはγ-PGAの約80％が分解を受けた。この2日間のラグタイムは吸水により納豆樹脂が膨潤し，微生物が成育するのに必要な環境が形成されたことを意味する。納豆樹脂の分解菌として*Flavobacterium* sp. PHG-4株が分離された。この株の納豆樹脂分解酵素は納豆樹脂による生産誘導を受けず，通常の細菌栄養培地で培養することにより構成的に生産された。

納豆樹脂の優れた生分解性に起因する食品中の微生物による分解性及び分解物の安定性・安全性などの環境安全性試験が今後の課題として残るが，納豆樹脂とポリ乳酸とのサンドイッチ構造体の開発により，流通過程では水に強く，使用後にクラッシュして有機廃棄物などと一緒に分別廃棄した後，包装資材としては致命的な納豆樹脂の吸水性が機能することによりコンポスト化が促進される。グリーンプラは「自然に帰る」利用方法を前提にしており，容器包装リ

サイクル法でいう再商品化は考えにくい素材といえる。しかし，これによりグリーンプラの「コンポスト化可能」の基本コンセプトを生かし，納豆樹脂の容器包装資材としての「再資源化」が実体として見えてくる。

エコ対応包装資材の開発は廃棄物の大幅な低減へとつながると期待されている。納豆樹脂の特徴を自然界における「非蓄積性」とコンポスト化による「再資源化」を考えれば，納豆樹脂はバイオリサイクルの一翼を担う素材と位置付けられ，きわめて今日的素材といえる。

(原　敏夫)

●文献●
1)　原　敏夫：放射線照射による納豆樹脂の合成とその利用．放射線と産業 1999；81；37．
2)　原　敏夫：エポキシ樹脂による納豆の糸からの吸水性樹脂の合成．化学と工業 1999；52；624-627．
3)　原　敏夫：納豆樹脂を使った生分解性食品容器．食品工業 2001；44；43-49．
4)　原　敏夫：納豆樹脂で砂漠緑化―夢から現実へ―．機能材料 2006；26；14-18．

5　軟らかい納豆の開発

(1) 軟らかい納豆の開発

わが国は超高齢社会に突入しつつあり，高齢者人口が急増している。そのため各方面で介護用品の開発が行われている。筆者らは高齢者やそしゃく困難者向けに「軟らかい納豆」の開発を行った。中国雲南省で採集した淡豆豉から分離した細菌を用いて，納豆製造試験を行ったところ，その中にわが国の市販納豆よりも軟らかく豆のつぶれやすい糸引納豆を製造しうる菌株を見出したので紹介する[1]。供試菌株には B. subtilis と同定した分離菌のうち KFP 843 株を用いた。大豆は米国産マーブル（極小粒，粒径4.5mm以上5.7mm以下，2001年産）を使用し，発酵は温度・湿度をプログラム管理可能な自動納豆製造装置（鈴与工業㈱製，SY-No.20）で行った。村松ら[2]の方法を参考にし，KFP 843 株の最適生育温度である43℃を初発製造温度とする製造プログラムを用いた。製造した納豆の硬さは，納豆試験法[3]に記載の上皿天秤を用いて指で押しつぶし，押し終えた時の数値（g）を読み取る方法で測定した。KFP 843 納豆は市販納豆の約

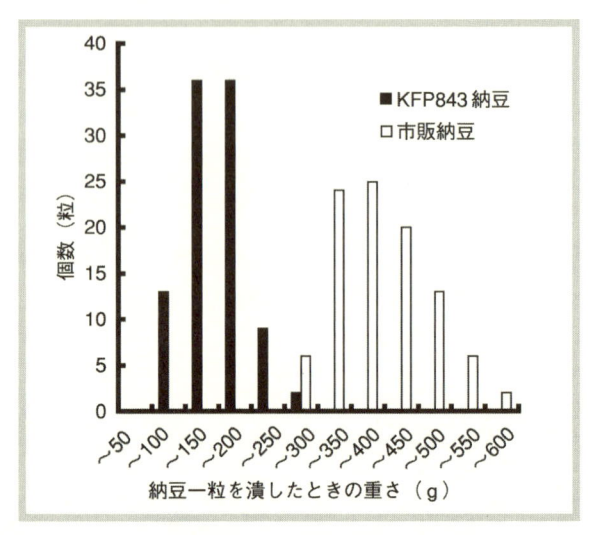

図11-17 納豆の硬さ

出典　髙橋沙織，勝股理恵，吉澤久美ほか：豆豉から分離した*Bacillus subtilis* KFP 843株をスターターとする軟らかい納豆. 食科工 2005；52；451-461.

40％の硬さに仕上がり（図11-17），撹拌すると豆の形が完全に崩れてしまうほど軟らかい納豆であった（図11-18）。官能検査では，市販納豆に比べて有意に（$p<0.05$）糸引きが弱いと評価されたものの，菌の被り，豆の割れ・つぶれ，硬さの項目では市販納豆に比べて有意に（$p<0.05$）良い評価を得た。

（2）軟らかく糸引きの良い納豆の開発

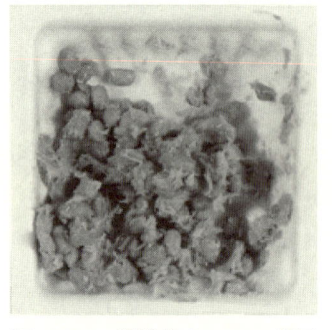

図11-18 撹拌後のKFP843納豆

出典　髙橋沙織，勝股理恵，吉澤久美ほか：豆豉から分離した*Bacillus subtilis* KFP 843株をスターターとする軟らかい納豆. 食科工 2005；52；451-461.

筆者らが淡豆豉から分離同定した細菌の中には，KFP 843株には及ばないが市販納豆よりも軟らかい納豆を製造することのできる*B. subtilis* KFP 897株がある。しかし，前述のKFP 843株と同様軟らかいが糸引きの弱い納豆に仕上がる株であった。そこで，糸引きを強化し軟らかく糸引きの良い納豆を生産しうる菌株に改良するため，味噌から分離された

表11-3 各納豆の相対粘度とγ-GTP活性

	KFP 89711納豆	KFP 897納豆	市販納豆
相対粘度	1.25	6.47	9.34
γ-GTP活性（IU/ℓ, 37℃）	11	60	66

出典 三星沙織，斎藤春香，松川みゆきほか：軟らかく糸引きの良い高齢者向け納豆の開発．食科工 2006；53；466-473.

Micrococcus luteus IAM 1056との混合培養を試みた[4]。微生物生態学的に考えて納豆菌が粘質物を生産するのは，外敵からの防御や栄養成分の独占的な利用のためと推察したからである[5]。混合培養では，混合割合を1対100としてKFP 897の割合を少なくした場合に，最も粘質物を生産させることができ，それをKFP 89711株と名付けた。製造した納豆について糸引きの指標となる相対粘度を測定したところKFP 89711納豆はKFP 897納豆の約5.2倍を示し，市販納豆に近い値であった（表11-3）。また納豆の粘質物を構成するγ-ポリグルタミン酸に関与するといわれている，γ-グルタミル酸トランスペプチダーゼ（γ-GTP）活性についても約6倍の値を示した。硬さについては，KFP 897納豆よりはやや硬くなったものの，市販納豆よりは軟らかかった。軟らかく糸引きの良い納豆は，特に咀嚼力の弱まった高齢者向けの納豆としての用途が期待されたため，東京都千代田区内の高齢者センター3箇所において高齢者による試食調査を行った。見た目，臭い，糸引き，軟らかさ，味，嗜好の6項目を5段階で評価してもらったところ，施設利用者がもつ納豆のイメージよりも全体的にやや良いと評価され，高齢者向け納豆として期待できる納豆である。

（三星 沙織・木内 幹）

●文献●

1) 髙橋沙織，勝股理恵，吉澤久美ほか：豆豉から分離した*Bacillus subtilis* KFP 843株をスターターとする軟らかい納豆．食科工 2005；52；451-461.
2) 村松芳多子，勝股理恵，渡辺杉夫ほか：糸引納豆製造法の改良．食科工 2001；48；277-286.
3) 納豆試験法研究会，農林水産省食品総合研究所編：納豆試験法．光琳，1990, p17.
4) 三星沙織，斎藤春香，松川みゆきほか：軟らかく糸引きの良い高齢者向け納豆の開発．食科工 2006；53；466-473.
5) 柳田友道：微生物科学．生物系における微生物群集の動態，第4巻，学会出版センター，1984, p47-104.

6　ビタミンK強化納豆の開発

（1）納豆とビタミンK_2

納豆は，ビタミンK_2を多く含む食品として知られている。ビタミンKは血液凝固に関与するビタミンとして発見され，Kは血液凝固を意味する「Koagulation」に由来する。天然界に存在するビタミンKには，緑黄色野菜・海藻・大豆油などに含まれるビタミンK_1（フィロキノン）と納豆菌や腸内細菌が生産するビタミンK_2（メナキノン）がある。いずれも，2-メチル-1,4ナフトキノン環を基本骨格に持ち，メナキノンはイソプレノイド基の数（n）によってメナキノン1～14が知られている（図11-19）[1)]。納豆に含まれるビタミンK_2はメナキノン-7（MK-7）である。

最近の疫学調査で，納豆摂取量と骨折頻度の間に統計的に有意な負の相関があることが報告されている。また，納豆の摂取頻度が高いと血中のビタミンK_2濃度が高くなることが明らかになっている。これらの事実より，納豆摂取が骨折のリスクを低下させており，この作用には納豆菌が生産するビタミンK_2が深く関わっていると考えられるようになっていた[1)]。

カルシウムが，骨の材料であることは広く一般に知られているが，カルシウムを摂取するだけでは,丈夫な骨は作れない。骨を丈夫にするには，摂取したカルシウムが骨組織に吸着される必要があり，骨芽細胞で合成されるオステオカルシンというタンパク質がその役割を担っている。オステオカルシンは内部にグルタミン酸残基を持ち，それがγ-カルボキシル化（Gla化）されると，立体構造が変化してハイドロキシアパタイトとの親和性が増す。その結果，オステオカルシンは,骨にカルシウムを吸着させる働きをする。ビタミンK類は，このGla化反応において補

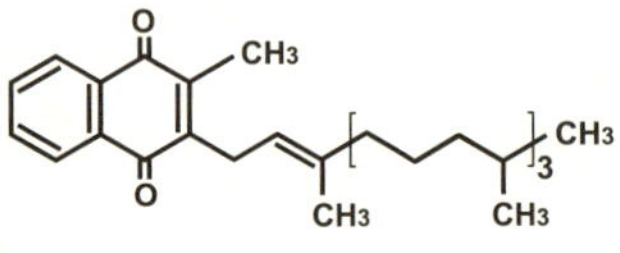

ビタミンK_1（フィロキノン）

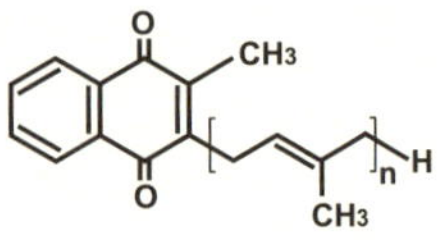

ビタミンK_2（メナキノン-n）

図11-19　ビタミンKの構造

酵素として働き，骨形成を促進する。特に，ビタミンK_2の1つであるメナキノン-4（MK-4）は，培養ヒト骨芽細胞の石灰化を促進することが証明されており，骨粗鬆症の治療薬として承認・発売されている[1]。

納豆は他の食品とは比較にならない大量のMK-7を含んでいるため，納豆を摂取することによりMK-7が体内に吸収され，MK-4と同様な作用を発揮し，骨折のリスクを低減することが期待できる[1]。本稿では，MK-7の生産能力が高い納豆菌を開発し，それを種菌に用いて納豆を製造することにより，MK-7含量の高い骨強化機能に優れた納豆の商品化を行った我々の事例について紹介する。

（2）MK-7高生産納豆菌の開発

我々は，MK-7高生産納豆菌の開発に先立ち動物実験を行い，ラットの生体内においてMK-7がMK-4と同等の骨形成促進作用を有することを明らかにした[2]。さらに，ラットを用いた試験により通常納豆（867μg/100g）の1.5倍（1,295μg/100g）から2.0倍（1,730μg/100g）のMK-7を含む納豆を摂取することにより，骨強化効果が期待できることを明らかにした[3]。

これらの結果を基に，MK-7高生産納豆菌が具備すべきMK-7生産能は，通常納豆菌の2.0倍とした。MK-7のキノン骨格合成系は1,4-ジヒドロキシ-2-ナフトエ酸，及び，芳香族アミノ酸（フェニルアラニン，チロシン，トリプトファン）によりフィードバック制御を受けている（図11-20）。MK-7高生産納豆菌を開発するに当たって，これらの化合物のフィードバック阻害を解除するという方法を取った。まず，自社保有の納豆菌O-2株より，UV照射を用いた変異処理により，1,4-ジヒドロキシ-2-ナフトエ酸のアナログ化合物である，1-ヒドロキシ-2-ナフトエ酸の耐性菌を分離した。分離した変異株のMK-7生産性は，納豆を試作して評価した。その結果，MK-7生産能が親株の1.4倍（1,443μg/100g納豆）に増加した株OUV23-4を得た。さらに，OUV23-4をUV処理し，芳香族アミノ酸アナログである，p-フルオロ-D,L-フェニルアラニン，m-フルオロ-D,L-フェニルアラニン，$β$-2-チエニルアラニン耐性を同時に付与した変異株を分離，評価し，所期の目標にほぼ近いMK-7生産性（1,719μg/100g納豆）を有するOUV23481株を得た（図11-21）[4]。

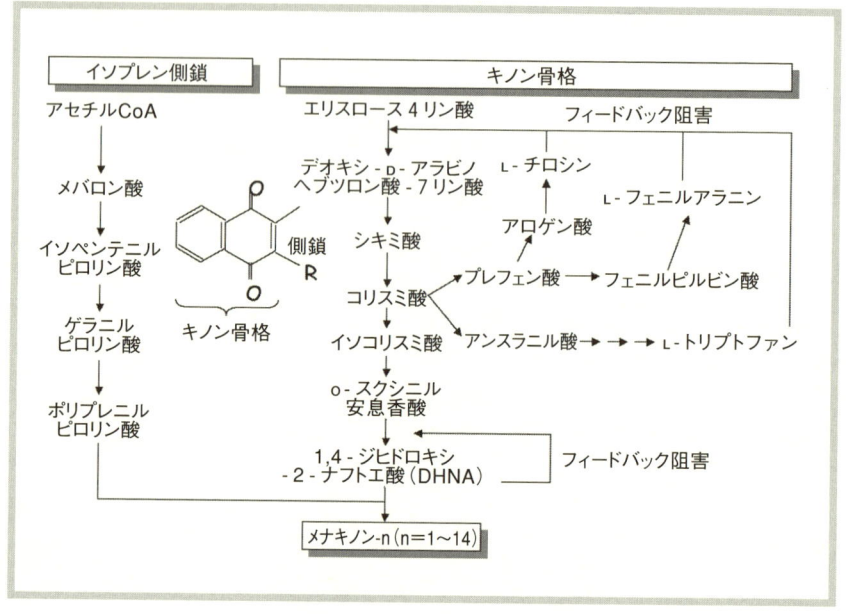

図11-20 メナキノンの合成経路

出典 Tsukamoto Y., Kasai M., Kakuda H., : Construction of a *Bacillus subtilis* (*natto*) with high productivity of vitamin K_2 (menaquinone-7) by analog resistance. Biosci. Biotechnol. Biochem. 2001 ; 65 ; 2007-2015.

O-2株（MK-7生産能　1037 μg/100g納豆）

↓ UV処理　1,4-ジヒドロキシ-2-ナフトエ酸 耐性

OUV23-1株（MK-7生産能　1443 μg/100g納豆）

↓ UV処理　*p*-フルオロ-D,L-フェニルアラニン, *m*-フルオロ-D,L-フェニルアラニン, β-2-チエニルアラニン耐性

OUV23481株（MK-7生産能　1719 μg/100g納豆）

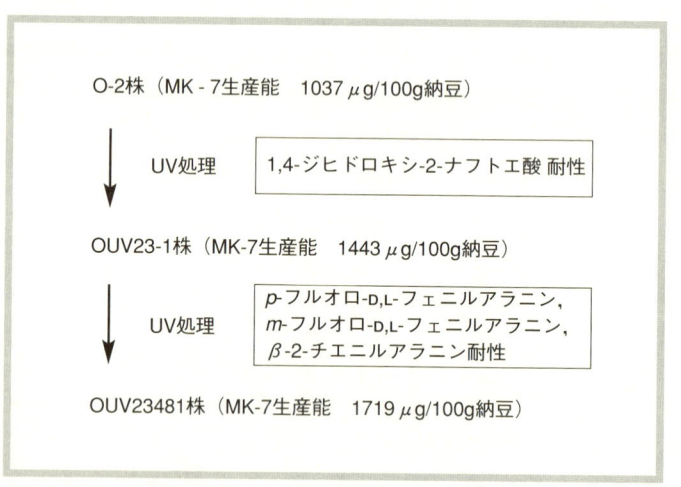

図11-21 MK-7高生産納豆菌の育種

出典 Tsukamoto Y., Kasai M., Kakuda H., : Construction of a *Bacillus subtilis* (*natto*) with high productivity of vitamin K_2 (menaquinone-7) by analog resistance. Biosci. Biotechnol. Biochem. 2001 ; 65 ; 2007-2015.

発酵工業における発酵生産性の改善は，菌の改良，培地（培養栄養源）の改良，発酵条件の最適化，という3つの組み合わせによって行われる。しかし，我々は，MK-7の生産をしているのでなく納豆を生産している。そのため，培地は蒸煮大豆に限定され変更できない。また，発酵条件も通常の発酵条件から大きく変更することができない。従って，納豆菌の改良のみで納豆のMK-7含量を2倍にしなければならなかった。さらに，納豆菌にはMK-7生産能と納豆品質の両立が要求される。事実上述の育種において，MK-7生産能は高いが納豆製造適性が伴わない菌が多く分離されている[4]。このように，納豆生産を目的に行う微生物育種には，物質生産のみを目的に行う育種にはない難しさがある。

（3）ビタミンK_2高含有納豆を用いたヒト効果試験

OUV23481株を種菌に用いて製造したMK-7高含有納豆を食べると骨形成が促進されるかどうかを調べるため，ヒトで摂取試験を行った。被験者を3群に分け，それぞれ通常納豆の1倍量・1.5倍量・2倍量のMK-7を含む納豆を1日50gずつ14日間摂取させ，血中のGla化オステオカルシン量を測定した。なお，MK-7含量が1倍量の納豆は市販の納豆菌を，1.5倍及び2倍量の納豆はOUV23481を用いて製造した。試験の結果，通常納豆を摂取した群に対し，MK-7が1.5倍量・2倍量の納豆を摂取した群では，血中のGla化オステオカルシン濃度が有意に上昇した。この結果により，OUV23481を用いて製造した，MK-7を通常納豆の1.5倍含む納豆を1日1トレイ（50g）摂取すれば骨形成マーカーであるオステオカルシンが活性化されることが明らかになった[5]。

（4）ビタミンK_2高含有納豆の商品化

OUV23481を用いて製造した納豆について，上述のヒト臨床データを根拠に特定保健用食品の許可申請を行い，2000年に納豆として初めて許可を受けた。特定保健用食品の許可理由は，「本納豆は，納豆菌（*Bacillus subtilis* OUV23481株）の働きにより，ビタミンK_2を豊富に含み，カルシウムが骨になるのを助ける骨タンパク質（オステオカルシン）の働きを高めるように工夫されています」である。本納豆は，品質の差別化が難しい納豆市場において，健康機能で差別化さ

れた納豆として現在も多くの消費者の支持を集めている。

(竹村　浩)

●文献
1) 竹村　浩:「金のつぶ『ほね元気』」～ビタミンK_2（メナキノン-7）高含有納豆の開発～. CLINICAL CALCIUM 2006 ; 16 ; 1715 - 1722.
2) Yamaguchi M., Taguchi H., Gao YH. et al : Effect of vitamin K_2 (menaquinone-7) in fermented soybean (natto) on bone loss in ovariectomized rats. J Bone Miner Metab 1999 ; 17 ; 23-29.
3) Yamaguchi M., Kakuda H., Gao YH. et al : Prolonged intake of fermented soybean (natto) diets containing vitamin K_2 (menaquinone-7) prevents bone loss in ovariectomized rats. J Bone Miner Metab 2000 ; 18 ; 71 - 76.
4) Tsukamoto Y., Kasai M., Kakuda H. : Construction of a *Bacillus subtilis* (*natto*) with high productivity of vitamin K_2 (menaquinone-7) by analog resistance. Biosci Biotechnol Biochem 2001 ; 65 ; 2007 - 2015.
5) Tsukamoto Y., Ichise H., Yamaguchi M. : Prolonged intake of dietary fermented soybeans (natto) with the reinforced vitamin K_2 (menaquinone-7) enhanced circulated γ-osteocalcin concentration of normal individuals. J Health Sci 2000 ; 46 ; 317 - 321.

7　色が白く品質変化の少ない納豆の開発

　栃木県で開発した納豆菌TK-1株は,「色が白く保存中の品質変化が少ない納豆」のできる納豆菌である[1]。開発当初から「色が白い」という特徴をねらって育種したというよりは,「旨味は多いのにアンモニア臭が少なく, 保存中の品質変化が少ない納豆」を目標として育種したもので, たまたま開発した納豆菌が「納豆の色が白くなる」という特徴を持っていたものである。納豆菌開発の経緯[2]とできた納豆の特徴について解説する。

(1) 納豆菌開発の目的

　従来からの納豆は, 旨味の強い納豆ほどアンモニア臭が強くなりやすく, 冷蔵保存中であっても納豆菌の働きにより, アンモニア臭及び旨味の増加, 溶菌による菌膜の分解, 豆の硬度の低下, 粘りの減少等の品質変化が進んでいく。アンモニアの主な発生源はアミノ酸分解である。そこで, 特に低温でアンモニアを多く生成するアミノ酸の分解が起こりにくい菌株を選択することにより,

（2）納豆菌の育種方法

1）変異処理と変異株の濃縮

親株には市販納豆菌を用い，変異処理は紫外線照射によって行った。図11-22に，納豆に唯一の窒素源として単独のアミノ酸を与えた場合のアンモニア生成量の比較を示す。アスパラギン，グルタミン，アラニン，アスパラギン酸，グルタミン酸の順でアンモニア生成量が多かった。そこで，アラニンを唯一の窒素源とした培地に抗生物質を加え，30℃で培養して低温感受性でアミノ酸非資化性の変異株以外は死滅するようにして変異株の濃縮を行った。

2）変異株の選択

抗生物質で濃縮した変異株を滅菌水で2回洗浄した後，完全培地で数時間前培養する。培養後の菌液をペプトン・スキムミルク平板培地に表面塗布し，20℃で6時間培養後，さらに37℃で12時間培養し，コロニーが小さくハロー及び粘質物の確認できたコロニーを選択する。小さいコロニーを選択する理由は，低温感受性株だと正常な菌が20℃で生育している間生育できないため，コロニーの大きさに差ができるからである。引き続き，標準寒天平板培地，アラニンを唯一の窒素源とした平板培地を用い，それぞれの37℃と20℃での生育パターンからアラニン非資化性かつ低温感受性と思われる変異株を選択した。選択し

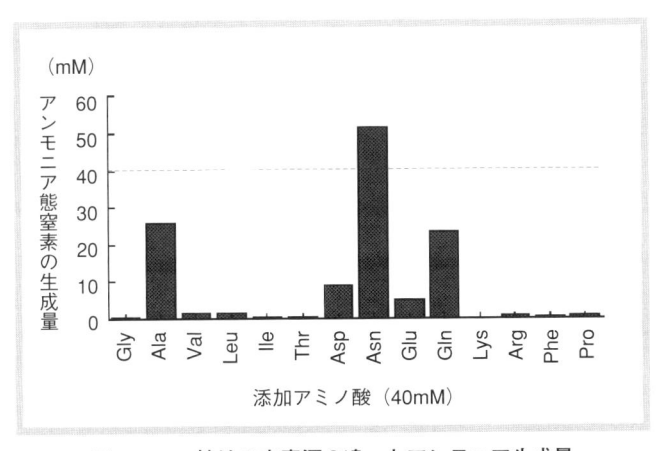

図11-22　培地の窒素源の違いとアンモニア生成量

た変異株で納豆を試作し，納豆としての評価の良いものをさらに絞り込み，「色が白く保存中の品質変化が少ない納豆」のできる納豆菌TK-1株を得た。

(3) TK-1株の特徴

1) 培養温度と生育状態

完全培地であるPYG培地に栄養細胞を植付けて培養温度と菌の生育を見た結果を図11-23に示す。市販納豆菌と比較して菌の生育開始までの時間が長くなっており，特に30℃以下の場合は生育速度も遅くなっていた。

2) 納豆表面色の白さ

市販の納豆菌とTK-1株で試作した納豆について，納豆の表面色をY値で測定した結果を表11-4に示す（Y値は数値が大きいほど色は明るい）。TK-1株で製造した納豆は製造日当日でY値が24.6と明らかに市販納豆菌の納豆よりも色が

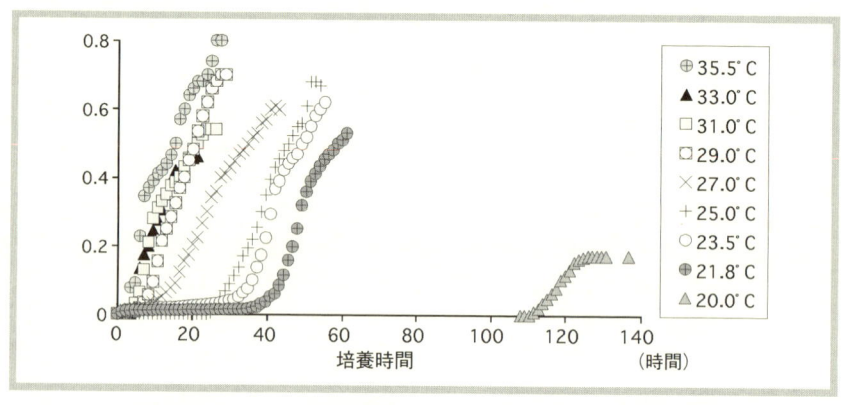

図11-23 TK-1株液体培養（PYG）での培養温度と菌の生育

表11-4 納豆の表面色(Y値)と保存中の変化

保存温度と日数	TK-1	納豆菌A	納豆菌B
製造日当日	24.6	18.8	20.7
8.5℃ 3日後	23.4	17.9	19.7
12.0℃ 3日後	20.1	15.3	18.5
14.4℃ 3日後	20.7	15.3	16.9

納豆表面の菌膜を壊さないようにラップで覆い，その上からミノルタCR-13（味噌用測色計）にて測定した。

表11-5 試作納豆保存中の成分変化

菌株符号	TK-1		納豆菌A		納豆菌B	
保存条件	AN	FN	AN	FN	AN	FN
製造日当日	116	312	206	426	179	294
5℃、3日	125	308	302	602	153	342
15℃、3日	157	421	266	550	208	416
20℃、3日	163	553	391	887	262	488

AN：アンモニア態窒素（mg/100g）
FN：ホルモール窒素（mg/100g）

白く，通常の保存温度より高めの温度で保存した場合でも，保存後のY値は市販納豆菌の納豆のY値より大きく，色の白さが変わりにくい特徴を持っていた。

3) 納豆保存中の旨味と香りの変化

市販の納豆菌とTK-1株で試作した納豆を5℃，15℃，20℃に3日間保存したときの保存中の成分変化を表11-5に示す。アンモニア臭はアンモニア態窒素の値が200mg%（mg/100g）を超えると強く感じるようになるといわれているが，TK-1株では5℃，3日間の保存ではほとんど変化なく，15℃，20℃といった通常の保存温度より高い温度で保存した場合でも，旨味の指標となるホルモール窒素の増加の割にはアンモニア態窒素の増加は少なく納豆の品質も良好であった。

(古口 久美子)

● 文献 ●
1) 古口久美子，宮間浩一，菊地恭二：外観色が白みを帯持し，保存中の品質変化の少ない納豆の製造方法．日本国特許第2881302号，1999．
2) 古口久美子，宮間浩一，菊地恭二：納豆菌の育種に関する研究（第4報）納豆菌の改良と高付加価値納豆菌の育種．栃木県工業試験研究機関研究集録，1997，p165-168．

8 γ-ポリグルタミン酸製造方法

γ-ポリグルタミン酸（γ-PGA）を Bacillus 属細菌の液体培養により製造する多くの方法が提案[1-4]されているが，これらの方法で調製されるγ-PGAの分子量は数千～200万Da程度であった。わが国の伝統的な発酵食品である納豆の製造に用いられる納豆菌も代表的なγ-PGA生産菌であり，納豆のネバネバの主成分はγ-PGAである。また，その分子量は数10万から500万Da程度と他のγ-PGA生産菌に比べ高分子量でありその有用性が期待できる。さらに，化粧品や食品などの分野でγ-PGAを利用する場合，消費者の理解を得るためには，その生産菌として食経験のある納豆菌を用いることが望ましい。ここでは，納豆製造に供する納豆菌を用いたγ-PGAの工業的な生産の実例を紹介する。

(1) 納豆菌によるγ-PGA発酵生産

納豆菌が培養液中にγ-PGAを生産すると培養液粘度が上昇するため，γ-

PGAの生産は培養液粘度を測定することで把握することができる。納豆菌のγ-PGAの生産性は非常に不安定であり，数代の継代でその生産能が低下した株が出現することが知られている。実際に，通気撹拌培養で納豆菌によるγ-PGAの生産を試みたが，十分な培養液粘度が得られたロットは全試験製造ロットのわずかに9％程度であり，全く粘度の上昇が認められないケースは65％にも達した。つまり，納豆菌を用いて実用規模でγ-PGAの生産を行おうとする場合その生産性の安定化が最大の課題と言える。

納豆菌は生育のためにビタミンの一種であるビオチンを必要とする。使用するγ-PGA生産培地の基本組成は，無機成分にビオチンと炭素源及び窒素源としてグルコースとグルタミン酸を用いている。また，ビオチン，グルコース，グルタミン酸の濃度は，使用する菌株によって最適値が微妙に異なることがありこの点を留意する必要がある。加えて，菌株に合った培地組成を選択したとしても培養容量が大きくなるほど生産性が不安定になる傾向がある。これは，培養液の粘度上昇にともない，培養容量が大きくなるほど培養液の均質混合が困難になることが一因と思われた。そこで，著者らは気液の混合効率が高く循環流を発生させる装置を組み込んだγ-PGA生産専用の培養装置を開発した。

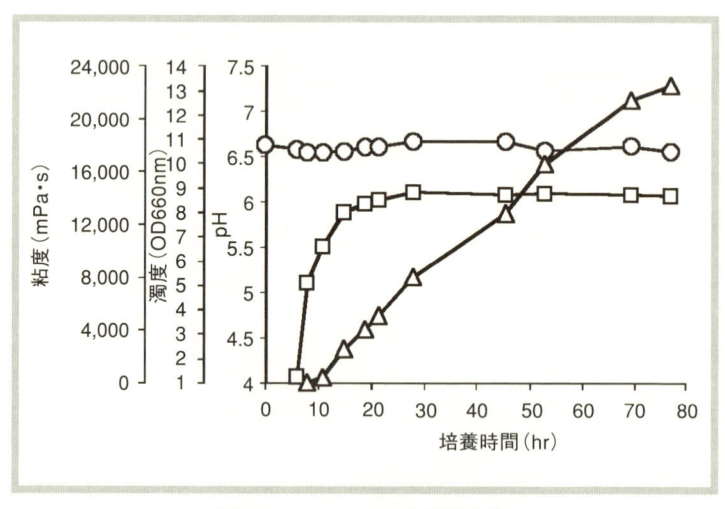

図11-24　γ-PGAの発酵生産
○；pH，△；粘度，□；濁度（OD660nm）

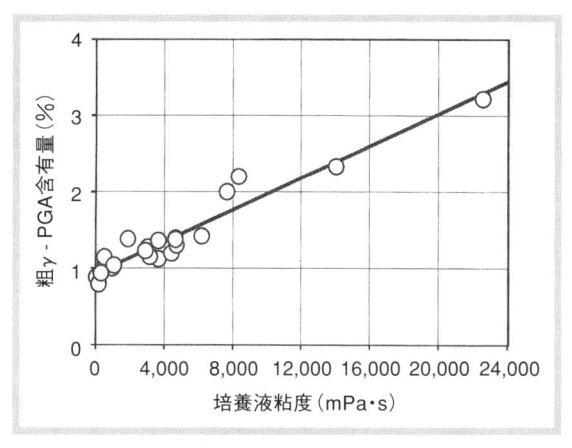

図11-25 培養液粘度とγ-PGA量の関係

この培養装置を用いた典型的な培養経過を図11-24に示す。培養8時間目前後から急速にOD660nmが上昇し，やや遅れて12時間目から培養液に粘性が認められる。納豆菌によるγ-PGAの生産は納豆菌の細胞密度の上昇によって誘導されることが明らかにされている[5]が，図11-24の培養経過はこの事実と一致する。培地の粘度の上昇（γ-PGAの生産）は80時間目まで続き，最終的に22,300 mPa·sに達した。培養液の粘度が高いほど培養液中のγ-PGA含有量も高くなり，図11-25の粘度22,300mPa·sの培養液は粗γ-PGAとして約3％を含有していた。

（2）培養液からのγ-PGAの回収

培養液からのγ-PGAの回収は，重金属塩として沈殿する方法，pHを酸性にして沈殿分離する方法，アルコールやメタノールなどの有機溶媒で沈殿分離する方法，これらを組合わせてpHを酸性とし無機塩やアルコールで沈殿する方法がある。著者らは，アルコールを用いてγ-PGAを沈殿回収する方法を採用している（図11-26）。

納豆菌培養液からγ-PGAをアルコール沈殿で回収する場合，アルコール濃度が高すぎると培地成分が析出し共沈するため純度が下がってしまう。また，アルコール濃度が低すぎると沈殿物の回収が困難となり，アルコール沈殿工程では適切なアルコール濃度を選択し維持する必要がある。アルコール沈殿で回

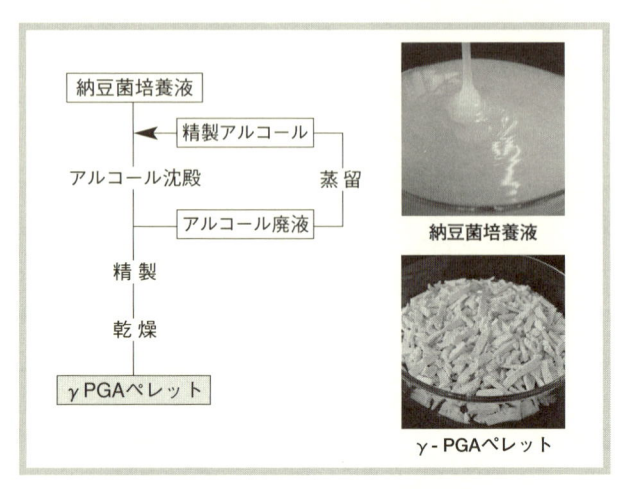

266   第11章　納豆を利用した新商品開発

図11-26　γ-PGAペレットの製造フロー

収したγ-PGAは，不純物を洗い流しペレット状に加工後乾燥され製品となる。さて，アルコール沈殿法では，当然ながら大量のアルコールを必要とし，使用したアルコール量以上の廃液が発生する。これらは製造コストを押上げる要因となるが，この問題は蒸留装置により廃液からアルコールを回収しリサイクルすることで十分解消できる。著者らは使用したアルコールの約90％を回収し繰り返し使用している。また，この他にも使用するアルコールを低減させる方法として，γ-PGA溶液のpHを低下させ粘度を下げた状態で限外濾過により濃縮し，アルコール沈殿に使用するアルコール自体を減量する方法もある。また，乾燥工程では，凍結乾燥機や真空ドラムドライヤーなどの真空乾燥機が用いられる。

(植木　達朗)

●文献●
1)　村尾沢夫，奥村信二：微生物によるポリグルタミン酸の製造方法，公開特許公報昭43-24472，1996．
2)　武部英昌，松信俊男，魚谷和道ほか：ポリグルタミン酸の製造方法，公開特許公報平01-174397，1989．
3)　山中　茂，菊池玲子：新規ガンマ・ポリグルタミン酸，その製造方法及びこれを含有する飲料用剤，公開特許公報平03-47087，1991．
4)　五嶋淳夫，国岡正雄：γ-ポリグルタミン酸の製造法．日本国特許第3081901号，2000．
5)　伊藤義文：納豆の糸引き成分の合成開始メカニズムと機能．食の科学 2003；289；23-30．

第12章 大豆・納豆菌の分別と保存

1 納豆菌ファージのタイピング

　納豆菌ファージの研究は1960年代から主に2つのグループ（藤井ら[1]，吉本ら[2]）により行われた。広く日本国内から納豆菌ファージを収集し，それらを，形態，血清反応，宿主域などから2もしくは3種類にグループ分けした（表12-1）。

　藤井らは，抗PN-1血清及び抗PN-19血清（PN-1と，PN-19はファージの名称）を用いて，抗PN-1血清に中和され，抗PN-19血清には中和されないグループ（PN-3タイプ），抗PN-1血清では中和されず，抗PN-19血清に中和されるグループ（NP-19タイプ），両血清に中和されないグループ（PN-6タイプ）の3種類に分けている。このグルーピングの結果は宿主域によるグルーピングと若干異なっていた。

　一方，吉本らも同様に血清反応により，抗NP-4血清で中和され，抗NP-38血清で中和されないグループ（NP-4タイプ）と，逆に，抗NP-4血清で中和さ

表12-1　納豆菌ファージのタイプ

タイプ		藤井ら			吉本ら	
		PN-3	PN-6	PN-19	NP-4	NP-38
サイズ	頭部（nm）	90	85	80	78	90
	尾部（nm）	170	165	175	205	200
増殖	潜伏期（分）	ND	60	54	40	40
	バーストサイズ	ND	120	180	40	250
プラーク	プラーク形態	濁	透明	透明（ハロー）	濁	透明
宿主域	B. subtilis IFO3009	＋	＋	＋	＋	＋
	B. subtilis IFO3007	−	−	−	−	−
	B. subtilis W23	−	−	−	−	＋

ND：データ無し
B. subtilis IFO3009はB. nattoとしてIFO（発酵研究所）に寄託された。なお，IFOの菌株はNBRC（製品評価技術基盤機構バイオテクノロジー本部）に移管された。
文献1，2を元に作成

れずに，抗NP-38血清で中和されるグループ（NP-38タイプ）の2つのタイプに分けている。これらの範疇に入らないファージはなかった。このグルーピングの結果は宿主域によるグルーピングに一致していた。

これらの2つの研究グループが行ったグルーピングの関係については，形態とプラークの形状の記述により，PN-3とNP-4，PN-6とNP-38がそれぞれ対応していると想像できるが，確信はない。例えば，*B. subtilis* W23株には，NP-38タイプのファージは感染したが，藤井らが分離したファージはPN-6を含めいずれも感染しなかった。なお，吉本らの納豆菌ファージは保存されておらず，実際に比較試験することは不可能である。

表12-1に，それぞれのファージタイプ（代表株）の特徴をまとめた。

(永井 利郎)

● 文献 ●
1) 藤井久雄，白石 淳，椛 裕子ほか：糸引納豆における異常醗酵と納豆菌ファージ．醗工 1975；53；424-428．
2) 吉本明弘，野村繁幸，本江元吉：納豆菌ファージ（第4報）納豆製造工場のファージ．醗工 1970；48；660-668．

2　ファージのポリグルタミン酸分解酵素

ファージ（正しくはバクテリオファージ＝「細菌の捕食者」）は数十nm（1nmは100万分の1mm）の大きさなので，光学顕微鏡で見ることはできない。そこで，通常ファージの検出には感受性菌株に対する溶菌活性が使われる。また，ファージは感染時に菌体表面の特定の構造（多くはタンパク質）を認識して結合する。そのため，ファージ感受性の有無は「ファージタイプ」として宿主細菌の峻別・クラス分けにも利用されている。

納豆の発酵不良が頻発する場合，ファージの混入が疑われる。特に，見かけ上納豆菌の増殖に問題がなく，「カムリ」ができているにもかかわらず出荷先から「粘らない」というクレームがある場合，その原因はファージである。

納豆菌ファージは納豆菌を溶菌し死滅させる。しかし，混入ファージ数が納豆菌数に比べて非常に少ない場合，溶菌による死滅よりも納豆菌の増殖が速く進むため問題ないように見える。しかし，感染の過程で，納豆菌ファージは納

豆の粘質物であるポリグルタミン酸を分解する強力な酵素を生産する。そのため，出荷先で納豆をかき混ぜたときにこの酵素の働きでネバリが急激に失われてしまうのである。納豆1パック当り10個程度のファージが混入するだけでこうした不良品ができてしまう。混入が1,000個程度までなら見かけの納豆菌増殖に影響はない。ファージ混入数が十分に多い時は納豆菌の増殖が抑えられるため出荷時に発酵不良を判別できる。混入数が少ないときのほうがやっかいなのである。

納豆菌ファージが感染時にポリグルタミン酸分解酵素を生産することは以前からよく知られた現象だった。1970年代にはすでにHongoらによって酵素の性質が詳細に報告されている[1]。一方，著者の所属する研究室には納豆工場から独立に採取された納豆菌ファージが保存されている。これらはファージゲノムDNAの制限酵素処理断片長からいくつかのグループに分けられたが，すべてポリグルタミン酸分解酵素の生産能を持っていた（木村，未発表データ）。ポリグルタミン酸分解酵素は*Bacillus subtilis*に感染するファージに広く分布しているようである[2]。

ポリグルタミン酸分解酵素の実体は長い間不明であったが，著者らは最近この酵素の1次構造を明らかにし，PghP（poly-gamma-glutamate hydrolase of phage）と名づけた[2]。PghPは25 kDaの単量体酵素で活性発現にマンガンあるいは亜鉛イオンを要求する。また，モノヨード酢酸感受性であったことからPghPはシステイン残基を活性中心に持つことが示唆された。

PghPはポリグルタミン酸を5，4，3量体のオリゴγグルタミン酸まで速やかに分解する。5量体が分解されないのはこの酵素が6量体以上を基質として認識するためだと考えられる。4量体，3量体は7量体の分解産物か，それぞれ8量体，6量体の分解産物と考えられる。また，大腸菌細胞内で組換えPghPを大量発現させることが可能であった（木村，未発表データ）。今後の構造生物学的な解析によって酵素の作用機理解が深まると期待される。

興味深いことにHongoらがファージNP-1clから得た酵素による分解産物は2量体及び3量体である[1]。また，ポリグルタミン酸分解活性を示すファージの中には，サザン解析でPghP遺伝子と交差しないものがあった。ファージのポリグルタミン酸分解酵素には多様性があるようである。

ところで，粘らない納豆というのは商品価値がないと思われている。しかし，しっとり感や光沢感を維持したままポリグルタミン酸がオリゴマーへ酵素的に分解されるため，実際かき混ぜてみないと違いは明瞭でない。粘らない（＝扱いやすい）性質を逆に利用して納豆加工食品（納豆チャーハンや納豆スナック，干し納豆など）の製造に応用できるのではないだろうか。

（木村 啓太郎）

●文献
1) Hongo N., Yoshimoto A. : Bacteriophage of *Bacillus natto*. Part III. Action of phage-induced g-polyglutamic acid depolymerase on g-polyglutamic acid and the enzymatic hydrolyzates. Agric Biol Chem 1970 ; **34** ; 1055 - 1063.
2) Kimura K., Itoh Y. : Characterization of poly-g-glutamate hydrolase encoded by a bacteriophage genome: Possible role in phage infection of *Bacillus subtilis* encapsulated with poly-g-glutamate. Appli Environ Microbiol 2003 ; **69** ; 2491 - 2497.

3　納豆菌コレクション

　納豆菌というと，現在では納豆種菌として販売されているものが主流であるが，自然界には，そして世界にはいろいろなタイプの納豆菌が存在しており，その地域での食品に利用されたり，また研究に利用されたりしている（第10章参照）。そのような納豆菌を集中的に収集しているのは主に個人の研究者である。しかしながら，カルチャーコレクションという微生物株保存機関に分離した納豆菌を預ける研究者も多い。カルチャーコレクションは費用がかかるかもしれないが，菌種の入手が容易であり，ウェブ上で菌株情報検索ができるなどサービスの点で利便性が高い。納豆菌に特化したコレクションと言うわけではないが，納豆菌も含めていろいろな微生物を収集しているカルチャーコレクションについて，そこへのアクセスの方法も含めて述べる。

（1）　カルチャーコレクションの仕組み

　カルチャーコレクションとは，微生物株を保存し配布を行う機関である。図12-1に，微生物株の収集者である個々の研究者，カルチャーコレクション及びユーザの関係を簡単に示した。実線が微生物株の移動を，破線が情報の移動を表している。情報の内容は吹き出しに示した。

3．納豆菌コレクション　271

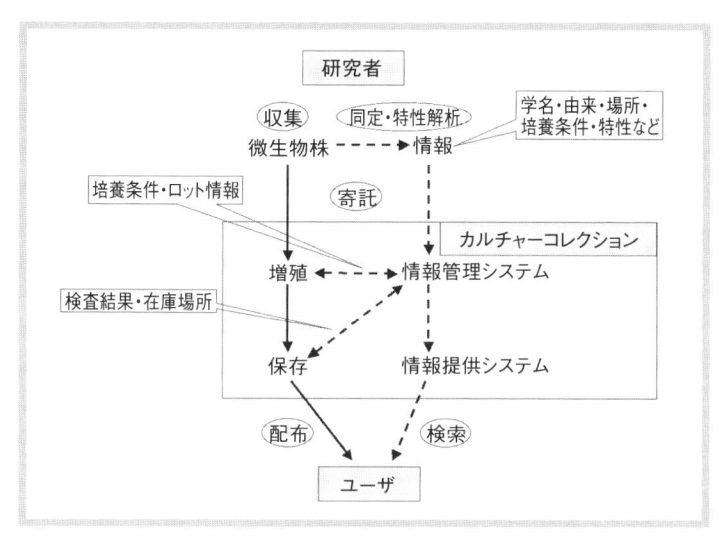

図12-1　カルチャーコレクションの仕組み

　研究者が収集し，さらに同定及び特性解析を行った微生物株を，それらの情報とともにカルチャーコレクションに提供（寄託）する。情報は機関内のデータベースに蓄積される。カルチャーコレクションは提供された情報やこれまでに蓄積した情報をもとに微生物株の増殖及び保存を行う。保存された微生物は定期的に検査が行われ，生存しているか，変異や他の微生物が混入していないかがチェックされている。これらのデータも，データベースに蓄積される。また，そのような保存標品自体のデータ（作成時間・保存場所など）もデータベースに蓄積される。

　ユーザはインターネットのカルチャーコレクションのサイトで提供されている検索システムを利用して，希望の微生物を選択し，カルチャーコレクションに配布の依頼を行う。数年前だと，冊子体のカタログが提供されていて，それを閲覧して微生物の情報を得るのが主流であったが，昨今では高機能な検索が可能であることなどからサイトの検索システムを利用するのが一般的である。また，カルチャーコレクションが新たに微生物株の追加を行った場合でもリアルタイムにそれが反映される，というのは大きな利点である。

　配布の依頼があれば，カルチャーコレクションは保存している微生物を保存標品のまま送付するか，復元してから送付する。微生物を受け取ったユーザは

すぐにその微生物が生存しているかどうかを確認する。納豆菌の場合まず死滅することはないが，それでも事故などで死滅もしくは容器が破損することもあり，早期の確認を行うべきである。また，受け取った微生物を第三者に譲渡することは禁じられているので遵守してもらいたい。

（2）情報提供

カルチャーコレクションが公開しているデータへのアクセスの具体的な例を紹介したい。

目的とする微生物はいわゆる「納豆菌」である。納豆菌もしくは*Bacillus natto*というキーワードで検索できればいいが，そこまでサポートしているところはそう多くない。従って，通常は納豆菌の学名である「*Bacillus subtilis*」で検索することとなる。ただし，*B. subtilis*の中には，納豆を生産しない「枯草菌」も含まれているので注意したい。例えば，学名以外のキーワードで検索できるサイトであれば，「納豆」「発酵」などのキーワードも組み合わせて試してみると，検索結果から枯草菌をある程度は除くことが期待できる。そうでない場合には，得られた微生物の詳細情報から，分離源や由来などをもとにそれが納豆菌かどうかを推定することとなる。

農業生物資源ジーンバンクのサイトでの微生物情報の例を図12-2に挙げた。他のカルチャーコレクションでも提供している情報はほとんど同じである。カルチャーコレクションが提供している微生物には一意的に番号が付けられ，その機関の略称（アクロニム）と番号の組み合わせで，その微生物を表記する。図の例では，この菌株はMAFF 118147という番号が付けられていることがわかる。登録時学名とは，その微生物がカルチャーコレクションに寄託されたときの学名である。歴史の長いカルチャーコレクションだと，*B. natto*として寄託されたと明記されている菌株も存在する。英語では，deposited as ．と表記される。分離源は，その菌株をどこから分離したのかを示すものであるが，醸造物や自家製造の納豆となっているものは納豆菌である可能性が高い。履歴というは，その菌株が分離されてからそのカルチャーコレクションに寄託されるまでに，どのような機関・人物を経由したかの情報である。カルチャーコレクションにおいては，以上の基本的な情報の他に，特性情報やコメントなどが記

3．納豆菌コレクション　　273

MAFF番号	118147
学名	Bacillus subtilis (Ehrenberg 1835) Cohn 1872
登録時学名	Bacillus subtilis (Ehrenberg 1835) Cohn 1872
種類	細菌
分類学上の基準	Other
分離源	醸造物
採集地	宮城　仙台市
分離者	藤井義紹
同定者	東　量三
寄託者	木内　幹
履歴	<-- 東　量三
人体に対する危険度	人体への直接の危険性はない
培地名	Yeast extract Peptone Dextrose Agar
培地組成	Dextrose 20.0g, Peptone 10.0g, Yeast extract 10.0g, Agar 15.0g　pH7.0
培養温度	34℃
物質生産	粘性物質
薬剤感受性	リファンピシン

図12-2　菌株の詳細情報の例

されている場合がある。そのような情報もその*B. subtilis*が納豆菌タイプか否かを判断する材料となる。図12-2の例では，この菌株は粘質物質を生産することが記されているので，納豆菌であることがわかる。

（3）保存法と復元法

カルチャーコレクションでの実際の保存法を交えながら，納豆菌の保存法とその復元法について解説する。

耐熱性の胞子を形成する納豆菌は，スラントをそのまま乾燥するまで放っておいても十分に保存できる。カルチャーコレクションでは取り扱いが便利なように凍結乾燥体としてアンプル中に保存している場合が多い。凍結乾燥品を作る場合には，凍結保護剤として10%スキムミルク-1.5%グルタミン酸ナトリウムを加えておく。この凍結保護剤はスキムミルクを含むために，オートクレーブ滅菌は穏和な条件で行う。すなわち，115℃，15分オートクレーブした後，一晩そのままの状態で放置し，次の日にさらに，110℃，10分行う。この凍結保護剤に，納豆菌を懸濁し乾熱滅菌済みのアンプルに数十μL分注する。ディ

ープフリーザで凍結した後に，凍結乾燥を行う。この方法では，凍結乾燥機，アンプル封入のためのバーナー，アンプル内の真空度を確認するためのテスラコイルなどが必要となる。できあがったアンプルは5℃で保存している。

　研究室では，より簡単に菌体を15%グリセリン中に−60〜−80℃のディープフリーザの中で凍結して保存することもできる（グリセロールストック）。例えば，あらかじめ3 mL容バイアルに1 mLの30%グリセリンを入れ，オートクレーブしたものに，1 mLの納豆菌培養液を混合し，そのままディープフリーザに凍結するのが簡単でよい。また，真空凍結乾燥に用いた残液をそのままディープフリーザに入れて保存することも可能であり，農業生物資源ジーンバンクでは保険のためにこの方法でも納豆菌を凍結保存しているが，これまでのところとくに問題は生じていない。

　典型的な納豆菌は染色体中に挿入配列（第5章3節参照）を保有しているため，継代培養のように増殖を何度も繰り返すような保存の仕方は変異を導入することになるので避けるべきであるし，そもそも耐熱性の胞子を形成する納豆菌にはそのような保存方法をとる必要もない。

　凍結乾燥品からの復元は，液体培地，生理食塩水または滅菌水で凍結乾燥品を懸濁し，培地に塗布すればよい。培地は一般細菌用のもので十分であるが，GSP培地（1.5% ファイトン［BBL］，1.5% グルタミン酸ナトリウム，1.5% グルコース，1.5% 寒天［pH調整不要］）を用いると，γ-PGAの生産性も同時に確認できて便利である。

（4）カルチャーコレクション

　最後に国内外のカルチャーコレクションについて，紹介したい。

　国内のカルチャーコレクションは，日本微生物株保存機関連盟から発展したJSCC（日本微生物資源学会）のサイト（http://www.jscc-home.jp/）にリストアップされている。そのページから，それぞれのカルチャーコレクションのサイトにたどり着くことができる。なお，IFO（発酵研究所）の菌株はNBRC（製品評価技術基盤機構［NITE］）に，IAM（旧東京大学応用微生物研究所）の菌株は主にJCM（理化学研究所）に移管された。論文などにIFO番号やIAM番号で表記された菌株を譲り受ける場合には，それぞれNBRC，JCMに注文しなければならな

い．

　世界のカルチャーコレクションについては，World Data Center for Microorganisms（http://wdcm.nig.ac.jp/hpcc.html）で，62か国，476機関からなるリストを閲覧することができる．すべての機関について連絡先・サービス内容・カタログなどの情報が表示されている．

　また，日本国内のカルチャーコレクションについてだが，複数のカルチャーコレクションの微生物株を横断的にすべて検索できるようにしようという試みがなされており，その検索システムJSCC Catalogue of Cultures（http://www.nbrc.nite.go.jp/jscc/idb/）が公開されている．ちなみに，そのシステムで*Bacillus subtilis*を検索すると241件ヒットする．現在は検索の対象となるカルチャーコレクションが5機関と少なく，そして提供されている微生物株のデータが限られているが，将来は整備されていく予定である．

（永井 利郎）

4　大豆コレクション

(1) 大豆の原産地[1]

　大豆を含むダイズ属は2つの亜属から構成されている．1つは*Glycine*亜属で10種1亜種を含み，オーストラリア大陸の東半分の地域を中心に，南太平洋のマリアナ諸島，フィリピン，台湾，琉球列島に及ぶ広い範囲に分布している．もう1つは*Soja*亜属で，大豆の祖先型野生種とされているツルマメ（*Glycine soja*）と大豆（*Glycine max*）の2種のみである．

　ツルマメの分布は，北はシベリア地方，中国東北部，内蒙古から中国本土に及び，南は広東省に達している．大陸の太平洋側では，朝鮮半島，日本列島，台湾に分布している．ダイズ属植物の染色体数（2n）は大豆を含めほとんどが40であり，*Glycine*亜属の一部に38，78，80のものが認められている．

　*Glycine*亜属は，いずれも多年生の小型草本蔓性植物で，自殖性である．*Soya*亜属は1年生草本植物である．

　大豆の原産地は，中国の北部から中部にかけての地区が最も有力と考えられ

ている。この地区は，山東省，河南省の大部分と河北省南部，江蘇省と安徽省を含んでおり，中国における大豆の主要な栽培地である。

この地域が原産地とされるのは，この地域が中国の古代文明の発祥地とされ，他の地域より早くから農耕文化が起こったことが主な理由となっている。中国の古代の記録などに，少なくとも紀元前11世紀の周王朝には大豆が栽培化されていることが示されており，朝鮮や日本などその他のアジア地域への伝播はそれ以後のこととされている。

わが国の文献上の記録で最も古いものは，古事記に説話として残されている。また，8，9世紀には作付け奨励が行われたとの記録がある。

わが国の大豆生産は，約14万haで栽培され，23万t（2006年）に過ぎない。これは国内消費量の5％以下で，ほとんどが食品用に用いられている。2004年の輸入大豆は404万tで，そのうち80％がアメリカからで，次いでブラジル，カナダ，中国で，この4か国でほぼ100％を占めている。

（2） わが国における大豆の利用[2]

わが国の大豆の主な利用は，食用油用が全体の約8割を占め，残りの約2割が食品用で，豆腐・油揚，味噌，納豆，醤油の順に多い。食品用（味噌・醤油用を含む）の約半分が豆腐・油揚に，味噌用14％，納豆用13％，醤油用に約4％が用いられている。醤油用が少ないのは，主原料の脱脂大豆をカウントしていないためである。

納豆用大豆としては，主に白目の小粒大豆が用いられ，アメリカ，カナダからの輸入大豆が大部分を占め，国産では，茨城県の納豆小粒，北海道のスズマルの他，東北各県で栽培されるコスズなどが用いられている。納豆メーカーと海外の生産者とが契約し，納豆用の品種を特別に作付けている事例が多いようである。輸入大豆は生産量が多い中から，基準に沿ったものが輸入されており，量的に安定している。国産大豆では，納豆小粒とスズマルの評価が高いと言われている。近年，納豆消費量の増加により，国産の納豆用小粒品種について需要の拡大が期待されており，すずこまち（長野県），すずおとめ（九州北部）及びすずかおり（だいず農林127号：秋田県）などの普及が図られている。

国内における2006年度の大豆の作付面積は約14万haで，フクユタカ

(JP29668：だいず農林73号)，エンレイ（JP28862：だいず農林57号)，タチナガハ（JP49761：だいず農林85号)，リュウホウ（JP219238:だいず農林100号)，スズユタカ（JP68385：だいず農林76号）の順で作付が多く，この5品種だけで全大豆作付面積の54.5%を占めている。これらの品種はいずれも主に豆腐・煮豆用であるが，前述の納豆用品種を含めて国産大豆は，豆腐，納豆，煮豆・惣菜等の用途において品質，味，風味の点で依然輸入大豆には負けない高い評価を受けている。今後とも，国産大豆の品質とおいしさを守り，安全で安定的供給を望む消費者や実需の期待に応える努力がこれからも必要である。

(3) 大豆コレクション

1) 世界の大豆コレクション

1996年の世界植物遺伝資源白書[3]によると，世界中で保存される大豆遺伝資源は174,500点で，来歴は1%が野生種，2%の在来品種，7%の改良品種のほか，92%は不明であった。国別の保存では，中国が15%（24,257点)，アメリカが14%（22,622点)，AVRDC（アジア蔬菜研究開発センター：現国際野菜センター）が10%（16,512点)，ブラジル5%（7,580点)，ウクライナ4%（7,000点)，ロシア3%（約5,462点）等であり，わが国は3,741点とされていた。1996年当時，ジーンバンク事業ではすでに8,000点（うち配布可能なアクティブコレクションは6,000点）以上保存していたが，この白書作成のための国別報告書では農業生物資源研究所が管理する点数のみが報告されたようである。

2) わが国の大豆コレクション

わが国の大豆遺伝資源を見ると，前述の農業生物資源研究所を中心に実施している農業生物資源ジーンバンク事業で，約1.1万点を保存しているほかに，全国大学作物遺伝資源保存目録[4]によると，1982年当時は，岩手大学3,697系統，九州大学農学部671系統，鳥取大学農学部297系統など合計4,801系統が保存されていた。また，国立遺伝学研究所を中心に取り組まれているナショナルバイオリソースプロジェクトで保存する大豆遺伝資源は，北海道大学の野生系統1,159点や宮崎大学のRILs（リコンビナント・インブレッドライン）など1,484系統が報告されているが，在来種については，データベースの構築を行っているところであり，大学関係では約6,000点程度保存しているものと推定される。

一方，都道府県の農業関係機関で保存する大豆遺伝資源は，地域ジーンバンク事業を実施している北海道（中央農業試験場）で5,100点以上，広島県（農業技術センター）で842点，秋田県（生物資源総合開発利用センター）で468点のほか，長野県中信農業試験場で800点など，合計8,000点ほどである。これらの大豆遺伝資源には，重複した保存も考えられるが，ジーンバンク，大学，都道府県を合せた総数は約25,000点に達する。

3）ジーンバンクの大豆コレクション

農業生物資源ジーンバンク事業で保存する植物遺伝資源は，表12-2のとおり，2006年度末で24万点あり，このうち，大豆は前述したように約1.1万点ほどで，日本原産のものは約7,000点である。そのうち，いわゆる在来品種が4,000点，育成品種が3,000点である。海外から導入した品種も4,000点保存されている。原産地別では中国（620点），アメリカ（600点）が多い。国内の在来品種では，長野（416点），北海道（361点），山形（241点），福島（226点）及び茨城（194点）など東日本のものが多い。

本稿で取り上げた品種で品種名のあとに「JP」の付したものは，すべてその番号でジーンバンクに登録されており，研究・育種・教育の目的に利用者に提

表12-2　農業生物資源ジーンバンクで保存する植物遺伝資源

区　分	保存点数	保存形態		配布可能な遺伝資源（アクティブコレクション）
		種子	栄養体等	
稲類	44,026	44,017	9	32,310
麦類	62,155	62,082	73	38,122
豆類	17,781	17,781	0	13,108
大豆	11,219	11,219	0	8,015
いも類	8,817	425	8,392	4,243
雑穀・特用作物	18,868	14,830	4,038	10,999
牧草・飼料作物	32,882	28,023	4,859	16,130
果樹	10,377	87	10,290	4,816
野菜	26,479	24,870	1,609	10,712
花き・緑化植物	5,758	105	5,653	493
茶	7,483	1	7,482	1,350
桑	2,178	0	2,178	1,418
熱帯・亜熱帯植物	417	38	379	18
その他の植物	3,336	1,880	1,456	333
合計	240,557	194,139	46,418	134,052

供している。これらのコレクションについては，ジーンバンクのホームページ（URL：http://www.gene.affrc.go.jp/index_j.php）を参照してほしい。

また，ジーンバンクで保存する大豆に，「ナットウ」という名前のつく品種があり，伝統的に納豆用に利用されていた大豆と思われる（以下）。

納豆豆（JP27973：在来，原産地不明）

納豆豆（赤花）（JP69995：在来，茨城）

納豆豆（白花）（JP69996：在来，茨城）

ナットウマメ（JP73121，JP73135，JP73142：在来，福島）

ナットウマメ（JP73172：在来，長野）

ナットマメ（JP76580：在来，福島）

納豆マメ（JP104872：在来，茨城）。

なお，以下に，主に納豆用に利用されている主要な大豆コレクションとその特徴を記載した。

a．納豆小粒（JP29161）　極小粒の納豆加工適性に優れた良質品種。晩播適応性が高く，虫害が少ない。早播きでは蔓化，倒伏しやすく，シストセンチュウ抵抗性は弱。2001年には茨城県を中心に2,320haで栽培。

b．スズマル（JP67771）（だいず農林89号）　1975年に十育153号を母，納豆小粒を父として人工交配により育成。納豆加工適性に優れた高品質小粒種でコンバイン収穫向き。小粒種としては多収で，粒ぞろいがよく外観品質が良好。シストセンチュウ抵抗性及び耐湿性は弱。2001年には北海道で約2,000haで栽培。

c．コスズ（JP68389）（だいず農林87号）　東北地方で広く栽培が可能な極小粒品種で，納豆加工適性に優れている。早晩性は中生で，比較的短茎で倒伏しにくいが，シストセンチュウ抵抗性は弱。2001年には東北地方を中心に863haで栽培。

（白田　和人）

●文献●

1) 松尾孝嶺監修：植物遺伝資源集成2．講談社，1989，p450 - 465.
2) 日本豆類基金協会編：豆類百科．財団法人日本豆類基金協会，2000，p44 - 64.
3) Food and Agriculture Organization of the United Nation. Report on the State of the World's Plant Genetic Resources for Food and Agriculture. FAO, 1996, p463 - 484.
4) 全国大学農場協議会：全国大学作物遺伝資源保存目録（II）豆類．筑波大学農林技術センター，1981，p1 - 161.

索引

あ

アクロニム ………… 272
アジア無塩発酵大豆
　会議 ……………… 235
アセチル化配糖体 … 61
アディポネクチン … 134
アミノ酸組成 ……… 212
アメリカ産大豆 ……… 1
アラニン非資化性 … 261
あられ ……………… 248
アルカリ発酵食品 … 205
アルコール沈殿 …… 265
アレルギー患者用
　食品 ……………… 81
アレルゲンタンパク質
　………………………… 79
アンケート … 135, 142
アンケート調査 …… 139
アンチエイジング … 66
アンモニア ………… 107

い

石抜機 ……………… 36
イソフラボン … 60, 237
　　──の一日上限
　　　摂取量 ……… 65
　　──の消長 …… 64
　　──の追加摂取量 65
I型アレルギー …… 78
1次冷蔵庫 ………… 39
1：2点試験法 …… 147
一般的衛生管理 …… 172
一般的衛生管理プログ
　ラム ……………… 177

遺伝子組換え
　…………… 85, 89, 98
遺伝子組換え食品 … 167
遺伝子破壊 ………… 98
色の白さ …………… 263
インサーションシー
　ケンス …………… 203
インターネット …… 165
インターロイキン … 76

う

ウィルコクソン検定
　……………………… 155
ウサール …………… 234
ウシ胎児血清 ……… 127
雲南省 ……………… 205

え

衛生環境調査 ……… 191
疫学研究 …… 131, 133
エコ対応生分解性包装
　容器 ……………… 252
エラスチン ………… 58
炎症 ………………… 69
炎症性サイトカイン　69

お

オートケーサー …… 38
オステオカルシン
　…………… 132, 256
汚染防止対策 ……… 191

か

χ^2［カイ二乗］検定　154
改良品種 …………… 277

加塩大豆発酵食品 … 205
加工食品 …………… 96
仮説検定 …………… 153
活性酸素 …………… 75
カップ容器 ………… 29
からし ……………… 24
唐納豆 ……………… 227
カルチャーコレク
　ション …………… 270
がん ………………… 68
間隔尺度 …………… 157
がん細胞 …………… 125
鹹豆豉 ……………… 216
官能評価 …………… 145
官能評価例 ………… 150
鑑評会 ……………… 199
カンボジア ………… 221

き

危害要因 …………… 180
キネマ …… 208, 244
　　──製造法 …… 208
　　──の灰分 …… 210
　　──の微生物 … 210
　　──の無機成分 … 210
　　──料理法 …… 210
キャピラリーカラム
　……………………… 111
吸水特性 …………… 250
経木 ………………… 30
魚醤文化圏 ………… 207
切り干し大根 ……… 234
金属検出機 ………… 36

索引 281

く

クラスカル＝ワリス
　　検定 …………… 156
グリシチン ………… 61
グリシテイン ……… 61
グリセロールストック
　　………………… 274
グリーンプラ ……… 253
グルタミン酸 ……… 50
くん蒸剤 …………… 195

け

経営者 ……………… 182
経口投与 …………… 55
形質転換 ………… 85, 99
形質導入 …………… 104
血　圧 ……………… 122
血　液 ……………… 123
血液凝固因子 ……… 82
血球計算盤 ………… 127
血漿ユーグロブリン　55
血　栓 ……………… 82
血栓溶解酵素 ……… 53
血中脂質 …………… 121
ゲニスチン ………… 61
ゲニステイン ……… 61
ゲル濾過 …………… 48
原産地 ……………… 275
検知法 ……………… 92
限定給水方式 ……… 231
研磨機 ……………… 36
原料大豆の精選工程　31
原料大豆の保管 …… 31

こ

高圧二酸化炭素 …… 196
高オレイン酸大豆 … 167

光学異性体 ………… 50
光学分割カラム …… 50
高吸水性ポリマー … 251
工業的な生産 ……… 263
交差汚染 …………… 177
抗酸化物質 ………… 68
抗Gly m Bd 30K モノ
　　クロール抗体 … 80
高速液体クロマトグラ
　　フィー ……… 48, 50
高速充填機 ………… 38
高濃度の食塩水 …… 221
酵　母 ……………… 210
高齢者 …… 151, 253, 255
高齢者センター …… 151
5 S ………………… 173
国際食品規格委員会
　　………………… 179
国際単位 …………… 245
国際標準化機構 …… 184
国産大豆 … 2, 201, 276
コーデックス ……… 180
枯草菌 ……………… 16
骨粗鬆症 …………… 133
コレステロール …… 134
昆虫混入 …………… 197
コンピュータ式自動
　　制御盤 ………… 38
コンポスト ………… 253

さ

採点法 ……………… 147
サイトカイン ……… 76
細胞株 ………… 125, 128
細胞バンク … 125, 128
在来品種 …………… 277
サクシニル化配糖体　61
雑菌汚染状況 ……… 193

殺菌方法 …………… 192
サルモネラ ………… 186
沢村　真 …………… 16
3 点試験法 ………… 147

し

豉 …………………… 224
シエン ……………… 221
シェントウチー …… 237
塩辛納豆 …………… 227
色彩選別機 ………… 36
識別子伝達型 ……… 163
嗜好型官能評価 …… 146
試　食 ……………… 151
試食調査 …… 151, 255
ジーンバンク ……… 272
シストセンチュウ
　　抵抗性 ………… 279
自然発酵 …………… 210
実験動物 …………… 117
自動充填ライン …… 38
自動納豆発酵室 …… 229
集合調査 …………… 137
種菌調製 …………… 21
熟　成 ……………… 221
主成分分析法 … 154, 156
シュリンク包装 …… 39
順位法 ……………… 147
戦国醤 ……………… 225
順序尺度 …………… 157
蒸煮缶 ……………… 37
情動変化 …………… 123
情報交換技術 ……… 163
情報の伝達 ………… 162
賞味期限 …………… 40
照葉樹林文化論 …… 205
食性病害 …………… 173
食品衛生学 ………… 172

食品衛生の一般原則 179
食品衛生法 167
植物性素材 30
食物アレルギー 78
除草剤耐性大豆 169
知る権利 185
清国醤 224
浸漬槽 36

す

スーパーオキシドジス
　ムターゼ 237
スターター 18
スターター調整法 ... 20
スナック菓子 247
スパイス文化圏 207
スペルミジン 67
スペルミン 67

せ

青果ネットカタログ 164
正常細胞 126, 128
製造物責任法 185
製造フロー 266
生体適合性 242
整腸作用 133
生分解性 252
生理活性物質 124
説明責任 175
線維芽細胞 125
洗　浄 178
前提条件プログラム 182

そ

総合衛生管理製造過程
　......................... 180
双対尺度法 ... 154, 157
挿入配列 101

粗選機 36
そぼろ納豆 233

た

体脂肪蓄積抑制効果 237
ダイジン 61
大豆アレルギー患者
　血清 80
大豆遺伝資源 277
対数期 39
大豆コレクション ... 277
大豆洗浄機 36
大豆タンパク質の
　分解 79
ダイゼイン 61
大徳寺納豆 237
耐熱性菌 210
タイムインテンシティ
　法 147
タバコシバンムシ ... 197
た　れ 24
胆汁酸 75
淡豆豉 217
タンパク質分解酵素 81

ち

チ　ゲ 226
腸管細胞への定着能 75
腸管上皮細胞 73
腸管免疫 72
超厚膜無極性カラム 112
調査項目 139
調査対象者 135
調査票 140
調査方法 140
腸内菌叢 72
調味液 22
調味料 221, 224

貯蔵食品害虫 195

て

低温感受性 261
低温感受性株 261
低温浸漬 36
低温貯蔵 196
低級分岐脂肪酸 107
低臭納豆 107
定常期 39
定性分析 93
定　量 96
定量的記述分析法 ... 147
定量分析 93
適正衛生規範 176
適正農業規範 176
適正製造規範 176
寺納豆 227, 237
テンペ 234

と

トゥアナオ ... 212, 244
統計学的手法 124
凍結乾燥 247, 274
凍結保護剤 273
凍結保存 274
豆　豉 ... 216, 227, 253
トウゾウ 233
動物行動 123
動物培養細胞 125
動脈硬化 68
動脈硬化症 58
倒立顕微鏡 127
ドエンジャン 224
特定保健用食品
　.................. 131, 133
特許情報 248
トランスポゾン 101

索引　283

トリプシンインヒビター …………… 172
トレーサビリティ … 159

な

納豆加工適性 ……… 279
ナットウキナーゼ
　……………… 53, 58
納豆菌 …… 16, 58, 260
納豆菌接種装置 …… 37
納豆菌ファージ …… 267
納豆工場 ………… 191
納豆ジェル ………… 242
納豆樹脂 …………… 249
納豆生産のフロー
　チャート ………… 31
納豆生産のフロー
　シート …………… 31
納豆石鹸 …………… 239
納豆とろろ ………… 247
納豆の粘質物 ……… 239
納豆表面色 ………… 262
納豆ハンドジェル
　クリーム ………… 242
納豆用原料大豆 ……… 3
納豆用大豆 ………… 276
　——の育種 …… 7, 12
　——の生産 ………… 8
　——品種の育成 …… 9

に

2次冷蔵庫 ………… 39
2点試験法 ………… 147
日本食 …………… 71
乳酸菌 …………… 210

ね・の

粘質物 …………… 43

粘質物生成能 … 20, 210
粘　度 …………… 264
農業生物資源ジーン
　バンク …………… 277
ノシメマダラメイガ 197

は

バイアビリティ …… 130
パイエル板 ………… 73
バイオリサイクル … 253
ハイドロゲル ……… 249
バクテリオファージ
　…………… 103, 268
剥離フィルム ……… 30
ハザード ………… 180
発酵室の機能 ……… 38
発泡ポリスチレン … 27
パネリスト ………… 146
パネル …………… 146
浜納豆 …………… 237

ひ

非遺伝子組換え ……… 1
ビオチン ………… 210
微極性カラム ……… 112
挽き割り納豆 ……… 230
微生物 …………… 174
微生物制御 ………… 175
ビタミンKキノンレ
　ダクターゼ ……… 83
ビタミンK_2 … 132, 256
ビタミンB_{12}の生産菌
　………………… 235
評価系 …………… 123
病原性 …………… 77
表　示 …………… 91
表示制度 …………… 89
微量固相抽出法 …… 112

品　質 …………… 200
　——管理 ………… 183
　——変化 ………… 260
　——保証 ………… 183

ふ

ファージ……………
　………… 104, 267, 268
ファージ汚染 ……… 191
フィロキノン ……… 256
フェロモントラップ 198
復元法 …………… 273
プトレスシン ……… 67
フラクタン …… 16, 77
プラスミド ………… 87
フラボノイド ……… 60
フレンチパラドックス
　………………… 71
プロテアーゼ ……… 58
プロバイオティクス 72
分割表の独立性の検定
　………………… 154
分散分析 …………… 156
分析型官能評価 …… 146
分別管理 …………… 1
分別生産流通管理 … 167

へ

米　菓 …………… 247
ヘッセルタイン博士 236
ペプチドグリカン … 76
ペーポ …………… 218

ほ

胞　子 …………… 17
胞子化 …………… 18
胞子形成培地 ……… 21
放射線照射 ……… 196

訪問面接調査法 …… 136
放冷室 ……………… 41
保湿作用 …………… 239
保存機関 …………… 270
保存中の成分変化 … 263
保存法 ……………… 273
ホモロジー ………… 54
ポリアミン ………… 66
ポリエチレン ……… 27
ポリ-γ-グルタミン酸
　　…………………… 239
ポリグルタミン酸 … 131
ポリグルタミン酸分解
　酵素 ……………… 269

ま

マウス・ラット …… 118
マウス・ラットの
　実験法 …………… 117
マクロファージ …… 77
マルジャン ………… 224
マロニル化配糖体 … 61
マン＝ウィットニー
　検定 ……………… 156

む〜め

無塩大豆発酵食品 … 205
名義尺度 …………… 157
メタボリックシンド
　ローム …………… 134
メナキノン…………
　　　　131，133，256
メナキノン-7 ……… 132
免疫担当細胞 ……… 73

や〜よ

軟らかい納豆 ……… 253
郵送調査法 ………… 136

誘導期 ……………… 39
輸入大豆 ………… 1，276
容器 ………………… 26

ら・り

ラギー ……………… 235
ラジカル重合反応 … 248
リステリア ………… 188
リステリア症 ……… 188
リゾープス属の微生物
　　…………………… 234
粒径 ………………… 200
粒形選別機 ………… 36
留置調査法 ………… 136
流通マニュアル …… 170
流通履歴 …………… 160
臨床試験 ……… 131，133

れ・ろ

レクチン …………… 172
レバン ………… 16，44
連続蒸煮缶 ………… 231
ロイシン脱水素酵素 108

わ

和からし …………… 25
藁つと納豆
　　……… 30，204，228
ワーファリン ……… 82

索　　引

A～

AIN-76 ················ 119
AIN-93G ······ 119, 120
AIN-93M ··············· 119
Bacillus ··············· 208
Bacillus natto ········ 203
Bacillus subtilis
　········ 16, 210, 218
CA貯蔵 ············· 196
CET法 ················ 43
Chongkuk-Jang ······ 244
CIP（Cleanig in Place）
　定置循環洗浄 ······ 36
CO₂インキュベーター
　················· 126
Codex ············· 161
DDTH₂ビタミンK
　エポキシドレダク
　ターゼ ·········· 83
DNA抽出 ············· 92
FA（Factory Auto-
　mation）化 ········ 229
Fiber Reinforced
　Plastics ············ 38
FL法 ·················185
FRP ················· 38
GAP ············· 176
GC ················· 111
GHP ············· 176
Glycine 亜属 ········ 275
Gly m Bd 30K ······· 79
GM ··············· 89
GMP ············· 176
HACCP ······· 179, 182
HPLC ········ 48, 50
IgE抗体 ············· 78
in‐egg汚染 ········ 187

Inflamm‐aging ······ 69
IPハンドリング ··· 1, 167
IS*4Bsu*1 ············ 102
ISO22000s ········· 184
ISO9000s ··········· 184
JAS法 ············· 167
JSCC ············· 274
Kinema ········ 208
LFA‐1 ············· 69
Listeria monocytogenes
　················· 188
MAFF ············· 272
MS ················· 111
natto ············· 16
NMF（天然保湿因子）
　産生促進効果 ······ 241
non‐GMO ·········· 1
on‐egg汚染 ········ 187
*Pediococcus pentosa-
　ceus* ············· 238
PL法 ············· 185
PR効果 ············ 202
probiotics ············ 72
PSP ··············· 27
PSP（Poly Styrene
　Pa-per）容器 ······ 229
QC ··············· 183
QDA法 ············· 147
RAPD‐PCR解析 ··· 204
ready‐to‐eat ····· 190
Salmonella Enteriti-
　dis ············· 186
Salmonella Typhimu-
　rium ············· 186
SEICA ············· 164
SOD ············· 237
*Soja*亜属 ············ 275
SPME ············· 112

SPSS ············· 150
t検定 ············· 156
TQC ············· 183
TQM ············· 183
XML Web サービス
　················· 164
ΦBN100 ············· 104
γ‐ポリグルタミン酸
　········ 16, 43, 227
γ‐GTP活性 ········ 255
γ‐PGA ········ 43, 239

納豆の科学
―最新情報による総合的考察―

2008年（平成20年）3月10日　初版発行

編著者	木　内　　　幹
	永　井　利　郎
	木　村　啓太郎
発行者	筑　紫　恒　男
発行所	㈱建帛社 KENPAKUSHA

〒112-0011　東京都文京区千石4丁目2番15号
TEL（03）3944-2611
FAX（03）3946-4377
http://www.kenpakusha.co.jp/

ISBN 978-4-7679-6123-1　C3077
Ⓒ木内・永井・木村ほか，2008．
（定価はカバーに表示してあります）

壮光舎／ブロケード
Printed in Japan

本書の複製権・翻訳権・上映権・公衆送信権等は株式会社建帛社が保有します。
JCLS〈㈱日本著作出版権管理システム委託出版物〉
本書の無断複写は著作権法上での例外を除き禁じられています。複写される場合は，㈱日本著作出版権管理システム（03-3817-5670）の許諾を得て下さい。